狼道

钢铁丛林中的强者法则

司马啸 编著

湖南人民出版社
民主与建设出版社

图书在版编目（CIP）数据

狼道：钢铁丛林中的强者法则/司马啸编著. -- 长沙：湖南人民出版社，2012.3

ISBN 978-7-5438-8239-3

Ⅰ.①狼… Ⅱ.①司… Ⅲ.①成功心理-通俗读物 Ⅳ.①B848.4-49

中国版本图书馆CIP数据核字（2012）第043522号

出　　　版：	湖南人民出版社·民主与建设出版社
	（地址：长沙市营盘东路3号 410005）
经 销 者：	全国新华书店
印 刷 者：	三河市天润建兴印务有限公司
开　　本：	710×1000　1/16
字　　数：	250000
印　　张：	17.5
出版时间：	2012年6月第1版
印　　次：	2019年1月第6次印刷
出 版 人：	谢清风
责任编辑：	胡如虹
特约编辑：	张　斌
封面设计：	蒋宏工作室
ISBN 978-7-5438-8239-3	
定　　价：	39.80元

前　言

狼是集凶残与智慧于一身的动物，它们一生要经历无数次残酷的争斗，因此在狼的世界，只相信强者。在今天的社会中，如果非要用一种动物来诠释成功的人生、成功企业的特性，那么狼无疑是最合适的。

狼通过王者的霸气，演绎了一场与大自然交锋的钢铁丛林中的强者生存法则。这种强者的生存之道，不仅是一种精神，还是一种哲学，更是狼遵守的一种道——狼道。

在狼道中，没有道义只有成败，没有退缩只有进取。输与赢、生与死，是狼所信奉的唯一结果。英国动物学家绍·艾利斯曾经说过："在所有哺乳动物中，最有情感者，莫过于狼；最具韧性者，莫过于狼；最有成就者，还是莫过于狼。"在狼的身上，我们发现了想要拥有成功人生的人们所需要的一切。狼很少会去做以卵击石的傻事，当对手强大时，必群起攻之。这种生存环境的残酷，磨炼了狼坚毅、忍耐的性格，塑造了狼无畏的精神。狼的生存，就是在恶劣的环境中坚强地创造生存空间；狼的团体，就是在充满争斗的对手中组织强大的团队力量；狼的智慧，就是在强者之列不断竞争、超越。狼道，实际上就是今天的优秀者、成功者可贵的人道。

在如今竞争日益激烈的现代社会，每一个人也如同狼一般，面临着强大的生存和发展压力，也面对着越来越激烈的竞争。学生要竞争，因为他们承担着升学的压力；职场人士要竞争，因为他们面临着就业与下岗、优秀与平庸之间的选择；企业同样要竞争，谁技高一筹，谁就能发展壮大，谁一招疏忽，谁就可能一败涂地。在这一场场的竞争中，我们是做"羊"，还是做"狼"？做"羊"就要面临被吃掉的厄运，所以人人都希望做"狼"，这就需要我们懂得狼道，练就我们锋利的牙齿、快速奔跑的速度、十足的耐力和毅力、出众的谋略、不屈的精神，乃至几分勇敢和凶猛。

要成为竞争中的胜利者就必须让自己成为狼一般的强者，必须让自己具备狼的品质，懂得"狼道"。激烈的社会竞争，不仅要求我们个人要像一只狼一样顽强，也要求我们具有狼的团结精神，企业的每一名员工都能够像一只狼一样有强烈的生存意识，更要懂得团队协作。狼的力量来自于团队，团队的力量可以战胜一切。通过对狼族的了解，能学到团队竞争中所需要的全部智慧，比如合作、分工、策略、沟通、危机意识、消化能力等。如果一个团队具有这种狼道精神，那它将无往而不胜，必定可以开创出属于自己的辉煌事业！

本书是一本关于个人、企业成功之道的书，书中通过一些古代的、现代的，企业的、个人生活的生动事例，全面地为你剖析狼的性格、狼的智慧、狼的生存哲学，既包含了个人生存的智慧，又囊括了团队管理的理念，更涵盖了企业发展应奉行的准则，相信你也可以从中找到你最需要的精神力量。

目 录

第一篇

崛起废墟，啸傲丛林
——物竞天择，强者生存的血酬定律
..../1

第一章｜残酷的竞争不同情弱者/2
　　物竞天择适者生存是永恒的真理/2
　　与恶劣环境抗衡，挺立于废墟之中/4
　　生存的艰难绝不允许流眼泪/7

第二章｜心态积极永远都能看到希望/11
　　积极乐观的心态是狼生活的信条/11
　　狼的眼中永远闪烁着希望的光芒/13
　　热忱能融化生活中的一切苦难/16

第三章｜竞争，狼族生生不息的铁律/20
　　生存原本是一场你死我活的战争/20
　　竞争能让你看清自身的不足/23
　　唯有在竞争中才能实现超越自己/25

第二篇

风骨赫然，岿然独立
——为自由而生，为尊严而活
29/

第四章 | 崇尚自由，狂野不羁/30
宁愿去征战，拒绝被驯服/30
王者的风范：无自由，毋宁死/33
走自己的路，任别人指指点点/35

第五章 | 为尊严而战是生命永恒的主题/38
尊严对狼来说比生命更重要/38
荣耀尊严从来都只属于强者/41
自强自立，从不把希望寄托于幻想/43

第三篇

狼子野心，雄行天下
——茫茫原野任我纵横驰骋
47/

第六章 | 狼子野心，志存高远/48
野心有多大，狼的脚步就能走多远/48
向着目标前行，是狼唯一的轨道/50
锁定目标，英雄才能有用武之地/52

第七章 | 王者必胜，无畏无惧 /56

笑傲草原，自信成就了草原强者 /56

无所畏惧才能无往不胜 /58

自卑只会让你自己打倒自己 /61

用不怕失败的信念征服一切失败 /65

第八章 | 永不服输，誓死拼搏 /68

逆境是意志的磨刀石 /68

坚韧是成大业者的共性 /71

越挫越勇，挫败成就强者 /74

第四篇

血腥征战，野蛮成长

——赤裸血性的生死奋战

.... /79

第九章 | 行动——唯一能够改变现状的方法 /80

实干成就卓越，空想走向平庸 /80

一千个空想顶不上一个行动 /82

行动起来才能改变现状 /85

第十章 | 先声夺人，主动出击 /88

进攻是狼的生存哲学 /88

快人一步才能抢占先机 /90

当机立断，雷厉风行 /92

第十一章 | 开拓才能赢来更为广阔的空间 /96

勇于冒险才能取得更大的成就 /96

猎奇是抓住机遇的好办法 /98

第五篇

智胜敌手，谋定乾坤
——叱咤风云变幻无穷的狼战智慧

101/ …………………………………………………………

第十二章｜知己知彼，百战不殆/102
不知己，每战必殆/102
重视每一个对手/104
全面了解对手才能弹不虚发/107

第十三章｜养精蓄锐，伺机而动/110
不打无准备的仗/110
以逸待劳，捕捉战机/112
养精蓄锐，关键时候大显身手/114

第十四章｜不露声色，一招制敌/118
隐藏行踪，迷惑对手/118
布下天网，疏而不漏/120

第十五章｜欲擒故纵，灭敌于无形/124
诱敌深入，一网打尽/124
放纵敌人才会使敌人得意忘形/126

第十六章｜瞒天过海，以假乱真/130
混淆视听干扰对手的判断力/130
虚虚实实从心理上削弱敌人斗志/133
韬光养晦才能成功欺瞒敌人/135

第十七章 | 调虎离山，攻其不备 /139

声东击西，攻其不备 /139
找到敌人的弱点给予致命一击 /141

第六篇

能者为王，铁血领袖
——统驭部属的狼王卓越领导艺术
················/145

第十八章 | 以德服众，聚合人心 /146

以身作则，律己才能律人 /146
德高才能服众，以魅力征服下属 /148
宽容大度是领导者必备的品质 /151

第十九章 | 用人不疑，适当放权 /154

知人善任方能发挥他人所长 /154
善用权力，激发员工潜能 /157
不敢放手永远培养不出会走路的孩子 /160

第二十章 | 恩威并施，双管齐下 /164

赏罚结合，律政严明 /164
软硬兼施，恩威并重 /166
对待难缠的队员要杀一儆百 /168

第二十一章 | 巧于激励，有效沟通 /172

洞悉员工心思才能对症下药 /172
不忽视任何一个队员 /176
信任是对下属最好的激励 /178
责备远没有激励更有效 /180

第七篇

众志成城，无坚不摧
—— 无法撼动的狼阵团队精神

185/ ··

第二十二章 | 一人难成事，1+1可以大于2 /186
独木难成林，孤胆英雄难立足 /186
以狼成群才能所向披靡 /189
没有人是无所不能的 /192

第二十三章 | 分工合作，各司其职 /195
分工合作是最科学的合作模式 /195
恪尽职守，不拖拉，不推卸，不疏忽 /198
取长补短，不做团队中最短的那块木板 /200
同进同退，避免内耗 /202

第二十四章 | 纪律是成功铁的保证 /206
没有纪律一切都是空谈 /206
纪律是一切成功的保证 /210
维护纪律和提升效率不矛盾 /213

第二十五章 | 绝对服从，团队利益高于个人利益 /217
服从是狼队成员的天职 /217
集体利益永远高于个人利益 /220
忠诚于团队就等于忠诚于成功 /223
百分之百地执行，没有借口 /225

第二十六章 | 强强联手，合作共赢 /229

求同存异，道不同也能一起共事 /229

三个臭皮匠赛过诸葛亮 /231

"狼狈为奸"，合作共赢 /233

第八篇

居安思危，忧患长存

——蔑视危机的狼族创新意识

/237

第二十七章 | 停下就意味着死亡，奔跑才有猎物 /238

平庸就意味着被淘汰 /238

优胜劣汰，警钟长鸣 /241

主动改变自己才能适应环境 /244

第二十八章 | 空杯心态，每天都要迎接新的挑战 /248

放下旧包袱，迎接新挑战 /248

辉煌或不幸都只属于过去 /251

永不知足，才能长盛不衰 /254

第二十九章 | 开拓创新，挑战危机 /258

思路有多远，就能走多远 /258

敢于打破旧的思维模式 /261

扩展自己的思维空间 /263

危机之中暗藏突破机遇 /266

第一篇

崛起废墟，啸傲丛林

物竞天择，强者生存的血酬定律

在几千年自然物种的不断变化中，狼之所以能够生存并且成为兽族中最优秀的种族，是因为狼有着赤裸血性的竞争意识。狼以其顽强的生命力，与天斗，与地斗，与人斗，在恶劣的生存环境下，傲立于天地间，它们以永不服输的心态、智慧的大脑、顽强的性格、高傲的尊严，形成了最本质、最赤裸裸的生存哲学，演绎着一幕幕的生存悲喜剧，令人为之感叹，为之佩服。

狼的竞争法则给我们以深刻的启示。面对越来越恶劣严酷的生存环境和社会竞争，怎样让自己越来越强大，立于不败之地，是我们必须面对和深思的问题。狼的生存之道，就是我们的生存之本、希望之源、前进之力。

第一章　残酷的竞争不同情弱者

在动物界，我们并不是上帝的宠儿。我们的生存之道，就是竞争。这是自然界最本质的智慧精华。作为小型食肉动物，我们面对的或许是最艰难的生存环境，与天斗，与猎物斗，与大型食肉动物斗，甚至与同类斗。只要有一颗不败的心，逆境、困难、苦难我们都可坦然面对，只有自己不断地改变自己，让自己更强大，才可能在这个残酷的世界上立于不败之地。对我们而言，一切努力，都是为了生存！

——狼的自述

物竞天择适者生存是永恒的真理

在距今500万年前的新世纪中期，狼便出现在了地球上，在漫长的进化过程中，很多较具备强者实力的动物已灭绝，可狼却生存了下来，也许如达尔文所说："物竞天择，适者生存。"

在遥远的古代，人与狼曾经和谐而亲密地相处，狼曾经被人类视为朋友和兄弟，是一个部落的向导和守护神，有的则被视为部落的图腾和标志。

相传，罗马战神马尔斯·阿瑞斯把狼作为自己的标志，他引诱圣女雷亚·西尔维亚怀孕，生下了一对孪生兄弟——罗慕路斯和雷莫斯。

后来，雷亚·西尔维亚被篡位者杀害，罗慕路斯和雷莫斯被抛进台伯河。浪涛和流水把盛着孩子的木盆送到河岸边的沼泽地。这一对孪生兄弟被巴勒登丘附近的一只母狼救活，衔到自己窝里喂养。后来，一位牧羊人收养了罗慕路斯，并教他习武。渐渐地他成为一位智勇双全的将领，夺回了王位，成了英明的国王。为感谢母狼的养育之恩，他在母狼喂养他们兄弟俩的那座山上建立了自己的城市——罗马。从这以后，罗马将狼奉为图腾。今天，罗马城仍随处可见狼的图案标志。

这是狼最辉煌的时代，但是随着自然界的变迁，各种野兽争先恐后地出现，狼的生存环境在逐渐地改变，它们的生存条件不再安稳，于是它们为了生存开始了与其他野兽、与自然界的较量。

在陆地上，狼是一种凶猛、顽强的动物，经常使动物闻之色变，因为它们是动物界中食物链的终结者之一。

狼在世界上分布极为广泛，它们可以栖息在全年被冰雪覆盖的苔原上，可以奔跑在绿草如茵的草原上，可以穿梭于野兽频繁出没的森林里，可以行走在百里不见人烟的荒漠中，还可以活跃于冰川雪地之上。越严峻的生存环境就越能激发狼的生存野心，当月圆之夜，听见茫茫夜空中传来的一声声狼嚎，它代表着什么？是一种挑战的号角，又是一种无所畏惧的宣言，那是在宣告它们已经战胜了恶劣的环境，主宰了这片土地。

狼的适应能力极强，在冰天雪地的北极，在严寒的冬季，在肆虐的暴风雪包围中，狼在露天里蜷缩成一团，用尾巴遮住面部安详地睡觉。

狼的嗅觉功能也着实令人惊叹不已，在几千米之外，它们就能准确地确定猎物的方向和位置。

在草原上，狼之所以成为自然界的霸主，一个重要的原因就是，狼极其善于长途奔袭。在辽阔的大草原上，无论是猎者，还是被猎者，如果没有超强的奔跑能力，要在草原上生存都是十分困难的事情。狼正是因为具备了这种能力，才大大提高了自己的战斗力，成为草原上最强大的"军事力量"种族之一，甚至可以将虎、豹、熊等个体更大的猛兽逐出草原。

在严峻的生存环境里，狼具有惊人的适应能力。狼驾驭环境变化的能力是世界上各种动物中最出色的，这或许正是它们适应性强的主要原因所在。

其实，狼的行为方式更能体现出其超凡的生存智慧。正是生存环境的残酷，才造就了狼的残忍与凶猛——否则，它就会像羊一样成为猛兽的美味。或者说，狼是自然界物竞天择留存下来的最善于生存的犬科动物。

随着地球的演化，特别是人类对于动植物资源的过度索取和对自然环境的破坏，极大地改变了狼的生存环境和猎物对象。但狼还是生存下来了，不管是树林中的狍子、草原上的黄羊，还是凶猛的野牛、庞大的驼鹿，狼都能耐心地去寻找它们的弱点，最终捕获到自己所需的猎物。

狼在自然界中认清自己的生存环境而得以生存下来，同样的，狼的生存法则也适应于人类。生活中，一个人只有正确认识自己的生存环境，才能找到自己的生存法则。人类的生存法则与动物一样，要想生存，就必须首先去顺应生存环境。如果生存环境很恶劣，只有不断地适应、改变环境，才能在越来越恶劣的生存环境下，得以繁衍。

每一个人呱呱坠地的时候，就步入前人所创造的现成的社会环境。因此人们是无法选择生存环境的，只能去适应。

人们面临的社会环境有大环境和小环境之分，社会大环境是指整个社会环境及其发展趋势、水平、性质和状态，这些都会影响和制约人的生存方式。而社会小环境也对人有着很大的影响。社会小环境是指个人直接接触的生活范围，如家庭、学校、居住区、单位及社交活动的范围等。这些来自家庭和社会的成员的各种观念，都在不同程度上直接或间接地影响着个人的一生。

在动物界，狼知道自己改变不了生存的环境，那么它们就努力地适应，因此狼很好地诠释了达尔文"物竞天择，适者生存"的进化论，它们在面对最恶劣的生存环境的时候，充分地发挥了自己的智慧，成了自然界食物链的终结者之一。人生活在社会环境之中，每个人都是这个环境的主人，所以，我们应当正确清醒地认识这个环境。

狼凭借其最坚韧、最强悍、最生猛、最血腥的生存哲学，成为自然界生命力最旺盛的物种之一。而人类，也应以主人的姿态，像狼一样努力去影响环境，净化环境，使自己所生活的社会环境树立起优良的风气，成为塑造美好人生的学校。只有适应社会的环境，跟上时代潮流的脚步，你才不会被时代淘汰。

与恶劣环境抗衡，挺立于废墟之中

狼有一种特殊的本领，在不同的季节，它们身上的皮毛会随着季节的变化而不断地变化，这是它们为了适应变化无常的环境而采取的保护措施，这种不拘泥于现状的习性让它们生活得充满激情。不沉溺过往的安逸，永远保持旺盛的战斗力，学会适应环境、适应变化，它们就有了屹立于大自然的资本。

狼是群居性极高的物种。一群狼的数量为 6~12 只，在冬天寒冷的时候可到50只以上，通常以家庭为单位的狼由一对优势对偶领导，而以兄弟姐妹为一群的则以最强壮的一头狼为领导，它们的生活很有规律。

每天凌晨两点，生活在冰天雪地中的北极狼狼群的"首领之妻"就会用嚎叫发出"起床"令，其他的狼听到嚎叫声后就马上"起床"，然后低声回应，相继站立起来，摇着尾巴，按长幼尊卑的顺序彼此亲吻互道"早安"，美好的一天就在一声接一声的嚎叫声中开始。然后"首领"率领众狼出去狩猎。狼之所以如此遵守纪律，实际上是为了适应北极恶劣的环境。

世间多变的环境，培养了狼机警、多疑和残忍的性格。在各种恶劣的环境和条件下，狼不断地变换着招数，维持自己最低的生存要求——捕猎到食物，只有有了食物，它们才有了生存的资源，有了生存的力量，然后与恶劣的环境抗衡，与其他的动物竞争，表现出极强的生命力和适应力。

狼还有一个特征，就是坚定地奉行"随遇而安"的哲学，永远适应越来越严酷的生存环境。它们不因环境优越的生存之地而恋恋不舍，也不因贫地而弃之择新。狼族深深知道自己没有能力改变外界的环境，甚至没有选择环境的权利，因此它们不断地变化着自己的生存法则，努力适应地球上几乎所有的自然环境，也"适应"了人类的陷阱、毒药和子弹，让自己在自然界中立于不败之地。

如今的社会，充满了残酷而激烈的竞争，有时你会被困境包围，让你陷入进退两难的境地：或者争强斗狠，勇往直前；或者忍气吞声，逆来顺受。这是两种选择：第一种可以让你成为强者，第二种让你成为弱者。优柔寡断是人性的弱点，可是狼不会被这样的问题所困扰，它们会果断地选择做强者，因为这是狼的生活方式和行为规范。狼的这种面对困境的精神值得我们学习和借鉴。

从狼身上，我们可以得到这样的启发：在日新月异的时代，只有学会改变自己，放开眼界和胸襟，才能在不断变幻的社会环境中立足生存，才能在激烈的社会竞争中脱颖而出。

生活不可能一成不变，我们每时每刻都有可能遭遇各种变故，我们可能会遭遇失败与挫折，或是面临厄运与灾祸。当我们的生活出现变故时，当我们遭遇失败和挫折，甚至面临厄运和灾祸时，我们面对的首要问题便是：不要沉迷于过往，要学会适应。

一只养尊处优的虎皮鹦鹉挣脱了笼子的束缚逃走了。它获得了自由，是让人为之高兴的事情。但是十多天后，人们在森林里发现了它的尸体，疑惑的是在果实累累的林子里竟会有鸟饿死！

用看林老人的话讲："家养的鸟儿，用不着找吃找喝，慢慢地会失去寻食的本领，一旦飞出笼子，难免饿死。"这便是沉迷于过去的生活就会被现实扼杀的典型例子。

其实，现实中的一些人也会像笼中鸟一样，经不起外界的风雨吹打，一旦离开温室，就会失去生存能力。一个人如果想立足于社会，只有培养自己适应环境的能力，才能在以后的人生道路上坦然面对艰辛和苦难，使自己脱颖而出，立于不败之地。

尤其是在这个竞争日趋激烈的社会中，人们的意识、追求、精神状况、人与人之间的关系都是影响自身发展的因素。因此，我们必须学会适应一切：适应自己所处的环境，适应我们所面对的压力和竞争。否则，我们只能被社会所淘汰。

正如达尔文所说："能够生存下来的并不是那些最强壮的，也不是那些最聪明的，而是那些对变化作出快速反应的。"

从狼的生存经历中，我们可以总结出七条在多变的环境里生存的黄金法则：

1. 挣脱原有旧包袱的束缚，打破陈旧的观念

如果按照过去的路已经走不通了，就应当迅速转换思路，重新寻找出路。

2. 不要坐以待毙，要采取行动

与其为一杯打翻的牛奶伤心，不如静下心来寻找方法，想想怎样处理这件事情。即使新的方法行不通，也不要气馁，不要放弃。方法总比问题多，尽量尝试所有可能的方法，总会找到解决问题的办法。

3. 不要被一成不变的规定约束，要懂得随机应变

不要墨守成规，要不断地实践，然后从错误中学习，主动地适应千变万化的环境，随机应变地处理错综复杂的和意想不到的各种问题。

4. 不要轻易放弃，要坚守信念

什么是坚持，有人说是水滴石穿，有人说是永不放弃，无论是水滴石穿，还是永不放弃，都是执著的结果，因此执著才是最好的坚持，抱定最初的那个信念，一直坚持下去。只有坚定信念才能拥有更好的明天。

5. 不要急躁，要有耐心

新事物的成长、完善需要时间，研究表明，要打破旧习惯，养成新习惯，平均需要三个星期的时间。在这段时间内不能急躁，要耐心等待，成功需要你有足够的耐心。

6. 不要孤芳自赏，要积极寻求协助

因为你对新事物不熟悉，可能无法在书上找到自己需要的资讯，所以，开口问人吧！就算得不到预期的答案，也可从中获得新的启示，或许还可因此找到你想要的解决方案。

7. 不要悲观，要培养正向、积极的生活态度

凡事都以正向、积极的态度面对，积极心态是一种主动的生活态度，对任何事都有足够的控制能力，反映了一个人的胸襟、魄力。积极的心态会感染人，给人以力量。凡事都从可能成功的一面去想，并积极采取行动，努力去做，机遇之神迟早会眷顾你。

很多人都能够意识到一生中需要不断改变自己，但是，他们往往总是抱怨机会太少，把那些成功者的成功归结为机会好、运气好。殊不知，我们每个人都有改变自己命运的机会，关键在于你有没有积极主动地寻找机会，把握机会，如果没有抓住，就会与成功擦肩而过。

如果我们有能力、有办法来改变自己，却不去寻找机会和抓住机会，那么终生只能平平淡淡、庸庸碌碌。我们生活的环境如果能够适合我们能力和欲望的发展需要，则是最为难能可贵的。如果不能适合，应该怎么办？我们不能脱离环境而生存，只能随着环境的变化，随时调整自己的观念、思想、行为和目标。

狼深深知道，无论过去怎样辉煌，都已成为历史，而要生存下去，必须正视现实，活在当下。其实，我们是否能够适应不断变化的环境，关键在于你是否还沉迷于过去，一个人如果总是留恋过去的生活，那么他永远都走不远，一定要随时对变化作出反应，这样才能成为生存的强者。

生存的艰难绝不允许流眼泪

如果不敢去跑，就不可能赢得食物；如果不敢去战斗，就不可能赢得胜利。狼为了生存，没有时间去流泪，因为眼泪会让它意志消沉，而给暗中的对

手以可乘之机,所以狼永远都是坚强的、勇敢的,它们的眼睛盯着猎物,而不是用来灌溉草原的。

狼知道,倘若失去了勇敢,就等于把生命交给了敌人。所以狼不相信眼泪。

中国政论家邹韬奋曾说过:"由大智中产生大勇,由理解中加强信心,是最坚毅的大勇与最坚强的信心。"的确,勇气让生存更久远。

一个叫辛蒂的女孩,独自住在美国艾奥瓦州一座山丘上的一间房子里。那是一间特殊的房子,完全是以自然物质搭建而成,而且是完全封闭只能由传真和互联网与外界联络的房子,甚至屋子里面的空气也是由人工灌注的氧气。辛蒂已经在这间房子里住了整整八年了。

1985年,那时的辛蒂还是一个美丽年轻的女孩,她在一所著名的医科大学读书,有着如花似锦的前程,但上帝的一次漫不经心让一切发生了改变。

辛蒂永远不会忘记那个黑色的日子。那天,辛蒂到学校附近的一个小山坡上散步,像往常一样,带回来一些蚜虫。回到学校后,她照例开始做实验,就在这时,辛蒂的身体突然感到一阵痉挛,她病了。原以为那一切都只是暂时的,没有人料到她的医学生涯似乎就此完结了,可恶的杀虫剂里包含的化学物质让辛蒂的免疫系统瓦解了。她对香水、洗发水及日常生活接触的化学物质全都过敏,甚至连正常呼吸的空气也可能让她支气管发炎。这是种名为"多重化学物质过敏症"的慢性病,一直以来被医学界定位为一种不治之症。

开始患病时,辛蒂非常的痛苦,她的尿液变成了绿色,她的汗水和其他排泄物还会刺激背部,形成疤痕。她不能睡经过防火处理的垫子,否则会引起心悸。辛蒂的生活到处都是灾难,这一切灾难的痛苦是外人难以体会的。

到了1989年,她的丈夫用钢和玻璃为她在美国艾奥瓦州的一座山丘上盖了一间无毒的房子,这是一个似乎可以逃避所有灾难的"世外桃源"。于是,辛蒂成了生活的"囚犯"。

辛蒂所有的食物和水都是经过选择和处理过的,不能有任何化学成分,她平时只能喝蒸馏水。

在此后的整整八年时间里,辛蒂没有见到任何一棵花草,她再无法听到来自大自然的任何声音,听不到清脆的鸟叫、哗哗的流水声,她甚至不能放声大哭。因为她的眼泪跟汗液也是威胁自己的毒素。

在这个几乎要把自己憋昏的屋子里，辛蒂没有自暴自弃，她决定反抗上帝的这个安排，不仅为自己，也为所有被化学污染物致命的牺牲者作出抗争。1986年，辛蒂创立了"环境接触研究所"，进行这一类病变的研究。1994年她与一个组织合作，创建了"化学伤害资讯网"，在全球范围内进行化学物质危害的宣传。目前这一网站已有5000多名来自全世界32个国家和地区的会员，这个网站不仅发行刊物，还得到美国参议院、欧盟及联合国的大力支持。

生活在这寂静的世界里，饱受生活打击的辛蒂已经不再痛苦，面对生活对她施加的种种折磨，她坦然视之。在一次电话采访中，辛蒂谈到自己的时候，非常的平静，从她的语气里，根本听不出她正处在糟糕的处境中，她告诉记者，她在生命最绚丽的时刻，患上了这种疾病，在漫长的余生中，她不能与人接触，不能感受阳光的温度，不能闻到花草的香气，甚至不能自由地呼吸新鲜的空气。玻璃房间是她生命的保护伞，却也是她无法冲破的牢笼。漫长无边的寂静让人近乎崩溃，然而她却连默默饮泣的权利都没有。如果辛蒂注定无法离开这间房子，她的人生也没有遗憾，如果不是疾病不允许流泪，也许她不会坚毅地选择微笑。

这个坚强的女孩令人震撼，她有生活的勇气，没有被困难打倒。其实，当生活加在我们身上的不是困苦而是灾难的时候，很多事是我们无法选择的，但有一件事是可以做到的，那就是"哭"与"笑"，不流泪就微笑，这是种巨大的勇气和别样美丽的风景。

勇敢是智慧和一定程度教养的必然结果。勇气是不限人的，任凭你是谁，只要你能够勇于面对自己，坦然面对天地，不惧、不恐、不惊，能够勇于献出一切，乃至自己的生命，你便是有勇气的人，而你的精神，就是勇气！

希腊流传着这样一句话："勇气是上天的羽翼，怯懦却引人下地狱。"的确，生活中的强者从来都不相信眼泪。

狼|性|法|则 ▶

物竞天择，适者生存，是最坚韧、最强悍、最生猛、最血腥的生存哲学。只有适应社会的环境，跟上时代的脚步，你才不会被淘汰。

在严峻的生存环境里，只有练就惊人的适应能力，才能获得生存的机会。

如果你无法改变这个世界，那就慢慢地学会适应这个世界吧。

生存的艰难不相信眼泪，市场不同情弱者，柔弱的绵羊不可能在严酷的环境和激烈的竞争中生存下去，能够成为强者的只有具有战斗意识和为战斗而生的狼。

第二章　心态积极永远都能看到希望

积极心态是一种主动的生活态度，面对问题、困难、挫折和挑战，从正面去想，从积极的一面去想，然后积极采取行动，努力去做。积极的心态会感染人，给人以力量。我们会乐观地对待生活、对未来永远充满希望，即使遭遇苦难也能热忱地对待生活。我们的一生都在朝着高处攀登，常保持着高昂的激情，不惜忍辱负重，始终都会以充满希望的心态，在群山之巅面对天高地阔激昂长啸。

——狼的自述

积极乐观的心态是狼生活的信条

狼有着非常积极而乐观的心态，它敢于主动出击，并且从来不认为猎物会在自己的追捕下逃生。因为它知道为了在这个优胜劣汰的动物界生存，积极而乐观的心态是十分重要的。

它们从不守株待兔，而是对自己的目标和猎物进行主动而认真的寻找和观察，乐观地看待自己捕猎的结果，无论最终是成功了，还是失败了，它都会自信满满地投入下一次捕猎当中去。这就是狼的积极乐观的心态。而拥有着这种狼性中积极乐观的心态的人，在现实生活中最终都可以取得成功。

相信很多人都听说过"书生赶考"这一故事：

两个书生是从小长大的好朋友，在乡里都是知名的学子，他们相约进京赶考，本来二人自以为自幼苦读，学富五车，应该会获得一个满意的名次，哪知在行路的途中，迎面遇到了一个出殡的队伍。

古代的人十分看重吉凶的占卜，按照皇历来说，在赶考途中遇到丧事预示着霉运，是非常不吉利的。

其中的一个书生看着那口黑漆漆的棺材和满天飘洒的纸钱，心想："我怎么这么倒霉，赶考遇到出殡，这次考试也不会顺利。"原本良好的心情跌至了谷底，对考试也没有了信心，浑浑噩噩地答完了试卷，结果不仅榜上无名，在今后的考试中也是毫无信心。

而另一个书生虽然在看到出殡队伍后，也感到了一丝的不快，但是积极的心态马上使他调整了过来，"看到棺材，这预示着我升官发财啊"，这叫做有"官"又有"财"，他乐观而自信地步入了考场，最终也取得了好成绩。

这便是积极乐观的心态的作用，如果一个人整天想着"不行，我不行"，妄自菲薄，那他很难取得成功，而如果一个人在做事时，总是默念着"我能行，我能行"，建立信心，那么无论他所做的事有多难，他都会有一定的建树，这种通过自我调整，保持积极而乐观的心态而最终获得成功的行为并不是人为臆造的，它在科学上属于一种"心理暗示"的方法。

积极乐观的心态是一种长期的修行，它就像是在培养一种习惯，当习惯成为自然的时候，就会在潜移默化间改变我们的行为方式。很多的成功人士都是在这种习惯的影响下，克服困难，赢得人们的尊重的。

在中国被尊称为圣人的孔子，在那个时代实际上并没有得到过太多的重视，他为了将自己的学说发扬光大，得到统治者的采纳，奔走于各个诸侯国之间，历尽险阻，受到过许多无礼的待遇，甚至还被郑人戏称为"丧家之犬"，讽刺他的这种周游列国，希望得到赏识的行为，而孔子听到了这个比喻，并不生气，只是微笑着说："这个比喻真恰当啊。"

虽然流离于各国之间，并且遭受了很多的苦难甚至羞辱，但是孔子和他大部分弟子的乐观积极的心态始终没有改变，为他们共同的理想而努力着。有一次，孔子在周游列国途中，路过陈国和蔡国的交界处，那里的人十分憎恶鲁国的阳虎，而孔子的相貌又恰巧和阳虎很相似，结果遭到了当地人的袭击，孔子和弟子们狼狈地逃入了荒野。

这时候，他的弟子子路坐不住了，起身问孔子道："先生的学说博大精深，我们都是十分的佩服，但是为什么不仅没有人采纳，还令我们到了流离失所的地步呢？"

孔子并没有回答他的话，而是微微一笑，让弟子之间互相讨论原因。弟子们各抒己见，轮到颜回的时候，颜回说："先生的学说博大精深，这是世所公认的，但是却不被统治者所采纳，这并不是说我们的学说有什么问题，而是那些统治者没有能力，是他们的耻辱，所以我们应该继续坚定不移地去推行自身的信仰。"孔子听了颜回的回答之后大为赞赏，并且把颜回当做自己最得意的学生而器重。最后，孔子的学说终于得到了当时社会的公认，孔子作为圣人受到了中国千百年来的崇敬，颜回也因为他的言行被人们称为"复圣"。

积极的心态造就了历史上无数的成功人士，我们也希望自身能够以一个积极的心态面对人生，不过虽然我们在很多事情上可以表现出积极乐观的心态，但是这种心态很难成为心中的自然部分，我们还需时刻地保持。拿破仑·希尔曾经指出："积极的心态需要反复的学习与实践。就像我们打高尔夫球那样，你可能在某个时刻打了一两杆好球，便以为自己对这项运动有了深入的了解，但也许在下一个时刻，你可能连球都击不中呢！我们需要每天不懈地努力学习，以克服自己的负面习惯，将自己调整为正向的思维方式。"拿破仑·希尔所说的这番话启示我们，只有像狼那样，始终保持着积极而乐观的心态，对自己充满了自信，才能够克服艰难险阻，获得最终的成功。

乐观而积极的心态并不是人一出生就能够具有的，而是个人性格、经历与努力等因素共同作用的结果。人作为万物的灵长，有着强烈的自我意识和改造自我的决心，既然我们发现了自身心态的不足，就可以努力地去改变它，通过对狼性中这种心态的学习，在经历挫折和失败时，换一种积极的心态来看待它，既树立了信心，使自己不被困难所击垮，还可以令自己在接下来的时间里重整旗鼓，迎接乃至解决这次困难。

狼的眼中永远闪烁着希望的光芒

在狼的眼睛里有你所想象不到的最撼人心的东西，那就是希望之光，无论它们身处何种境地，这种耀眼的光芒都不会消失。狼的一生都在朝着高处攀登，它们常保持着高昂的激情，始终都会以充满希望的心态，面对各种挑战。狼眼中的这种希望之光，不得不令我们掩卷沉思、肃然起敬。

希望之光引领着狼啸傲于大草原，引领人站上了成功的舞台。古今中外，很多伟人之所以伟大，就是因为他们与别人共处逆境的时候，没有缩手缩脚，而是决心实现自己的目标。他们有了想法的时候，就会大胆地去实现，因为他们相信，天无绝人之路，人生中的任何绝境都会有回旋的余地，只要你在绝境中不绝望，只要自己再给自己一次机会，只要你对自己充满信心，就会有希望走出绝境。

日本水泥大王、浅野水泥公司的创造者浅野忠一郎就是一个心中充满希望之光的人，他在23岁的时候，不仅没有工作，而且还身无分文，有一段时间甚至每天陷入半饥饿状态中。

突然有一天，他发现一股水泉，早就饥肠辘辘的他立刻就喝了起来，以此来充饥，当他喝饱了，突然感觉这水清凉可口，而且还带点甘甜。

就在此时，一个想法从他的脑海中闪过，"我何不靠卖水来挣钱呢？"说做就做，很快在路边就出现了浅野忠一郎的卖水摊位，他的生活可以说才刚刚开始。

这最简单的无本万利的卖水生意让吃尽千辛万苦的浅野忠一郎脱离了挨饿的日子。

转眼间，浅野忠一郎已经卖了两年的水了，赚到了人生的第一桶金，于是25岁的他又开始了人生的第二笔生意——经营煤炭零售店。经过五年的奋斗，30岁的浅野忠一郎已经声名大振，他这种把无价值的东西产生价值的人物惊动了当时横滨的市长，于是市长就召见他说："你很会利用废物，但是人的排泄物，我想，你是没有办法利用的。"

浅野应声答道："只收集一两家的粪便不会赚钱，但是收集数千人的大小便就会赚钱。"

"怎么样收集呢？"市长好奇地问。

"建造公共厕所。"

这样，浅野就在横滨市设置了63处日本最初的公共厕所，浅野也因此成为日本公共厕所的始祖。

厕所建好后，他就把汲粪便的权利以每年4000日元卖给别人，两年后他开办了日本最初的人造肥料公司。

再后来，不断成功的浅野又涉足建筑业，成立了浅野水泥公司。这家公司经过几年的发展成了日本最大的水泥公司，并设立了"浅野水泥奖金"，而这些奖金就是由公共厕所的粪便得来的。

生活中像年轻时的浅野忠一郎的人很多，因为贫穷他们的生活陷入了一片混乱中，甚至连基本的温饱都成了问题，更不要说有多余的钱用来发展自己了。但是他们与浅野忠一郎不同的是，他们常常自暴自弃，看不到生活中的希望，很多时候就算有机会出现在他们面前，由于他们心中充斥着太多的对生活的失望，太多的机会都与他们擦肩而过了。

因此在生活中，我们应该积极地向心中充满希望的浅野学习，无论生活面临多少艰辛，但是他依然对生活充满希望，依然很努力、很用心地去发现生活中的契机，以求生活的转机。

其实生活中那些小小的困难、挫折都不算什么，只要你不绝望，再大的困难都不能让自己放弃对生命的追求和热爱。

有一则这样的寓言故事：有一头驴子不小心掉进了一口枯井里，刚掉到井里时，它哀怜地叫喊求救，希望主人能把它救出去。

驴子的主人听到呼叫，就找来了很多邻居出谋划策，可是井太深了，大家确实想不出什么办法来搭救驴子。最后，大家无奈地想，反正驴子已经老了，干不了什么重活，不救也罢，况且这口枯井迟早要被填上的，否则以后还会有人掉进去。于是，人们就拿起铲子开始填井。

当第一铲泥土落到枯井里时，驴子恐慌极了，它明白主人已经不愿意再救它了，它现在只有死路一条。又一铲泥土落到枯井里，驴子出乎意料地安静下来了，它认识到了，现在，它只能自救，只能靠自己了。然后人们发现，此后，每一铲泥土打在它背上的时候，驴子都在做一件令人惊奇的事情，它努力地抖落掉在背上的泥土，然后把泥土踩在脚下，把自己垫高一点。随着人们不断把泥土往枯井里铲，驴子也就不停地抖落那些打在背上的泥土，使自己一再升高。就这样驴子慢慢地升到枯井口，然后在人们惊奇的目光中，潇潇洒洒地走出了枯井。

处于绝境中的驴子，在发现了主人的意图之后也曾惊恐过、绝望过，但是很快它就发现了绝境中的希望，把绝境转化成了自己出去的机会，把人们用于掩埋自己的泥土从身上抖下去，踩在自己的脚下，让自己不断升高，最终走出了枯井。这就是希望的力量，是希望让驴子得到了重生。

生活中，人们经常会遭遇像驴子一样的绝境。其实在绝境的表象下，也蕴藏着希望的生机，因为绝境在一定的条件下是可以转化的。当然在眼前的绝境中找到生机不仅需要一种智慧，更需要极大的勇气。其实更多时候，面对生活中的绝境，只要我们鼓足勇气，用自己全部的心力努力一搏，终究可以看到"峰回路转，柳暗花明"的那一刻。

每个人的人生中，都难免有面临绝境的时候。面临绝境，需要勇气，需要智慧，更需要的是一颗不放弃希望的心，这样才能像狼一样，敢于与任何恶势力斗争，并且屹立而不倒。只要心中充满希望之光，人生处处都是阳光。

热忱能融化生活中的一切苦难

在大自然中，狼从外在条件上并没有优于其他动物之处，狼没有猎豹的速度，也没有狮子的凶悍，更没有犀牛的体魄，但是狼却有着这些动物所没有的乐观态度以及对生活的热爱，更有着伤痛之后更坚强的斗志。

草原上的狼，从一生下来就要面对各种各样的困难，时刻处于一个又一个危险之中：天敌环列、人类捕杀、出去觅食的父母可能一去不回、疾病……但是，这些困难并没有让狼逐渐消沉，胆小怕事，相反它们经历了早年的这些困难，却成了草原上的强者，因为它们知道不能从伤痛中挺过来，就只能面对死亡。所以，它们面对恶劣环境的反应不是倦怠、屈服或沮丧，而是勇敢地重新投入下一次、再下一次的战斗中。

狼也有着七情六欲，只是它们不会让这种感情流于表面，而是通过行为表现出来。无论狼遇到什么样的伤痛，就算丧子之痛，它也能以最快的速度恢复，永远不会丧失对生命的热情。狼生命的核心就是捕猎，不断地寻找、追逐，直到攻下目标猎物。然后继续寻找下一个目标，继续追逐、攻击。不断地战斗，不停地抗争，尽管途中充满艰辛与坎坷，尽管同伴一个个倒下，它也不会畏缩、灰心。

面对伤痛应勇敢、乐观地战胜困难，不懈地追求，狼都如此，何况是万物之灵的人呢？

其实，挫折和失败并不可怕，被挫败击垮了斗志，丧失了信心与继续奋斗下去的勇气才可怕。说白了，挫折与失败带来的只不过是一种感觉上的痛苦，它并不能代表什么，更不能说明什么。在经历坎坷、面对失败之时，永远要记住一点，那就是要保持乐观的心态，就像狼一样，笑傲于人世风雨间。

第二次世界大战期间，一位名叫南丁格尔·嘉宝的女士处于战争结束带来的喜悦中，突然她收到了一份侄儿的电报，电报上说，她最爱的一个人死在了战场上了。这个事实就像晴天霹雳一样让她无法接受，她决定放弃工作，离开这个充满伤痛的家乡，把自己永远藏在孤独与眼泪之中。

正当她清理东西准备辞职的时候，忽然发现了一封发黄的信，那是侄儿的母亲去世时她写给侄儿的。信上这样写道：我知道你会撑过去，我永远不会忘记你曾教导我的，不论在哪里，都要勇敢地面对生活。我永远记着你的微笑，像男子汉那样能够承受一切的微笑。她把这封信读了一遍又一遍，似乎侄儿就在她身边，一双炽热的眼睛望着她说："你为什么不照你教导我的去做呢？"

看完信后，她打消了辞职的念头，一再对自己说："我应该把悲痛藏在微笑后面，继续生活，因为事情已经是这样了，我没有改变它的能力，但是我要有继续生活下去的勇气。"

因此，南丁格尔·嘉宝笑着活下去了。正如美国商业女强人梅格·惠特曼所说："只有受过寒冻的人才感觉到阳光的温暖，也只有在人生战场上受过挫败、痛苦的人才知道生命的珍贵，才可以感受到生活之中的真正快乐。"

陷在痛苦泥潭里不能自拔的人要学习一下南丁格尔·嘉宝看完信后对生活的热忱。狼对生活也充满了热忱，这让它成为了生活中的强者，狼都能做到，那么你也可以，告别痛苦的手得由你自己来挥动，告别痛苦，你才能尽情享受生活给你带来的快乐。

在生活中，我们时常会看到悲观的人看落日感叹：夕阳无限好，只是近黄昏。而乐观的人看落日会赞叹：夕阳的余晖映照了黎明的光芒。乐观的人对生活充满了热忱，而悲观的人对生活充满感叹。

对生活充满热忱的人在面对伤痛的时候，也能笑对生活，勇敢地生活下去，最终成就一番事业。美国总统富兰克林·罗斯福是一个才华出众而又对生活极其乐观的人。他39岁那年，一场疾病几乎让他的事业毁于一旦，但他并没有因为病痛造成的双腿瘫痪而自卑沉沦，相反他仍旧以乐观笑对人生，以残疾之身重返政坛。罗斯福1932年在总统竞选中获胜，并连任四届，成为美国历史上任期最长的总统和美国人心中最伟大的总统之一。

我们都知道《钢铁是怎样炼成的》的作者奥斯特洛夫斯基、伟大的音乐家贝多芬、我国著名的军工专家吴运铎等人，他们都经历过我们常人无法承受的伤痛，但是他们仍旧在遭受意外伤残后，对生活充满热忱，仍然能够笑看人生，乐观向上，为着自己的事业，为着心中的梦想而矢志不渝，谱写了壮丽的人生篇章，成为人们学习的楷模。

正如这句座右铭所说："你有信仰就年轻，疑惑就年老；有自信就年轻，畏惧就年老；有希望就年轻，绝望就年老；岁月使你皮肤起皱，但是失去了热忱，就损伤了灵魂。"拿破仑·希尔博士也曾经这样说："有了热忱就有了冲劲。"在许多情况下，冲劲都可以压倒一切。拿破仑之所以在战场上不断取得成功，是因为他懂得冲锋、冲锋、再冲锋！冲锋可以战胜犹豫和恐惧，可以创造人间奇迹。

不管你所处的环境是多么的恶劣，也不管你肩上的担子有多么重，只要你热情地去做，拿出蕴藏于身体的潜能来，这股力量可以立即改变你人生中的任何层面，就看你是否有心想把它释放出来。

热忱，可以保养灵魂，培养并发挥热忱的特性，我们就可以对我们所做的每件事情，加上了火花和趣味。你愈投入，事情就愈显得容易。当你认真地想做，一切都变得很有可能，没有什么是太麻烦或太困难的。反之，投入意愿很低的时候，任何事都会对你产生很大的威胁，事事让你感到棘手、头痛，精力与热情也跟着低落，注定成为失败者中的一员。

当你觉得心力交瘁时，热忱能使你保持头脑清醒、神智清晰。当我们生病或做错事时，我们都有一段难熬时光。心理学大师荣格曾经说过："生命中所有最大与最困难的问题，其实基本上都是解决不了的。而有些人在苦闷当中能保持相当的乐观，并不是他们解决了问题，而是他们找到了更强的、更新的生命目的，来取代了那种苦闷。"

发挥热忱能带给你真正的自信。因为当你集中注意力于你所热爱的事情时，并不是专注于你的形象，而是会产生自信。你失去了自我意识，并不是担忧你的印象如何，而是热衷于表达你的热情。我们都看过指挥家指挥一支乐队，他们的头发零乱，随着音乐来回起伏。但是有谁会留意这些呢？他们生命的激情正在音符上流动、跳跃。

只要你对生活充满着热忱，任何的困难都不会把你打败，这种乐观的心态和对生活的热忱让你从伤痛中勇敢走出来，开创出属于自己的一片天地。

狼|性|法|则 ▶

积极乐观的心态是挑战一切艰难困苦的强大法宝，让我们对成功充满了渴求。

热忱可以让人释放巨大的能量，可以创造出一个人难以想象的奇迹。

源源不断的热情，可以让人永葆青春，让人心中充满阳光，让人变得异常强大。

永远没有什么外力可以击退一个坚定的希望。无论处于何种境地，无论何种时刻，都要保持着高昂的激情，对人生满怀希望，对生活充满信念。

第三章　竞争，狼族生生不息的铁律

竞争无处不在，无时不在，对我们而言，生存本是一场充满竞争的艰难跋涉。现实很残酷，很艰难，很不公平，我们必须让自己去接受现实。只有勇敢地面对严酷的现实，迎战一场场接踵而来的激烈竞争，我们才能高傲地生活在这世间。没有谁想成为淘汰者，只有竞争，才能让我们狼族生生不息，一旦停留下来，就意味着危机甚至是死亡。

——狼的自述

生存原本是一场你死我活的战争

狼的一生充满艰辛与传奇色彩。狼的寿命不长，在野外，一只狼最多也就生存 13 年，但大部分狼在世界上驰骋 9 年，就会死去。狼群的生活非常辛苦，而且还要经常与各种危险相抗衡，可以说狼的一生充满了磨难。

威尔金斯教授是著名的动物学专家和《动物世界》的首席撰稿人，他曾经在巴西的稀树草原上对野狼进行过六年多的观察研究。他在回忆自己饲养两只小狼的经历时，说道：

"有一次，我跟随几个牧民放牧羊群，以便听他们讲述关于狼的生动的故事。那天我们真是太幸运了，他们用我带来的望远镜找到了一只母狼。镜头一直在追踪，最后找到了狼穴。他们在狼穴中抓到并打死了母狼，并且得到了六只刚出生大约十天的幼狼……在我的强烈要求下，我得到了两只幼狼。我把这两只幼狼和狗养在一起。正好这时我的母狗莎莎也生了两只小宝贝，开始它们还能和平相处，但过了几天，两只小狼就霸占了莎莎的所有东西，两只小狗只有可怜的份了。"

狼在幼年时期，就已经显露出它们以强者自居的竞争本能。能者为王的生存原则，从它们出生那一天起就已表现出来。

在"弱肉强食"的动物界，狼族的竞争意识尤其强烈。它们不但要面对与不同种类动物之间的竞争，而且还要面对狼群之间存在的激烈竞争。

狼为了生存必须相互争夺食物与领地，因为狼群只能在属于自己的领地内进行生活、觅食，领地的大小根据它们捕食对象的多少而定。而捕食对象的多少取决于这个地区的猎物数量。在猎物分布较密集的地方，狼不必奔袭很远便可获得一顿美餐。但是在较荒凉的栖息地，由于只有少量的猎物存在，狼则需要跑到很远的地方才能捕获猎物。

在狼群中也有等级之分，处于最上层的是阿尔法狼，位居最底层的是奥美佳狼，奥美佳狼通常是雄狼，而且是狼群中个子最小的种族，经常被高级别的同族虐待，在任何方面都处于劣势地位，特别是吃东西的时候，永远都是最后一个"上桌"。

但是"哪里有压迫哪里就有反抗"，生活在底层的狼也不例外。在底层的狼为了能够生存下去，它们会变成非常严苛的动物。它们开始为狼族作的贡献非常少，就如同它们得到的利益一样。于是，在一段时间之后，底层的狼总是在结束冒险并证明自己的生存能力之后，脱离现有的狼群，开始新的生活，它们会参与其他族群，并开始经营它们自己的族群。

奥美佳狼知道，它们改变不了环境，只能去改变自己。在狼族中，这群最为弱小、地位最低的狼总是被遗忘在角落，但如果它没有因此放弃生命而勇敢地生存下来，最后往往能够成为一只优秀的狼，成为主宰狼群的头狼。因为这种严酷的生存环境使它经历了更大的磨砺，使它积累了更为完善的生存技能。

在狼的世界里，除了严酷的内争外，最主要的还是对外的侵略。狼的生存主要是依托在战胜对手、吃掉对手的方式上，反之就会饿死。而捕猎是危险的，狼在捕获猎物的时候，常常会遇到猎物的激烈反抗，一般大型的猎物有时还会危及狼的生命。研究表明，狼捕猎的成功率只有7%～10%。

但是狼一旦捕猎成功，还要时刻保持高度的警惕，防止其他想不劳而获的动物的袭击。除了保护食物，成年的狼还要扛起保护幼狼的责任，因为其他的动物也经常会袭击、捕杀狼的幼崽。狼必须时刻警惕来自四面八方的侵袭。

最后，狼还必须与人类抗争，人类无疑是狼繁衍生存最强劲的对手。

在这种险恶的环境中，狼族正是凭借其无所畏惧的野性、永不屈服的意志，才能够战胜对手，在逆境中生存下来，成为陆地上食物链的最高种群之一。

狼是以刚强与凶悍生存于世的动物。老猎人经常这样形容狼：狼的神经是老树根做的，骨肉是花岗石雕刻的。这样的形容无疑是在夸赞狼拥有坚韧不拔的意志。

如果一只狼的后腿在无意间被捕兽器夹住了，狼不会像羊一样等待厄运的降临，它会果断地咬断自己的后腿逃生。狼可以用三条腿走路，也可以用三条腿奔跑。狼撒尿时会跷起一条腿来，其实就是对跛脚生活的一种演练。狼在快速奔跑时，四条狼腿中也总有一条闲置不用，靠三条腿运动向前，这也是一种防患于未然的措施。狮、虎、熊、豹这样的猛兽一旦断了一条腿，就会走路趔趄，严重影响狩猎的速度，但是狼不会。

狼这种以三条腿行走的本领，既不是老天爷的特殊眷顾，也不是造物主的慷慨恩赐，而是在严酷的丛林生活压力下磨炼出来的一种生存技巧。

对于人类来说，恶劣的环境往往也是产生强者的土壤。如果你不甘做境遇的牺牲品，就应当顽强地生存下去，成为主宰环境的强者。但是在生活中，有很多人面对恶劣的环境只会无休止地抱怨，把逆境当成魔鬼，却不知道如何从逆境中奋起，也不知道只有竞争才能磨炼出强者。

现代社会，竞争非常激烈，人人都在寻找成功的机遇，所以你若没有十足的竞争意识，只能把机会拱手让人。因此，在很多情况下，我们必须努力去创造环境，改变不利于自己发展的环境。

人类有许多潜能，除非遭到巨大的打击和刺激，否则永远会被封闭起来，永远不会显露出来。这种神秘的力量深藏在人体最深层，非一般的刺激所能激发，但是每当人们身处恶劣的环境中，在极其苛刻的生存条件下，那些追求成功的人就会下意识地激发这种潜能，努力奋起，改变自己的处境，成为主宰环境的强者。

因此，竞争是推动人类社会向前发展和个人成长的强大力量，没有竞争斗志的人，不可能唤起内心中最大的进取动力，这样的人在崇尚"胜者为王"法则的社会中很难走得更远。

无论是在狼群还是在人类社会中，生存原本就是一场你死我活的战争，"弱肉强食"历来都是大自然最公平的裁决。

竞争能让你看清自身的不足

在动物界激烈的竞争中，狼充分地了解了自己，在对外战争的时候，它们扬长补短，不择手段战胜对手。在狼群内部，每只公狼都有争夺狼王位置的权利，因此它们总是充分发挥自己的领导才能争夺这个位置，毕竟狼群是一个"能者为王"的世界。

竞争不仅存在于狼族或是动物界中，其实也存在于人类生活的各个领域：有球类、游泳、拳击、田径、棋类等多种多样的体育比赛；有音乐、诗歌、戏剧、影视、书法、绘画等文艺比赛；有学习竞赛、演讲比赛、劳动比赛等。有组织的比赛已数不胜数，在日常的工作和学习中，暗下决心要赶超他人的无形竞争更是到处都存在着。

竞争是市场经济最普遍的一种现象，同时也是市场经济最具魅力的特征。在职场上，竞争无处不在，每一个人都时时刻刻承受着由竞争带来的生存和发展的压力。一些志向深远的人没有将自己局限于无休止的竞争之中，而总是善于从同伴或者对手那里汲取智慧，善于同各种有专长的同路者真诚合作，从而最大限度地发挥出自身的聪明才智，加速自己成功的步伐。

在营销史上，百事可乐和可口可乐两家公司的战斗一共打了100多年，前面的70年，百事可乐长期生活在可口可乐的强大压迫之中。甚至百事可乐曾三次上门请求被可口可乐收购，却被拒绝。这是因为它的攻击点即定位不准确，自然，攻击的效力很差，其中最有名的一次攻击发生于20世纪30年代。当时，美国经济萧条，大家没有钱，这时百事可乐推出了一个广告，说："花同样的钱，买双倍的可乐。"它从价格上打击可口可乐，短期内奏效了。但很快，当可口可乐把价格降下来之后，优势又回到可口可乐的手中。也就是说，对手可以复制的战略就不是好的战略，它没有对准对手的战略性弱点。

直到1960年末期，当百事可乐定位于"年轻人的可乐"时，才算找准了可口可乐战略上的弱点。因为可口可乐是传统的、经典的、历史悠久的可乐，它的神秘配方至今仍被锁在亚特兰大总部的保险柜中，全世界只有七个人知道保险柜的密码。所以当百事可乐找出针锋相对的反向策略，从而把可口可乐重新定位为落伍的、老土的可乐时，百事可乐从此才走上了腾飞之路。

从三次请求收购到1988年中期几乎逼平可口可乐，并最终迫使可口可乐放弃传统的配方，转而推出新配方可乐，即复制百事可乐的"新一代"战略。可口可乐复制百事可乐新战略的结果是营销史上有名的大灾难，甚至发生了消费者上街示威的事件。消费者的口号是"还我可口可乐"，它不可能复制"年轻人"的战略。事实上这教育了可口可乐回到传统可乐上来。

特劳特为七喜汽水发展出的"不含咖啡因的非可乐"战略，也是攻击到了可口可乐与百事可乐战略上的弱点，才使七喜汽水一举成为美国的第三大饮料。作为可乐品类的两个代表品牌，可口与百事的配方中是不能不含咖啡因的，没有了咖啡因就不能叫可乐，所以"不含咖啡因"的战略就是对手不能复制的。不过后来两大公司确实忍不住了，居然还真推出了"不含咖啡因"的可乐。像新可乐一样结果当然行不通，它们都没有成功。

在三大饮料的市场竞争中，有的成功了，有的失败了，这是为什么呢？这是因为失败者没有在竞争中认清自己，让自己走上了不可复制的道路，必然失败。因此只有充分了解自己的企业，才能在竞争的大军中吹响凯旋的号角。

其实，人生如企业一样，都是一场永无休止的竞技场，无论成功还是失败，都只是一个临时的站台。过去的成功与失败都不重要，重要的是在竞争的过程中，要全面地认清自己、审视自己，从中汲取经验，从而完善自己。

日本北海道盛产一种味道极为鲜美的鳗鱼，海边许多渔民都以捕捞鳗鱼为生。然而这种珍贵鳗鱼一旦离开深海，便容易死去，为此渔民们捕回的鳗鱼往往都是死的。

有一位老渔民也是天天出海捕鳗鱼，但返回岸边后，他的鳗鱼总是活蹦乱跳的，几无死者。而与之一起出海的其他渔户纵是使尽招数，回岸时依旧是一船死鳗鱼。因此，活鳗鱼自然就奇货可居起来，价格也是死鳗鱼的几倍。几年后，老渔民成了当地有名的富翁，其他的渔民却只能维持简单的温饱。

时间长了，渔村甚至开始传言老渔民有某种魔力，让鳗鱼保持生命。

在老渔民临终前，终于把秘诀公之于世。其实他使鳗鱼不死的方法非常简单，就是在捕捞上的鳗鱼中，加入几条叫狗鱼的杂鱼。狗鱼非但不是鳗鱼的同类，而且是鳗鱼的"死对头"。几条势单力薄的狗鱼在面对众多的"对手"时，便惊慌失措地在鳗鱼堆里四处乱窜，由此却勾起了鳗鱼们旺盛的斗志，一船死气沉沉的鳗鱼就这样给激活了。

引入几个"对手"便使一船鳗鱼起死回生，老渔民的做法的确令人惊奇。而在现实生活中也是如此，没有竞争的地方往往是死水一潭，一旦有了竞争，人们则斗志昂扬，激情四射，这正是竞争的力量之所在。能够在竞争中认清自己，可以说拥有一个强劲的竞争对手真是一件幸事。

对于每个人来讲，要清楚地认识自己很重要，不仅生命是自己的，而且职业也是自己选择的，人生道路是自己走出来的，我们自己才是人生的主角。每个人都有不同的天分，只要按自己最擅长、最喜欢的部分去延伸，就必定能够塑造出一个璀璨的自己。

生活在这个社会里，生下来就要竞争，只有拥有狼一般的竞争精神，才能更好地看清自己，使自己成为生活中的强者。

唯有在竞争中才能实现超越自己

对一只狼来说，生存并不是它的全部内容，生存要有生存的价值和目的，它们的生存价值就是要在竞争中实现自我，而生存目的就是要超越自我。否则它们大可以去捡食腐肉，可以去吃草，这些食物要比那些活蹦乱跳的猎物更容易得到。可它们没有去食腐，也没有去吃草。它们的祖先经过一代又一代的努力，经过一代又一代的奋斗，使它们和那些食草动物有所区别。

如今的它们，继承了祖先的锋牙利爪，这些遗产使它们雄居在食物链的最顶层。它们不光要捍卫现实的利益，还要致力于实现尚未达到的目标。因为只有那些能给后代留下丰富遗产的物种才能一代又一代地繁衍下去，才能不被这个充满竞争的世界所淘汰。

狼做到了，在竞争中实现了自我价值并且超越了自我，它们是我们所敬仰和膜拜的动物，因此，我们人类也要在竞争中实现自我，超越自我。

享誉世界的"铁娘子"玛格丽特·撒切尔有一位非常严厉的父亲。小时候，父亲总是告诫她，无论什么时候，都不要让自己落在别人的后面。撒切尔牢牢记住父亲的话，每次考试的时候她的成绩总是第一，在各种社团活动中也永远做得最好，甚至在坐车的时候，她也尽量坐在最前排。后来，撒切尔成了英国历史上唯一的女首相，众所周知的"铁娘子"。

撒切尔的故事告诉我们，要想成就一番大的事业，就要具备"永远争做第一"的竞争意识，在竞争意识中要不断地完善自我，然后在适当的时候超越自我，这样才能成为像撒切尔一样成功的人。

国外一家森林公园曾养殖几百只梅花鹿，尽管环境幽静，水草丰美，又没有天敌，而几年以后，鹿群非但没有发展，反而病的病，死的死，竟然出现了负增长。后来他们买回几只狼放置在公园里，在狼的追赶捕食下，鹿群只得紧张地奔跑以逃命。这样一来，除了那些老弱病残者被狼捕食外，其他鹿的体质日益增强，数量也迅速地增长着。

流水不腐，户枢不蠹。对于梅花鹿来说，竞争对手就是追赶它的狼，时刻让梅花鹿清楚狼的位置和同伴的位置。跑在前面的梅花鹿可以得到更好的食物，跑在最后的梅花鹿就成了狼的食物，任何一只梅花鹿都不想死，因此它们拼命地奔跑，最后在危险中存活下来。没有竞争就没有进步，没有竞争就没有竞争对手，也就没有超越自我的动力。

面对现实社会激烈的竞争，一旦懈怠，就意味着退步。企业和员工只有保持对同类竞争与社会发展的高度敏感性，才不会降低工作效率，使自己一直保持高效的运转，拥有旺盛的生命力。永远不自满，你就会成为像狼一样的强者。

狼|性|法|则

无论是在狼群还是在人类社会中,生存原本就是一场你死我活的战争,"弱肉强食"历来都是大自然最公平的裁决。

对于一个真正的强者来说,生存的最高境界就是在竞争中超越自己。超越自我不是填满空虚心灵的精神安慰,它是要你拿出你的一切去为之奋斗。

面对现实社会激烈的竞争,一旦懈怠,就意味着退步,意味着失败。

第二篇

风骨赫然，岿然独立

为自由而生，为尊严而活

狼是一种凶猛、顽强的动物，陆地上食物链的终结者之一。狼，作为动物界中的肉食者，在这个弱肉强食的残酷环境中，为了能延续自己的生命，在种种恶劣的逆境下，凭着坚忍不拔、百折不挠的意志，始终都没有放弃自己的目标，即使在自己的生命一度遭受重创，生命的最后一刻，也不会轻易认输，宁为尊严啼血而亡，绝不摇尾乞怜懦弱而生，这就是狼狂野的特征，这就是狼一生的原则。

狼崇尚自由，狂野不羁；狼争强好斗，永不服输，因此，狼成了人们唯一可选的"仿生"动物，因为狼具有一切让人成功的因素和特征。

第四章　崇尚自由，狂野不羁

我们知道，虽不能有傲气，但绝不可无骨气。我们天生爱好自由，对我们而言，自由是一种心态、一种境界。我们所理解的自由，是秩序下的自由，是规则内的自由，而不是所谓的闲云野鹤、隐居深山式的自由。自由的天地是强者生存的土壤，我们生而为强者，因此，在任何时候，即使生命受到威胁的时候，也不能阻止我们对自由的追求和渴望。

——狼的自述

宁愿去征战，拒绝被驯服

一只真正的狼，它的眼睛里会闪烁着野性的光芒，它生活在茫茫的天地之间，时时需要戒备，刻刻需要谨慎，因为它的生活圈到处是战场。它喜欢厮杀，因为厮杀可以让它变得更加强大，能够赢得自由，它不喜欢安逸的生活，那样会让它退化成一只摇尾乞怜的狗。

因此，狼宁可战死沙场，也不会委曲求全，做一只摇尾乞怜的狗。狼的这种崇尚自由的气节，狼身上所显现出的这种野性光芒，令我们肃然起敬，让我们不禁想到了孟子所说的"富贵不能淫，威武不能屈，贫贱不能移"的高贵气节。

如今的社会是一个需要拼搏精神的社会，在这个充满竞争的时代，只有坚持奋斗的人才能活得潇洒，活得精彩，活出人生的真谛。

有一个人死后，在去天堂的路上，遇见一座金碧辉煌的宫殿。主人请他留下来。这个人说："我在人间辛苦了一辈子，现在只想吃只想睡，我讨厌工作。"

主人答道："好极了！这里有山珍海味，有舒适的床铺，吃、睡随意，没人阻拦；而且，我保证无任何事情要你做。"这人高兴地住下了。

起初，他感到很快乐。渐渐地，他觉得有点寂寞、空虚。于是去见宫殿的主人，抱怨道："这样的日子过久了也没意思，对这种生活我已经没一点兴趣了。你能不能为我找一份工作。"宫殿的主人答道："抱歉，我这里从来就不曾有工作。"

又过了几个月，他实在忍不住了，又去见宫殿的主人："这种日子我实在受不了了，如果你不给我工作，我宁愿去下地狱，也不住这儿了。"

宫殿主人轻蔑地笑了："你以为这里是天堂？这里本来就是地狱啊！"

安逸的生活原本就是地狱，虽然没有刀山可上，没有火海可下，但它可以渐渐溃灭你的理想，磨灭你的意志，腐蚀你的心灵，最终让你变成一具行尸走肉的尸体。如果这样，可以说你已经被驯服了，成为魔鬼的跟班，这样的日子是可悲的，没有了自由可言。相比之下，那些日理万机的人却朝气蓬勃，充满了生气，因为他们整天奔赴在职场上，为了自己的理想而奋斗着，这样的人才会像金子一样发光，有无限的生命力。

因此，我们要像狼一样，拒绝安逸的生活，征战沙场才会获得成功。在困难面前绝不能低头，要勇于征服困难，而不能成为困难的奴隶。

一座泥像立在路边，风吹落它日渐干裂的皮肤，雨又不停地让它日益消瘦，小孩子路过的时候又总是踢它几脚，它苦不堪言。它多么想找个地方避避风雨，然而它无法动弹，也无法呼喊。它十分羡慕人类，觉得做一个活生生的人真好，可以无忧无虑，自由自在地到处闲游。它决定抓住一切机会，向人类呼救。

这天，一个长髯老者路过此地，泥像知道他道行高深，于是用它的神情向老者发出呼救。

"老人家，请让我变成人吧！"泥像说。

老者看了看泥像，笑了笑，手臂一挥，泥像真的变成了一个活生生的青年。"你要想变成人可以，但是你必须先跟我试走一下人生之路，假如你承受不了人生的痛苦，我可以马上让你做回原来的你。"老者严肃地说。

于是，青年跟随老者来到一个悬崖边。只见两座悬崖遥遥相对，此崖为"生"，彼崖为"死"，中间由一条长长的铁索桥连接着。这座铁索桥又由一个个大小不一的铁环串联而成。

"现在，请你从此岸走到彼岸去吧！"老者长袖一拂，已经将青年推上了铁索桥。

青年战战兢兢，踩着一个个大小不同链环的边缘小心翼翼地向前走，然而，一不小心，一下子跌进了一个铁环之中，顿时两腿失去了支撑，胸口被链环卡得紧紧的，几乎透不过气来。

"啊！救命啊！我要掉下去了，铁环快把我的肋骨弄断了。"青年大声向老者求救。

"请君自救吧！在这条路上，能够救你的，只有你自己。"长髯老者在前方微笑着说。

青年扭动身躯，拼死挣扎，好不容易才从痛苦的铁环中解脱出来。"你是个什么铁环，为何卡得我如此痛苦？"青年愤然骂道。

"我是名利之环。"脚下的链环骄傲地回答。

青年继续朝前走。忽然，一个绝色美女朝青年嫣然一笑，青年飘然走神，脚下一滑，又跌入一个环中，被链环死死卡住。

"救……救命呀！好痛呀！"青年惊恐地再次呼救。

可四周一片寂静，没人回答他，更没人来救他。这时长髯老者再次出现在前方，他微笑着缓缓道：

"在这条路上，没有人可以救你，只有你自己自救。"

青年拼尽全力，总算从这个环中挣扎了出来，然而他已累得精疲力竭，便坐在两个链环间休息。

"刚才这是个什么痛苦之环呢？"青年又在琢磨。

"我是美色链环。"脚下的链环答道。

经过一阵轻松的休息后，青年顿觉神清气爽，心中充满幸福愉快的感觉，他为自己终于从链环中挣扎出来感到庆幸。

青年继续向前赶路。然而料想不到的是，他接着又掉进了贪欲的链环、妒忌的链环、仇恨的链环……等他从这一个个痛苦之环中挣扎出来后，青年已经没有力气再走下去了。抬头望望，前面还有漫长的一段路，他再也没有勇气走下去了。

"老人家！老人家！我不想再走人生之路了，你还是带我回到原来的地方吧！"青年痛苦地呼唤着。

长髯老者出现了，手臂一挥，青年便又回到了路边。

"人生虽然有许多的痛苦，但也有战胜痛苦之后的欢乐和轻松，你难道真想放弃人生吗？"长髯老者问道。

"人生之路痛苦太多，欢乐和愉快太短暂、太少了，我决定放弃人生，还是去做我的泥像吧！"青年毫不犹豫地回答。

长髯老者长袖一挥，青年又还原为一尊泥像。"我从此再也不必受人世的痛苦了。"泥像默默地想着。

然而不久，一场洪水侵袭，泥像便成为泥沙，四处流散去了。

在人生的路上，充满了艰难险阻，要有二万五千里长征的精神去走这条路。懦弱的人不能支配命运，只能被命运驯服成为命运的傀儡。

狼的成功起点就是它那狂野不羁的个性，永远保持着一种不被驯服的精神，战胜一切艰难险阻，在战场上挥洒英雄的光芒。狼亦如此，人更应该如此，不是吗？在这个充满激烈竞争的年代，一个没有个性的人怎么能在职场生存，怎么在这个社会上立足？因此，我们只要拥有狼的精神，就可以在广阔的天地间驰骋。

王者的风范：无自由，毋宁死

狼说："我绝不会用人格来换取施舍，我宁愿向生活挑战也不愿过着有保障的生活，宁愿要达到目标时的激动而不愿要毫无生气的平静；我不会拿我的自由去与慈善做交易，也不会拿我的尊严去与发给的食物做交易；我绝不会在任何大师的面前发抖，也不会被任何恐吓所屈服。我们的敌人永远只有一个，那就是我们自己。我的天性是挺胸直立，骄傲而无所畏惧，勇敢地面对这个世界，请相信我们，相信自己，相信这个世界会因我们而不同，因我们而更加的精彩。"这就是一只真正的狼，这就是王者的风范：无自由，毋宁死！

自由带给狼的是王者的风范，而带给人的却是成功的色彩。正如居里夫人所说："如果能追随理想而生活，本着正直自由的精神、勇往直前的毅力、诚实不自欺的思想而行，则定能臻于至美至善的境地。"

人们都说，鸟笼之中不可能有一只渴望自由的鸟，因为它会因为失去自由郁郁而终；而那些没有死去的鸟，它们的意志与对自由的渴望都被时光磨得一干二净。人们也都说，笼是不可能放走鸟的，因为如果它自行放走了鸟儿，那它就会失去存在的价值，然后死去。所以，很多鸟笼会看着一只鸟儿在笼子之中死去而无动于衷，用如同外表一样铁一般的心默默地接受着一切，然后又迎来一只拥有鲜活生命的麻雀或是夜莺。

鸟笼就像人的心一样，你是想活得快乐，还是想活得有面子，只要鸟笼打开了，你就会像鸟儿一样为了拥有的自由而高兴。

有个人在美国读了电影学博士。他是真心爱电影的人，各处每一届电影节都要去观摩，这是他的生活方式。为了电影和自由，他选择了跟北美的华人群体迥异的生活：租房，自由撰稿，不结婚。他对体力劳动没什么成见，曼哈顿堵车高峰，人力车载客很赚钱，他也偶尔去踩车练练摊。他出身上海知识分子家庭，这样一来，在北美"混得成功"的姐姐不乐意了，觉得他在为家族丢脸。可他觉得，"我很快乐，跟你的脸有什么关系？"同样的，在华文世界著作非常畅销的一对神秘作家夫妇，另一位同样是文化界的人士，曾颇为怜惜地告诉我这对夫妇在美国的状况："我看见他们在集市上摆摊。"

大多数中国人不能理解电影学博士和作家夫妻的幸福，他们因自由而高兴，那是一种只专注于实现独一无二的自己的生活。他们向往的是一种心灵自由，心灵自由意味着一个人不必非要实现某些特定的目标，不必成为道德上的圣人，不必成为一个有社会地位的人，也能获得生命原生的幸福、充实、宁静与喜悦。

拜伦曾经说："我宁可永恒伶俜，也不愿用我的自由思想去换取一个国王的王座。"他做到了。影片《勇敢的心》中威廉姆·华莱士做到了，然而不是用自由思想，而是用生命。影片自始至终都弥散着一种壮烈的气息——自由，当华莱士临死前发出最终的呼声时，他成功了。"每个人都会死，但不是每个人都真正活过。"为了苏格兰百姓，为了自由，华莱士实现了作为一个男子的尊严。史诗般壮观的场面，重演了苏格兰百姓为自由而战的历史。

无可厚非，威廉姆·华莱士是一个英雄，为了自由宁愿牺牲自己的生命，这是一种大爱，因此他的身上散发出了王者的风范，让人敬仰。

唯有自由才是王者的风范，而狼是天生的王者，因为它们可以用生命守卫自己的自由，那么我们人是否也应该如此呢？答案是肯定的，只有自由才能让你朝着自己梦想的方向前行，在以后成为成功的人。

走自己的路，任别人指指点点

狼很聪明，它们会通过气味、面部表情和身体语言以及发声来彼此交流。嚎叫可以帮助它们彼此追踪、组建地盘、组成狼群和防御外来攻击。

除了灵敏的听觉之外，狼还具有敏锐的嗅觉，并且还能察觉到远在2000米之外的猎物。遭遇挫折时它们也会疯狂地嚎叫。狼在受到其他动物的攻击时，是不会害怕、胆怯的，它们知道一只真正的狼是不会采取逃跑的手段的，而是战斗。只有战斗才有生存的希望，而逃跑只有死路一条。这就是狼族的准则，不管别人怎么说，它们都会走自己的路。

作为万物之灵的人类，在很大程度上，我们奋斗是为了得到别人的承认，其实不然，奋斗真正的意义在于自己，只要自己满意就足够了。勇敢地去追求，为自己的目标努力。

在现代社会，"个性"两个字已经被越吵越热，很多想要成功的人为了凸显出自己，都会发扬自身的性格。公司也是一样，只有具有了与众不同的产品才能在琳琅满目的商品中脱颖而出。所以，每个想发展壮大的公司都在倡导"创新"。其实，说到创新，就是一个不在乎别人说什么，只在乎自己追求什么的过程。

当然了，现代人也意识到：一个人想要成功，就必须有坚信胜利的信心。走出只属于自己风格的路来。如果老跟在别人的屁股后边学，他充其量不过是一个模仿别人的人，活在别人影子里的人。

"copycat"，这是硅谷对于中国互联网的第一印象。但这也是无法改变的事实：模仿战略本身就是商业逻辑在推动。中国因为各种各样的原因导致了互联网发展的缓慢，因而注定前者一开始只能踩着后者的脚印走。

王建硕就认为"抄袭"的说法其实是误会了中国的创业者："中国的互联网大概比美国晚七年，并不是指技术晚，而是指用户晚。所以中国即使不参照美国的时候，也是按这条路来走。现在有了美国的借鉴，而借鉴明明是合理的东西，却又不用，那不是傻吗？"

从这里我们可以看出，刚开始的时候因为找不到方向摸不到路，模仿是在所难免的，但是一旦已经熟悉了轨道，摸到了规律之后就需要脱离母体独立行走了。

这方面典型的例子就是阿里巴巴，马云从一开始涉足互联网的时候就点明了自己会走本土路线："我觉得中国一定要有自己的商务模式，是不是 eBay 我不知道，是不是雅虎我也没有看清楚，但是如果围绕中小企业帮助中小企业成功，我们是有机会的。"显而易见，马云的这段话表明了一层意思：阿里巴巴没有模仿对象。

在中国互联网起始阶段，所有的创业者都将发展的方向定格在了模仿上。但是在不断跟随美国乃至世界先进脚步的大环境中，马云能够不顾外界的眼光和质疑，一门心思地专注在自己追求的方向上，这不能不说是难能可贵、与众不同的。虽然他后来创办的淘宝和支付宝，外人很明显地看到它们身上有 ebay 和贝宝（paypal）的影子。

但是，至少在整体上来讲，马云走出了自己的个性，展现出了他趋于本土化的商业思维。从商业的角度来看，马云的阿里巴巴主要是抓住了小企业营销无门的命脉获得了成功。而向来备受商家争议的淘宝，推出的最具杀伤力的免交易费政策虽然最初让很多的商家觉得马云是在做赔本的傻事。但最后的结果却显示出，马云当初的选择和方向并没有错。现在的淘宝，已经具有了十足的客户群体和口碑，知名度的提升已经为其以后要走的路做好了充分而坚实的铺垫。正是马云的独创，让阿里巴巴集团坐上电子商务老大的位置。

阿里巴巴的成功明显地说明了一个明白无误的事实：不靠美国模式，中国企业依然有成功的机会。造成不同的结果只不过是因为：不是每个创业者都有马云的坚持和判断力，也不是每个人都有马云那种"不在乎别人怎么看，只在乎自己追求什么"的勇气。

绝大多数的创业者不是习惯把外国的成功经验直接搬来了事，就是面对别人异样的眼光选择了屈服，走大众化路线。而事实证明：走大众化路线的最后结局就是集体走向了一个地方，拼得头破血流地去争仅有的一点地盘和利益。

所以我们说："个性是一个人最宝贵的财富。"正是因为个性差异的存在，才构成了人生万象的异彩纷呈。人们也才谈得上相互学习、相互促进、相互吸引。假想一下，如果大家都是一样的性格，都走一样的路，那这个世界该多么单调。

因而，为了人生的多彩，我们需要多多地开创属于自己的个性，走别人没走过但适合自己的路。在这条路途中，也许别人会对你的行为有些争议，也许别人会对你的行为指手画脚，但是，请记住：只要你明确了自己的人生方向，确定了自己的人生追求，就不要在别人的指手画脚和异样的目光中停滞不前。相反，你该朝着自己心目中的方向努力，一路向前。

尊严和信念是改变自己的最有效动力。搜狐老总张朝阳也这样说："对事情的执著让我有很多收获，时间长了就能总结出许多道理，能够比较相信自己，相信自己的内心感受，而不太接受普遍的观点。"

其实，总结一句话就是鲁迅所说的"走自己的路，让别人说去吧"，人要像狼一样保持自己高傲的尊严，相信自己的判断，不要在乎别人的指指点点，按自己的想法去做，直至成功。

狼|性|法|则 ▶

狼的成功起点在于它那狂野不羁的个性，永远保持着一种不被驯服的精神。在竞争激烈的年代，只有拥有狼的崇尚自由的精神，才可以在广阔的天地间驰骋。

保持独立的个性和意识，才能成就一番事业。

秉承自己的本色，做独一无二的自己，成就最优秀的自己。

特立独行，我行我素，走自己的路，让别人说去吧！

第五章　为尊严而战是生命永恒的主题

不管自然环境如何改变，繁衍了几百万年的我们始终都能维护和保持着我们自己的生活秩序和生活方式，始终傲立于天地之间，不需要人类的施舍，也不需要别人来教我们如何生存。我们崇尚尊严，绝不会为了嗟来之食而奴颜媚骨地向人类摇尾乞怜。被抓不可怕，挨饿也不可怕，最可怕的是没有了骨气，成了一条摇尾乞怜的狗。所以，别想用栅栏、铁丝网圈住我们，我们身上流淌的是尊贵的血液，大自然才是我们永恒的家，尊严对于一只狼来说，比生命重要。

——狼的自述

尊严对狼来说比生命更重要

狼族对自己的生活要求非常的高，不论周边环境怎样变化，它们只希望在大自然中自由自在地生活，并且在造物者赋予它们的环境中生活。

狼的血管里流淌着高傲的血液，它们的领地不允许任何人践踏，它们不需要别人的施舍，宁可高傲地饿死，也不受嗟来之食！为了维护自己的尊严，它们会运用智慧与力量全力地与外界斗争。

在浙江宁波东钱湖野生动物园里，生活着六只一岁多的小狼。一个清晨，照顾它们的饲养员突然发现，圈着它们的两米多高的铁丝网下部被撕开一道长长的裂口，铁丝网里面的小狼了无踪影，饲养员马上意识到，小狼逃走了。

从逃亡的现场来看，小狼为了完成"越狱"计划，显然费了不小的力气，要知道它们才一岁多。小狼要想完全逃离人类给它们建造的家，至少要突破两道关口。第一道是狼舍与外面壕沟之间两米多高的铁丝网，第二道是壕沟与外面小路之间三米多高的铁丝网。

这两道阻碍它们自由的铁丝网都被小狼破坏了，它们成功地完成了"越狱"计划。

小狼为什么要费这么大的力气，逃离在我们看来衣食无忧的世界呢？因为在那里，小狼完全找不到属于它们自己的尊严，认为丧失了它们视为最宝贵的东西。所以，小狼宁愿历尽千辛万苦，也要找回狼族赋予它们的高傲的尊严。

尊严恐怕是这个世上最宝贵的东西了。狼为了维护自己的尊严，不惜一切代价也要找回来，狼都能做到，何况是人呢？一个人可以没有票子、没有车子、没有房子、没有官职、没有名望，但必须要有尊严。

自尊心是尊重自己、维护自己的人格尊严，不容许别人侮辱和歧视的心理状态。自尊心人人都有，它就像我们所呼吸的空气一般不可或缺，是我们获得幸福的主要元素。哲学家罗马皇帝马库斯·奥勒留斯曾留下这样的训诫："被你毁了的约定，或丧失自尊心的事，不能期望为你带来利益。"

在森林里，有一只瘦骨嶙峋的狼，总被一群强壮的狼欺负，好久没有吃到食物了。

一天，它在路上寻找食物，突然遇到了一只迷路的狗，狼看着这只狗高大威猛，真恨不得扑上去把它撕成碎片，但是这个念头马上就消失了，因为自己还不够强大。

于是狼恭恭敬敬地向狗讨教生活之道，话中充满了恭维，诸如"仁兄保养得好，显得年轻，真令人羡慕"等。

狗听后神气地说："师傅领进门，修行靠个人，你要想过我这样富裕的生活，就必须离开森林。你看看你的同伴，都像饿死鬼一样，生活没有一点保障，为了一口吃的都要与别人拼命。学我吧，包你不愁吃和喝。"

狼疑惑地眨巴着眼问："那我应该怎么做呢？"

狗接着说："你什么都不用做，只要摇尾乞怜，讨好主人，把讨吃要饭的人追咬得远远的，你就可以享用美味的残羹剩饭，还能够得到主人的许多额外奖赏。"

狼想象着自己有吃有喝的幸福画面，不觉眼圈都有些湿润了，但是为了生活，狼还是跟着狗兴冲冲地上路了。

在路上，狼突然发现狗的脖子上有一圈没有毛的皮，就非常不解地问：

"这是怎么弄的?"

"没有什么!"

"真的没有什么?"

"小事一桩。"狼不停追问,狗就搪塞地说。

狼停下脚步:"到底是怎么回事?你给我说说。"

"很可能是拴我的皮圈把脖子上的毛磨掉了。"

"怎么!难道你是被主人拴着生活的,没有一点自由了吗?"狼惊讶地问。

"只要生活好,拴不拴又有什么关系呢?"狗的口气显然有些无奈。

"这还没有关系,不自由,毋宁死。吃你这种饭,给我一座金矿我也不要。"

说罢这话,饥肠辘辘的狼扭头朝森林的方向跑去了。

狼可以为了生存暂时忍受屈辱,坚强活下去,但是永远忍受不了没有自由,于是它为了自由,宁愿饿死。狼的这种"不自由,毋宁死"的精神值得我们学习。

如果一个人为了生存不要自尊,那么他就失去了做人的资格,连自己都瞧不起自己,又怎么会让别人瞧得起你?灵魂是不能屈服的。

一位纽约商人在大街上看到一个衣衫褴褛的铅笔推销员,顿生怜悯之情。于是,他丢了一元钱到卖铅笔人的怀中,就走开了。

但走出几步远后,他感觉这种做法不妥,便连忙返回取了几支铅笔,并抱歉地对铅笔推销员说自己忘了取了,请原谅他的疏忽。最后他说:"你和我一样都是商人,你有东西要卖,而且上面有标价。"

过了一段时间,在一个社交场合,一位穿着整齐的推销员迎上这位商人,并自我介绍说:"先生,你可能已忘记了我,但我永远忘不了你,你就是那个重新给了我自尊的人。以前,我一直认为自己是一个推销铅笔的乞丐,直到你那天告诉我我是一个商人。"

没想到纽约商人简简单单的一句话,竟使得一个处境窘迫的人改变了命运。

一个处境窘迫的人并没有上街乞讨,而是在做铅笔推销员,这说明他是想自食其力的,这是他自尊心的要求,使他要坚强地度过困难期。他的自尊心得到了商人的尊重,最后他也成功摆脱了困境。可以说他的成功是两个自尊心相碰撞的结果，如果他没有自尊心，那么也不会得到别人的尊重。

对一个人来说，尊重别人和自我尊重是不矛盾的。因此，在现实中因为缺少自尊会让我们在未来的社会中丧失掉交往和立足的重心。

有的人之所以不满意自己，是因为他看到在他的周围有另外一些比他条件优越的人。在相形见绌的情况下，他无形中重视了别人，贬抑了自己。狼的自尊来自于它对自身价值的肯定，同样，一个人要想摆脱烦恼，生活过得快乐，最重要的是把贬抑的自我提升起来，放回到自尊的世界里。

荣耀尊严从来都只属于强者

狼是高傲的动物，它们喜欢站在山顶上仰天长嚎，那一声声凄凉的嚎叫声是在向天地证明，它们不会被任何恶劣的环境所打倒，而是会一直笑傲于天地间，奔跑在任何有猎物的地方，用自己的荣耀和尊严来向世界宣誓：要做就做世界的强者。

因此，狼不会为了嗟来之食而像狗一样不顾尊严地向主人摇头晃脑，它们总是通过自己的能力来获得食物的。伟大的动物文学之父塞顿在《动物记》中对狼的战斗是这样描写的：

拜德蓝德贝利已经没有可以逃跑的路了，被15只猎狗纠缠着，它们还有人做强大的后盾。它已经不是在走，而是蹒跚着向上爬。猎狗排成一队在它后面追，正在逐渐接近它。

在这个最狭窄的地方，一步失误就意味着死亡。那匹伟大的狼转了过来，正对着它们。它的前腿奋力支撑了起来，而那闪着寒光的獠牙则完全暴露着。我们没有听到它发出一点儿声音，它勇敢地面对着这群猎狗。它的腿因为劳累而很虚弱，但是它的脖子、它的嘴巴，以及它的内心都是强壮的，并且继续战斗——15∶1。它们上来了，第一条是最敏捷的灰猎狗，它是怎么做的呢，它们几乎都没有看见。但是，当一股血流撞向岩石的时候，"那只巨大的狼转过身来面对着它们"，那一串猎狗也拥上了那条路。在必然的战役中，黑鬃毛在它们来到的时候接待了它们。一个无力的弹跳，一个反向的进攻，一个猛咬，"凡高倒下了"（凡高是一条狗的名字），它的脚没有了。猎狗丹德和科利又逼近了，试图扭住它。一个闪冲，一个抬臀，它们就跌倒在那条狭窄的小路上了。然后是蓝点猎狗，紧接着是强壮的奥斯卡和英勇的泰戈——但那只狼在岩石的那边，一眨眼的工夫，它们之间的战斗就结束了，只剩下那只狼在那儿，那些大猎狗都不见了。剩下的几条狗围了上来，最后面的紧挨着最前面的狗——倒下来——死去。撕、咬、抬臀，从最敏捷的猎狗到个头最大的猎狗，直到最后一条，倒下来——倒下来——它让它们轮流着倒下，从悬在空中的凸出部分到下面的峡谷。那儿的岩石和树干太锋利了，随时都会夺走它们的生命。

短短的50秒钟后，一切都结束了。岩石把这一串猎狗抛向了一边——潘茹富狗群全部被消灭了。拜德蓝德贝利再次独自站在那里，站在它自己的大山上。

它站在那儿等了一会儿，看是不是还有其他的猎狗上来。再也没有了，那群猎狗全部都死掉了。它等了一会儿，平静了一下自己的呼吸，然后，在这个决定命运的现场，第一次提高了它的声音，虚弱地发出了一声长长的、胜利的大喊，在另外一个较低的岸上渐渐变小，被什么东西挡住了，看不见了。这就是我们在辛梯纳山的一个高坡上看到的一切。

从上面这段描写可以看出，狼天生就具有一种为尊严和荣耀而战的战斗性格，可以说这种战斗性格就是狼的本质。在狼群的内部，要通过战斗争夺自身在狼群中的位置；在自然界中，不仅狼群要通过战斗赢得维持生存的食物，而且狼群还要与给它们带来许多灾难的自然环境相抗争，甚至它们还要与最可怕的人类斗智斗勇。如果狼族没有这样好强的战斗性格，那么它们就无法在这个地球上立足。

而我们人类要想在这个社会上立足，要想被荣耀环身，被人们尊重，那么就要不断地战斗，因为只有获得了成功，你的荣耀与尊严才会发出更加耀眼的光芒。因此，荣耀和尊严是人不断奋斗、努力进取的结果。无可厚非荣耀尊严是属于强者的。

那么强者为了事业或学业的成功，每天都在做什么呢？如果你去了解那些成功的人，那么他们会告诉你，成功来自于坚持不懈的努力奋斗。

但是只靠努力取得成功还是不够的，因为成功只能说明过去，要想立于不败之地，就要依靠永不停息的奋斗。

狼在击败一只猎狗的时候，它没有放松警惕，因为危险依然存在，就算它打败了所有的猎狗，它仍然保持着战斗的姿势，因为它要把胜利坚持到最后，此时的我们不会为丧命的猎狗感到悲伤，而是被狼这种为了荣耀尊严战争到最后的精神而感动。

因此，在当今这个充满竞争的社会里，只有不断地奋斗，才可出类拔萃，被人尊重。任何时候，只要你稍微有一点自满，就等于你对自己发出了一条"停止前进"的命令。任何时候，成功都是过去式，过分注重过去，再优秀的人物也会被后起之秀拍死在沙滩上。所以我们一定要不断地奋斗，不断地超越自我，这样才能让荣耀与尊严并存。

有这样一则禅宗故事：一个年岁已高的僧人，在烈日下做工。一个路人突然问僧人："师父，你多大年纪了？"僧人回答说："今年刚满70岁。"路人又问他："既然这么大年纪了，为什么还做这么累的工作？"老僧人回答说："因为我存在。"路人又说："又何必在太阳底下做工呢？"僧人回答说："因为太阳存在。"

老僧人的话似乎有点让人摸不着头脑，很深奥，但是却给人一个最浅的启示：既然生命不息，就应该奋斗不已，超越自我，才能让尊严与荣耀并存。而老僧人自己，也是以一种非常朴实的方法在不断超越自我，可以说他是强者。

我们这个时代说得直白一点与动物界有一个共同的特点：弱肉强食。因此，我们必须同意：强者才能换来荣耀与尊严，弱者能得到的只是同情和怜悯，弱者注定失败，强者主宰世界。

自强自立，从不把希望寄托于幻想

在狼高贵的血液里还混杂着自强自立的因子，狼从小就学会了野外生存的本领。因为狼知道，如果当不成狼，那就只能当羊。

狼出生后，享受母亲的照顾是很短暂的，只要小狼能够行走，狼妈妈就会把它们放逐到外面，让它们独自去经历风雨。外面的世界充满了危险，小狼的心灵遭受着难以忍受的折磨，它随时都要经受凶猛动物的袭击，在这样的危险环境中，一不小心小狼就会成为其他动物的口中餐。

面对严峻的环境，有些小狼咬紧牙关，抵抗住了严寒和饥饿的折磨，勇敢地生存了下来；有些小狼意志力很薄弱，经受不起风雨的打击，在外面无法生存，只能慌忙地逃回母亲的怀抱。但是逃回来的小狼并不会因此而受到狼妈妈的照顾，狼妈妈不会因为小狼那可怜巴巴的凝望而将它收留，还是会狠心地把它们赶出去，让它们继续接受外面世界艰难险阻的洗礼，这样才会培养它们在最短的时间内学会自立的能力。狼的野性也正是在这种自强不息、自食其力的生存状态中磨炼出来的。

因此，狼从学会走路的第一天起就开始接受了生命中的第一次挑战——独自觅食。狼妈妈知道，如果今天不让小狼出去接受饥饿的挑战，不去适应外面艰苦的环境，那么明天，它们就不能自立自强，在没有父母的保护下就会被冻死、饿死，被狮子、老虎以及猎豹等强大的动物吞噬它们的生命。

狼妈妈之所以痛下决心让小狼独自经历风雨，是为了后代的生存，培养它们自食其力的本领，是为以后的生存作准备。只有经历苦境、险境、逆境的磨炼，狼的生命力才会更加旺盛，意志才会更加坚强。

其实，相比较人类来说，人类的母亲就没有狼妈妈那样的远虑，人对下一代总是爱护有加，犹恐关之不切，爱之不深。尤其是受儒家"仁爱"表层文化影响的东方人更是如此，甚至出现因溺爱而铸造"废品"的悲剧。

被过度溺爱的孩子就像温室里的花朵，永远都经受不了风雨的洗礼，更难摆脱他人的照顾，没有自立的能力，面对困难只能退缩、逃避、再退缩，只会被动应对生活，而不会独立面对生活，这样的孩子长大了就是一个悲剧。而经受过苦难洗礼的人，就会自强自立，最终获得成功。

自强自立，是对人们在智力活动与实际活动中独立自主地发现问题和解决问题的能力而言的。生存竞争是残酷的、无情的，自然界是如此，人类社会也是如此。

我们活在这个世上，一定要自强自立，因为你自身就是你自己环境的一部分。你才是你自己的主人。

在这方面，鲁迅先生就是我们的楷模。鲁迅小时候，由于家道的败落，再加上父亲的病情，让还是孩童的鲁迅过早的成熟，承担起了家庭的重担。他不仅要学习，还要为生活而奔波，他每天都要在药店与当铺之间往返。面对这样的逆境，鲁迅不忘自强不息地奋斗。

一次上学迟到了，老师严厉地批评了他。从此以后鲁迅就在自己的书桌上刻上了一个"早"字，这不仅仅是他对自己的提醒，更是他个人人生观的体现：自立、自强。

鲁迅因为承担自己的责任而迸发出无比的力量，这就是独立的强大。天助自助者，社会需要坚强自立的人，任何人都不愿意和一个软弱无力的人待在一起。只有你能为自己负责了，你才可能更多地得到别人的帮助。在这个世界上，没有人会陪你一生一世，我们每个人都需要学会独立地生活。

美国总统约翰·肯尼迪之所以成为美国总统，这与他父亲从小对他的教育有关，他小的时候父亲就注意对他独立性格与精神状态的培养。

有一次肯尼迪的父亲赶着马车带他出去游玩。在一个拐弯处，由于马车速度太快，突然把肯尼迪甩了出去。当马车停住时，他以为父亲会下来把他扶起来，但父亲不但没有下车，还坐在车上悠闲地吸起了烟。

"爸爸，快来扶我。"肯尼迪带着哭腔喊道。

"你摔疼了吗？"

"是的，我自己感觉已站不起来了。"肯尼迪几乎要哭了。

"那也要坚持站起来，重新爬上马车。"

肯尼迪挣扎着自己站了起来，摇摇晃晃地走近马车，艰难地爬了上来。

父亲摇动着鞭子问："你知道我为什么让你这么做吗？"

肯尼迪摇了摇头。

父亲接着说："人生就是这样，跌倒、爬起来、奔跑，再跌倒、再爬起来、再奔跑。在任何时候都要全靠自己，没人会去扶你的。"

从那时起，肯尼迪的父亲就更加注重对肯尼迪的培养，如教他如何向客人打招呼、道别，与不同身份的客人应该怎样交谈，如何展示自己的精神风貌、气质与风度，如何坚定自己的信仰等。有人问他："你每天要做的事情那么多，怎么有耐心教孩子做这些鸡毛蒜皮的小事？"谁料约翰·肯尼迪的父亲一语惊人："我是在训练他做总统。"

在人生旅途上，没有人会比自己更靠得住，一个连自己都不能依靠的人，还指望靠谁呢？人需要自强自立，像小狼一样坚强勇敢地在恶劣的环境中求生存，这样才能让自己的生活更加精彩。

一个人要想取得事业上的成功，那必须要让自己完全自立。因为自立是我们立身处世的基础，没有自立我们将寸步难行。

自强自立，是一只狼最基本的生存法则。人也一样，生活独立自主，自己的事情自己做，才能在事业上永远立于不败之地。所以，无论你是寒门出身，还是豪门子弟，只要你相信自己，自强自立，就能闯出一片属于自己的天地，成为强者！

狼|性|法|则 ▶

狼的血管里流淌着高傲的血液，它们的领地不允许任何人践踏，它们不需要别人的施舍，宁可高傲地饿死，也不受嗟来之食！

自尊自爱是一个独立自主的人所具有的品格。你要想受人尊敬，首先得尊敬自己，只有自我尊敬，才能赢得别人的尊敬。

狼从学会走路的第一天起就开始接受了生命中的第一次挑战——独自觅食。自立自强是立足社会走向成功的先决条件。

第三篇

狼子野心,雄行天下

茫茫原野任我纵横驰骋

即使我们一次次身处废墟,遭遇逆境,但我们仍然会挣扎着站起来,依旧保持着高昂的激情,我们一生都在不断地向高处攀登。我是一只天生带着霸气的狼,这就是强者的气量。当我置身于群山之巅面对天高地阔,没有谁会看见我狰狞的微笑。

第六章　狼子野心，志存高远

很多人说，性格决定命运，但对我们狼而言，欲望决定未来。换言之，即对猎物的野心有多大，就能有多大收获。追求的道路上困难重重、障碍重重，我们拥有的野心有多大，克服困难的决心和等待成功的耐性就有多大。野心，是对成功的强烈欲望，没有了欲望，就没有了追逐的动力，也就没有可能得到所追求的结果。可以说，欲望和野心，是实现一切成功的先决条件。

——狼的自述

野心有多大，狼的脚步就能走多远

狼与生俱来就有一种敢于挑战的野心，这个野心是在狼强烈的欲望驱动下产生的，因为猎物就是狼终生不变的目标。因此，狼的野心是远超乎一般意义的勇气之上的凶残本性。

但是从积极的角度来看，狼的野心，恰恰说明狼的上进心、进取心，不安于现状，不满足于眼前的蝇头小利，目光远大，气魄宏伟。野心是狼获取食物的强大武器。狼族的野心是一种梦想，是一种憧憬，是为了获取下一个更大的目标。因此可以说，野心有多大，狼的脚步就能走多远。

狼族的生存信念，就是不惜一切代价地猎取食物。人类应该向狼学习它们敢于梦想的野心，每一个奋斗成才的人，无疑都会有一个选择方向、实现梦想的问题，因为人生离不开梦想的引导。有了梦想，人们才会下定决心攻占事业高地，若没有梦想，人们绝不会采取真正的实际行动，自然与成功无缘。

只要你有了梦想，选对了适合自己的道路，并义无反顾地走下去，终能走向成功。梦想，是一切行动的前提。确立了有价值的梦想，才能较好地分配自己的时间和精力，较准确地寻到突破口，找到聚光的"焦点"，专心致志地向既定方向猛打猛冲。那些梦想始终如一的人能抛除一切杂念，会积聚起自己的所有力量，成为工作狂，全力以赴向梦想的高地挺进。

杰西·欧文斯曾被称为"跑得最快的人"，他是现代奥运史上最伟大的运动员，被誉为"20世纪最佳田径运动员"，他强壮的体魄让人们羡慕不已。

杰西·欧文斯小时候，身体并没有现在这样强壮，甚至有点孱弱，支气管炎和肺炎等各种疾病围绕着他。

一天，一位著名运动员到杰西所在的学校给孩子们演讲，他是查理·帕多克，曾被体育记者称为"活着的跑得最快的人"。帕多克在孩子们期待的眼神中开始了他的演讲。

帕多克对孩子们说："你们将来想要做什么？说出来，然后相信上帝会帮助你实现。"

小杰西眨巴着大眼睛看着帕多克，心想：我要做查理·帕多克这样的人。

演讲结束后，杰西跑到运动教练那儿说："教练，我有一个梦想！"

教练看着这个瘦得肋骨分明的孩子，问道："你的梦想是什么，孩子？"

"我要成为跑得最快的人，就像帕多克先生一样。"杰西坚定而激动地说。

"杰西，有一个梦想很好，但要实现梦想，你得有阶梯。"教练语重心长地说，"第一级是决心，第二级是投入，第三级是自律，第四级是心态。"

杰西·欧文斯马上将自己的脚踏上了第一级，他作出了一个决定：不管面对多么大的挑战，绝不放弃。随后，他投入了艰苦的训练中，并且一刻也没有放松自己，挫折、失败只能更一步激励他的斗志。

1936年，柏林奥运会上，杰西·欧文斯在世界所有人目光的注视下，与他前面的运动员擦肩而过，一次又一次的超越，最后让人窒息的一刻到来了，100米短跑冠军诞生了，杰西·欧文斯成为"跑得最快的人"，在运动会上他一共包揽了四枚金牌。

从杰西·欧文斯的身上，我们可以得到一个启示：想成功，首先就要拥有想成功的野心、然后将你的野心化为行动。梦想可不是只在嘴上说说，它应该像警钟一样时刻鸣响在心头，无论你是在吃饭睡觉还是在工作，都不能有一刻忘记，一刻松懈。

野心，是狼在自然界称霸的动力，人也是一样，要有实现自己梦想的野心、敢于梦想的胆量。有野心的人，才有旺盛的企图心与拼搏的斗志，也才能大胆突破，勇于创新，从无之中，走出自己的一条路。

向着目标前行，是狼唯一的轨道

狼为了在自然界中生存，从小就跟着自己的长辈学习专注精神，只要它们认为有把握的事，它们就会热忱，不达目的誓不罢休。对于狼来说，追逐有把握的目标是最重要的事情，因为那是它们的生命所在。

狼生命中的唯一轨道就是完成它自己的"目标"，然后向着目标前行。在狼遇到猎物的时候，它就有了准确的目标定位，可以充分"展示"它狼性的作风，向猎物的方向前行，最后胜利地得到猎物。

这个道理放之四海而皆准，人类社会也是一样，前进的道路是由目标指引的，无论是在生活还是工作中，第一要紧的事就是树立目标。有了目标，工作就会充满机会；有了目标，自己才有努力的方向。

在现实生活中，有许多人，辛勤地工作，从不偷懒，但一生也只能养家糊口。他们兢兢业业，让人敬佩，但等到他们老了，却感觉自己的一生是那么的平凡。相比之下，一些并没有他们勤奋的人却取得了比他们更大的成就，过上了比他们更好的生活。这让他们百思不得其解。

其实道理并不复杂，所有成功人士都有一个突出的特征：有明确的目标，然后朝着目标前行。

在现代职场，一个有目标的人，毫无疑问会比一个没有目标的人更有作为；虽然目标不能完全实现，但成功的概率要大大高于那些没有人生目标的人。

鲍比毕业多年，一次他去拜访以前的老师。老师见了他很高兴，就询问他的近况。

这一问，引发了鲍比一肚子的委屈。鲍比说："我对现在做的工作一点都不喜欢，与我学的专业也不相符，整天无所事事，工资也很低，只能维持基本的生活。"

老师吃惊地问："你的工资如此低，怎么还无所事事呢？"

"我没有什么事情可做,又不知道该做什么事才好。"鲍比无可奈何地说。

"其实并没有人束缚你,你不过是被自己的思想抑制住了,明明知道自己不适合现在的位置,为什么不去试试其他的致富方法呢?说不定你会交上好运呢?"老师劝告鲍比。

鲍比沉默了一会儿说:"我运气不好,什么样的好运都不会降临到我头上的。"

"你天天在梦想好运,而你却不知道机遇都被那些勤奋和跑在最前面的人抢走了,你永远躲在阴影里走不出来,哪里还会有什么好运。"老师郑重其事地说,"一个没有目标的人,永远不会得到成功的机会。"

做任何事情,没有目标,再多的劳作都是无用功,唯有目标明确,朝着目标而作的努力才有价值,才能有助于实现自己的梦想。如果我们想使生活有所突破,到达新的目的地,首先一定要确定,你的目的地在哪里。只有设定了目的地,成功之旅才会有奋斗的方向。

一个人有了目标就要照着目标不断努力,因为目标是一个人做事和进步的参照点和指路灯。一个人一旦有了目标的指引就可以避免走弯路,避免犯错误,才能够以最快的速度到达成功的终点。

一个人的成功和他准确的目标定位是密不可分的,有了准确的定位,就会按照自己的信念和目标来指导自己的一言一行,就算是遭受到挫折和失败的打击,跌倒了也会爬起来,再跌倒再爬起来。

目标定位准确,容易成功;目标定位不准确,就很难成功。因为一个人或许在这个职业上平庸无奇,但在另一个职业上却有可能大放异彩,所以在选择目标时,应该先给自己提供多种尝试的机会,"让生命多次曝光",看看在哪个方面自己的才华能够得到最大的发挥。

目标的定位不但要从实际情况出发,而且要尽可能地让它越远大越好,就像一个日行千里的人和一个日行十里的人,精神状态是不相同的,登高山的人与爬山坡的人发挥的潜能也不相同。我们常常听到田径教练对跳远的运动员说:"跳远的时候,眼睛看远些,你才能跳得更远。"

总之,一切的成功都从目标开始。在自然界,狼很少会错失它的猎物,就是因为它对目标的执著,向着目标前行,是狼唯一的轨迹。伟大的文学家高尔基曾经深有感触地说:"一个人追求的目标越高,他的才力就发展得越快,对社会就越有益。" 一个人追求的目标越远大,战胜压力的力量就越强,才力才会发展得越来越快,越来越大。没有目标的人,就只能在人生的旅途上徘徊,永远到不了任何地方。

锁定目标,英雄才能有用武之地

随着自然环境的不断变化,草原上的大型动物已经被残酷的现实淘汰许多了,看似威猛、顽强的老虎、狮子、猎豹、狗熊等动物都难以长久地生存,狼族目睹了这些凶猛的动物相继灭绝,它们没有害怕,而是顽强地生存下来了。

可以说是狼强大的生存能力保证了它们在如此残酷的自然环境中傲视群雄,也可以说是狼找对了自己的目标,经营自己的强项,才使自己具有了强大的适应能力。狼的这一智慧,是我们最应该学习的。

有了明确的又对的目标,才会为行动指出正确的方向,才会在实现目标的道路上少走弯路。事实上,漫无目标,或目标过多,都会阻碍我们前进,要实现自己的心中所想,如果不切实际,最终将一事无成。

无论你是天之骄子,还是满面灰尘的打工仔,无论你是才高八斗,还是目不识丁,如果你没有找到自己的位置,一切都会徒劳无益。只有找到了适合自己的位置,英雄才有用武之地。同样,在职场生涯中,像狼一样经营自己的优势,是立足于职场的一大智慧。

一天,一个年轻的退伍军人来找成功学家拿破仑·希尔,年轻人说他想要找一份工作,但是他觉得很茫然,也很沮丧,只希望能养活自己,并且找到一个栖身之处就够了。

他眼神黯然,希尔认为,这个年轻人前途大有可为,却胸无大志。而希尔非常清楚,一个人是否能够赚取财富,都在他的一念之间。

于是希尔问他:"你想不想成为千万富翁?赚大钱轻而易举,你为什么只求卑微地过日子?"

"不要开玩笑了,"他回答,"我肚子饿,需要一份工作。"

"我不是在开玩笑,"希尔说,"我非常认真。你只要运用现有的资产,就能够赚到几百万元。"

"资产？什么意思？"他问，"我除了穿在身上的衣服之外，什么都没有。"

希尔逐渐从与他的谈话中了解到，这个年轻人在从军之前担任过富勒·布拉许的业务员，又在军中学得了一手好厨艺。也就是说，除了健康的身体、积极的进取心，他所拥有的资产，还包括烹调的手艺及销售的技能。

可能推销或烹饪无法使一个人晋身为百万富翁，但是只要这个退役军人找到了自己的方向，许多机会就呈现在眼前。

希尔和他谈了两小时，看到他从深陷绝望的深渊中，变成积极的思考者。一个灵感鼓舞了他："你为什么不运用销售的技巧，说服家庭主妇，邀请邻居来家里吃便饭，然后把烹调的器具卖给他们？"

希尔借给他足够的钱，买一些像样的衣服及第一套烹调器具，然后放手让他去做。第一个星期，他卖出铝质的烹调器具，赚了100美元。第二个星期他的收入加倍。然后他开始训练业务员，帮他销售同样式的成套烹调器具。四年之后，他每年的收入超过100万美元，并且自行设厂生产。

每个人都有自己的长处和短处，但只要我们认准自己的特长，把目标定在自己能够发挥特长的领域之内，就能更好地充分发挥出自己的能力，从而迅速地实现目标，获得丰厚的成果。

在生活中，如果你置自己的优势于不顾，认为自己无所不能，那你在职场上一定找不准自己的目标，也不可能真正体现你的价值。只有找到了你的最佳目标，你的才华才会有施展的舞台。

人，只有找准了自己的最佳目标，才能最大限度地发挥自己的潜力，调动自己身上一切可以调动的积极因素，并把自己的优势发挥得淋漓尽致，从而成功地生存、发展。

那么只要找对了自己的目标，就能长久地获得丰厚的收获吗？也不尽然，因为时代在不断地变化，我们必须要随着时代变化的步伐随时调整自己的目标，这就要求我们要时刻保持的危机意识，这样才能最终获得丰厚的收获。

饲养过狼的人几乎都知道，狼在吃食物的时候，不允许任何人靠近，一旦靠近，狼就会疯狂地对人进行攻击。狼这种本能的表现来源于狼头脑中存在着的危机意识。狼知道没有食物，它们就不能生存。无论是在草原、森林，还是在雪山上，狼要获得食物都要经过艰苦的努力，甚至要付出生命的代价。所以，狼要像捍卫自己的生命一样保卫自己的食物。

狼是一种时刻都保持危机感的动物。八九岁的狼，经历了太多的生与死的较量。身上的疤痕见证了它们顽强的生命力。因自然衰老而死亡的狼在狼群中所占的比例极其微小，只有1%~1.5%。从这个数字，我们就可以想象到狼群的生存环境是多么恶劣。所以狼必须时刻都保持高度的警惕性，因为危险时刻都围绕在它们身边。只要稍微放松，就有可能被猎人打死或者被其他食肉动物吃掉。

狼为了生存，时刻保持着高度的警惕。同样，我们为了在激烈的社会竞争中生存，也必须具备强烈的危机意识。没有危机意识，就不会在对的目标中长久立于不败之地，一不小心就会在竞争的洪流中被冲走。

机会总是属于有准备的人。许多成功人士之所以成功，是因为他们随时都有危机意识，随时都在为竞争作准备，一旦机会来临，他们就不失时机地抓住了。

有一个女孩曾经为一位成功学家当助手，替他拆阅、分类信件，她的薪水与相关工作的人相同。有一天，这位成功学家口述了一句格言，要求她用打字机记录下来："请记住，你唯一的限制就是你自己脑海中所设立的那个限制。"她将打好的文件交给成功学家，并且有所感悟地说："你的格言令我深受启发，对我的人生大有意义。"

从那天起，她每天晚饭后都回到办公室继续工作，不计报酬地干一些并非自己分内的工作，譬如替老板给读者回信。

她认真研究成功学家的语言风格，最后将自己的回信写得和成功学家一样好，有时甚至更好。她一直坚持这样做，因为这是她自己的目标。

长时间的坚持，女孩的写作水平也越来越高，最后她成了成功学家的秘书。但每次下班后，她依然坚守在自己的岗位上，在没有任何报酬承诺的情况下，依然刻苦训练，最终使自己有资格接受更高的职位。

最后她不断提升自我价值，在公司变得不可替代了。

这个年轻女孩的聪明之处，就在于她有着十分明确的目标，并时刻都保持着强烈的危机意识，不断地提高自己，使自己不可替代，才会最终在职场中立足。

第三篇　狼子野心，雄行天下

一个人要想成为一个不败的强者，就要像狼一样拥有自己的目标，并保持警惕和生存的智慧。要想在异常激烈的社会竞争中处于长久不败之地，不仅要找对自己的目标，还要有一点危机意识，这样就可以未雨绸缪，对未来就多几分机会与把握，也就更容易接近成功，获得更多的成绩。

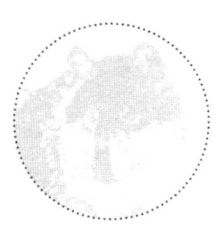

狼|性|法|则

狂傲的狼啸回荡在旷野上空，倾泻着狼的狂野和雄心，狂野精神是征服一切的雄心。

没有捕捉不到的猎物，就看你有没有野心去捕；没有完成不了的事情，就看你有没有野心去做。

目标是人生的方向盘，选准目标才能掌控好生命之船的前进航向。

专注能让人将自己的时间、精力和智慧聚集在自己所要做的事情上，从而最大限度地发挥自己的积极性、创造力，顺利实现目标。

第七章　王者必胜，无畏无惧

王者与强者的区别就在于，强者只拥有强大的力量，而王者则兼具力量与智慧。我们并不是上帝所宠爱的动物，上帝没有赋予我们猎豹的速度、狮子的凶悍、犀牛的体魄。与自然界的各种生命相比，我们的确不是强者，但我们却从来不以弱者自居，我们是自然界当之无愧的王者。无论面对什么样的敌人，我们的这种王者心态都不会改变。即使是面对比我们强大的动物甚至人类，我们也丝毫不会示弱，绝不会不战自败，不战而退。

——狼的自述

笑傲草原，自信成就了草原强者

狼在茫茫的草原上，在月圆之夜，一声声的嚎叫，凄凉中带着霸气，那股霸气就是狼天生的自信，那种超强的自信，指引狼族奔驰在草原上，成就了草原强者的称号。

狼在捕猎的过程中，总是有超强的自信，因为它们有大无畏的精神，就算失败也不会放弃，它们的自信，让许多弱小的动物见之就跑，但往往都跑之晚矣。狼才不管前方是否有陷阱，或者有什么包围，它们这种自信，已经演变成了一点自大，但是这种自大只要控制在一定的范围内，就是一股强大的力量，带领狼族笑傲草原的力量。

自大，带给狼的是王者风范，而带给人的却是成功者的色彩。俗话说"谋事在人，成事在天"，这句话的意思是，事情的成败虽在人的谋划，但最终的结果还是要看成事的条件，甚至被人赋予一种唯心主义的思想，命中注定。这句话自古以来就让中国人把事之成败赋予了悲观色彩。但是胡雪岩却不这么认为。

第三篇 狼子野心，雄行天下

有一天，胡雪岩闲来无事就与好友古应春聊天，当他们谈到"谋事在人，成事在天"这句话的时候，胡雪岩想都不想，脱口就把这句话颠覆了，他对古应春说："要我说，应该是'立志在我，成事在人'。"古应春听后，马上响应和鼓掌叫好："好你个胡大财神，不信天，也不信命，就信自己。真是令人感佩！"

一句富有悲观主义色彩的话，被胡雪岩这么一改，马上光芒四射，使我们看到胡雪岩身上具有的作为一个优秀成功商人的一种可贵的基本素质——自信。在胡雪岩的血液里确实流淌着一股超乎常人的东西——大自信。

胡雪岩在创办阜康钱庄的时候，无论从哪方面来说，都不利于在阜康建立钱庄。当时太平天国起义扰得国家不得安宁，而且太平天国活动的主要区域，也正是长江中下游地区的东南一带，而在那个时候国内的金融业主要还是山西"票号"的天下，在此地创建钱庄就是拿鸡蛋撞骨头，最后肯定倒闭。

不仅外部条件非常不利，而且胡雪岩也没有什么经验，只是一个钱庄学徒，除此之外什么经验都没有。然而他踏入商界之初第一件为自己考虑的事情就是创办自己的钱庄——即使此时一穷二白，也要热热闹闹先把招牌打出去。

此时的胡雪岩凭借的就是他那份与众不同，超出常人的大自信。他相信就凭自己钱庄学徒的经验，凭自己对于世事人情的了解，凭自己精到的眼光和超人的手腕，当然也凭借已入官场可做靠山的王有龄的帮助，他有信心建立一个第一流的、能够与山西票号相抗衡的钱庄。也就是凭着这一股大自信，他的阜康钱庄风风火火地办起来了。

再如，胡雪岩在面对生意将要倒闭的最危险的关键时刻，也绝对不会卷钱潜逃。他始终相信自己虽败不倒，用他的话说，是要能够输得起，"我是一双空手起来的，到头来仍旧一双空手，不输啥！不仅不输，吃过、用过、阔过，都是赚头。只要我不死，我照样一双空手再翻过来。"这就更称得上是一种能成大事者的大自信！

因此，你要想做出一番惊天地的事业就必须拥有一种大自信。要有立志在我、谋事在我、事在人为因而成事也在我的自信，有大自信才会有大志向，才可能有大成功。

除了拥有这股大自信之外，还需要有认准方向就不避艰难、锲而不舍地干下去的决心与坚韧的毅力。换句话讲，也就是通常所说的做事要有恒心，要有韧性。坚强的精神、顽强的毅力、刚强的性格是一个渴望大有一番成就的成功人士所必备一种素质。

要想成功，一定要坚信：事在人为，成功只能掌握在自己的手中。

成功，指的是一个人在某一事业上有了一番成就和作为，尽管过程历经沧桑，然而最后的结局总是美好的。

在每个人的生命历程当中，总会有大好的时机降临，而一个人能否抓住机会，能否成功，全看他平时是否积极积累了雄厚的力量。不论想成就什么事业，在体力、知识、品格等方面的积累都是不可或缺的，都需要我们自己脚踏实地地去做，做好充分的准备，这样才能够应付得起外来事变的发生。

人生不得意十之八九，然而同样确定无疑的是，在有些时候，并非是环境出现了问题，而是我们自身出了问题，因为我们没有选择好正确的人生奋斗方向。成功就如同高山上一朵艳丽的花，如果我们一心想把花摘到，就要有不达目的不罢休的决心。

可以说，强者都是天生的自大狂，狼的自大在于它超强的自信和霸气。我们在平时的工作、生活当中，也不要被困难吓倒，不要半途而废，要拥有一份强大的自信，在我们将要放弃的时候，成功已近在咫尺，如果再坚持一下，成功的香槟酒就会为我们打开。

无所畏惧才能无往不胜

狼特别喜欢在森林里生活，但无奈之下也会选择沙漠、平原和冰原地带。但不论生活在什么地方，它们总是无所畏惧，不向任何强大的对手低头。正因为具备了这种无所畏惧的狂野个性，所以它们的脑子里始终活跃着这样的思想和观念：我是狼，我怕谁！

在草丛中嗖嗖飞奔的狼群，带着最锋利的牙齿、最凶狠的目光，向黄羊群冲去。这时已撑得跑不动的黄羊，被惊吓得东倒西歪。大部分的黄羊被吓得四处乱奔，还有的黄羊竟然站在原地发抖，急得伸吐舌头，抖晃尾巴。

突然间，十几只大公羊返身向数量少的一些狼群包围过去。公羊们决定拼死一搏，肩并着肩，低下头把锐利坚硬的尖角对准狼群突刺过去，还能奔跑的

其他黄羊紧随其后。

黄羊群这一凶猛锐利的攻势立即奏效,狼群的包围线被撕开一个缺口。但很快领头的公狼就找到了对策,等到黄羊群中那些还保存了速度和锐角的羊刚刚冲出了狼群,阿尔法公狼立即果断地率狼群封住了缺口。

众狼包围了那些没速度、没头脑的傻羊。狼群一个个冲杀,失去头羊的乌合之众,成了狼群的腹中之物。

在狼的生存世界中,为了生存领地,狼会勇敢地发起进攻,即使这只动物比它强大,它也会毫不畏惧直至把对手咬死。对于狼而言,在这个世界上没有一个地方能够让它们感到恐惧与害怕,它们不会将任何事物视作理所当然,相反地,狼倾向于亲身的体验与研究。所以,这就是它能战胜一切事物的原因。

李·艾柯卡曾是美国福特汽车公司的总经理,后来又成为克莱斯勒汽车公司的总经理。作为一个聪明人,他的座右铭是:"奋力向前。即使时运不济,也永不绝望,哪怕天崩地裂。"他1985年发表的自传,成为非小说类书籍中有史以来最畅销的书,印数高达150万册。

艾柯卡不光有成功的欢乐,也有挫折的懊丧。他的一生,用他自己的话来说,叫做"苦乐参半"。1946年8月,21岁的艾柯卡到福特汽车公司当了一名见习工程师。但他对和机器做伴、做技术工作不感兴趣。他喜欢和人打交道,想搞经销。

艾柯卡靠自己的奋斗,由一名普通的推销员,终于当上了福特公司的总经理。但是,1978年7月13日,他被妒火中烧的大老板亨利·福特开除了。当了8年的总经理、在福特工作已32年、一帆风顺、从来没有在别的地方工作过的艾柯卡,突然间失业了。昨天他还是英雄,今天却好像成了麻风病患者,人人都远远避开他,过去公司里的所有朋友都抛弃了他,这是他生命中最大的打击。"艰苦的日子一旦来临,除了做个深呼吸,咬紧牙关尽其所能外,实在也别无选择。"艾柯卡是这么说的,最后也是这么做的。他没有倒下去,他接受了一个新的挑战:应聘到濒临破产的克莱斯勒汽车公司出任总经理。

艾柯卡,这位在世界第二大汽车公司当了8年总经理的事业上的强者,凭他的智慧、胆识和魄力,大刀阔斧地对企业进行了整顿、改革,并向政府求援，舌战国会议员，取得了巨额贷款，重振企业雄风。

1983年8月15日，艾柯卡把面额高达8亿1348万多美元的支票，交到银行代表手里。至此，克莱斯勒还清了所有债务。而恰恰是5年前的这一天，亨利·福特开除了他。

如果一个人不敢接受挑战，在巨大的打击面前一蹶不振、偃旗息鼓，那么他就只能在苦难面前沉沦，相反一个不屈服于挫折，无所畏惧，勇于接受命运挑战的人才可能战胜命运，收获成功。

对于一个商人来说，如果前怕狼、后怕虎，那么就会错过很多机会，因为机会总是稍纵即逝的，即使是一波转折行情，也会因为思想的转不过弯，手脚慢了半拍、一拍，而使得自己失去成功的机会，从这一点来看，首先在心理上已经输了别人，何谈利润最大化呢？有了想法不敢大胆去做，会失去很多机会，因此有了点子、有了方案，千万不要忘了付诸行动。

实践是检验真理的唯一标准。正所谓心想事成，就是要大胆去想，认真去做，只有如此才能获得成功。如果你连想都不敢去想、不愿去想，那么到何时才能有所成就呢？

有了想法就去行动，所谓"山穷水尽疑无路，柳暗花明又一村"。总之，你要把心灵的频率调好，以聆听辨别出积极消极话语间的差异，从而把后者驱逐出自己的心灵之外。这样就会使很多难题得以解答，成功总是生于积极进取的心态中的。积极一点！无畏一点！这样你才能无往不胜。

在如此漫漫的人生路上，能够一帆风顺固然可喜，未能如愿以偿也大可不必伤心。失败并不代表失去一切，只要你无所畏惧，就会无往不胜。

一个中国伟人曾说："胜利的希望与有利情况的恢复，往往需要你大胆地坚持一下。"

因此，大胆地去做你想做的事情，人生成功的机会自然就会很多。古今中外，很多伟人之所以伟大，就是因为他们与别人共处逆境的时候，没有缩手缩脚，而是决心实现自己的目标。他们再有了想法的时候，就会大胆地去实现，因为他们相信，世上没有绝望的处境，只有处境绝望的人。

大多数成功的人士在追求自己目标的过程当中，都会不遗余力地、不计较价值地去做一些需要做到的事情。看准方向时就要大胆去做，才能取得最后的

成功。

狼因其无所畏惧才能在竞争激烈的动物界无往不胜，其实，我们人也是如此，人生就像是一场无休无止的搏斗，但我们只要能从无畏的精神中得到实力的充实、意志的坚强，就一定能开创一个属于我们自己的崭新的未来！

自卑只会让你自己打倒自己

在大自然中，狼就是狼，狗无论如何都代替不了狼，因为狼是独一无二的，是大自然中任何动物都无法取代的，它们有着自己的生存之道，它们不会因为狩猎失败而垂头丧气，也不会因为兄弟姐妹被猎杀而苟且偷生，这些挫折不会让它们感到自卑，反而会激发它们更强烈的斗志，与天斗、与地斗、与对手斗。

从这里我们可以看出狼身上有着超强的自信心，它们不相信失败，只相信不停止斗争就会迎来胜利。狼之所以能在这个优胜劣汰的自然界中生存，就是因为它们对未来充满了自信。

自信是通往成功的一条踏板，而自卑是一条束缚成功的缰绳，自信让人的生活充满光芒，而自卑只会让你在自然界无法生存。无可否认，每个人多多少少都有一些自卑心理，适度的自卑可以起到激励自己不断进步的作用，但是如果过度自卑，那么自卑就成了一个慢性杀手。自卑可以吞噬一个人做事的动力和信心，让一个人从抑郁走向颓废，从而与成功背道而驰。

然而事实上，无论我们是否自卑，我们都是我们自己，我们不可能因为自卑而变成别人，我们的生命更不可能因为自卑而贬值，只要我们能够正确地认识自我，我们就能发现其实我们的生命一直都是保值的，我们不必因为自身的一些不足或是遭遇而自卑、气馁。

鲍勃·摩尔落榜了，而且是非常悲惨的落榜：他参加了哈佛大学的招生考试，列入考试的五门功课中，竟然有三门不及格。就这样，鲍勃·摩尔与这所世界著名的大学擦肩而过。

鲍勃·摩尔十分郁闷。他觉得自己陷入了人生的低谷。回到家乡后，他经常将自己关在黑屋子里，怨天尤人，唉声叹气。他甚至感到很自卑，对自己的未来感到非常迷茫，不知道该何去何从。

这年夏天，鲍勃·摩尔的家乡连降暴雨，导致山洪暴发。祸不单行的鲍勃·摩尔落水了，先被卷入了山洪，后来又掉入了汹涌的河流之中。鲍勃·摩尔在大浪翻滚的河水中起起伏伏，后来被湍急的河水冲向远方，在河流中他的两手不停地使劲地抓挠着，然而，除了失望，他什么也没有抓到。冰凉而混浊的河水冷却着他的热血，浇灭了他求生的欲望，在苦苦挣扎无果后，他绝望了，觉得自己没救了，就要死掉了，他想：人生一世，总是要死的，就这么死了算了。这个念头刚一冒出来，他便感觉浑身的力气像被抽走了一样，再也没有力气挣扎了，他就这样随着浪花起伏着。

就在他奄奄一息的时候，一个浪花冲来，鲍勃·摩尔的脑袋被冲到一块石头上撞了一下，剧烈的疼痛让他突然清醒过来，刹那间，他突然想起去年夏天和女友在这条河中漂流探险时，在这条河的下游遇到过一棵粗壮的老树，老树有一根粗大的枝丫，正斜垂在河面上。只要能够抓住这根树杈，他就能保住性命。对，就游到那里去，找那根树枝去！鲍勃·摩尔给自己定下了这个目标。想到这里，他感觉到自己的心跳越来越剧烈了，感觉到力量一瞬间又回到了身体里，他僵硬的四肢马上又灵活起来。

鲍勃·摩尔心中计算着与那棵老树的距离：100米……80米……20米……5米……1米……终于到了！鲍勃·摩尔拼命在洪水中坚持着，他越过一个又一个浪头，躲过一个又一个礁石，终于到了那棵救命的老树底下，他顺着一个浪头冲出水面，紧紧地抱住了那根树枝……

"咔嚓"，一个几乎被洪水咆哮淹没的声音像炸雷似的在鲍勃·摩尔的心头响起：那树枝断了！

鲍勃·摩尔连同那根已经腐朽的树枝一起又回到了暴躁的河水中。怎么办？再一次放弃吗？不，鲍勃·摩尔在心底坚强地回答自己，活下去，一定要活下去！鲍勃·摩尔用最大的力量抱着那根枯树枝，他的身影在河水中若隐若现……鲍勃·摩尔终于坚持了下来，他终于等到了救援人员，被搭救上岸。

事后，鲍勃·摩尔说，要是他早知道那根树杈是枯朽的，也许他就不可能坚持游到那儿。

他还说，他给自己定下了游到老树下的目标，于是心里只想着怎么能游到老树下，没顾得上去想面对死亡的恐惧，这是他能坚持游到老树下的最大动力。在树枝断裂后,他又给自己定下了活下去的目标,这也是他能坚持等到救援人员的勇气。

得知这事后,远在英国的父亲打电话给鲍勃·摩尔,说道:"只要你的心中还有希望,那么,再大的困难,再大的挫折你都能够战胜。"

鲍勃·摩尔听了父亲的话,陷入沉思,想到自己现在的处境与在河水中的情况非常相似,都是处于危急关头,是时候给自己一个坚持下去的目标了。于是,哈佛大学就成为他的那根救命树枝。

鲍勃·摩尔重新回到学校,走进了教室,拿起了课本。并最终以优异的成绩进入了哈佛大学,成了哈佛大学自开办以来教育学科最出色的学员之一。

后来,鲍勃·摩尔的代表作《你也能当总统》一书,鼓舞和激励了成千上万的奋斗者,使他们由一个个平凡甚至平庸的无名之辈,最终变成了万人瞩目的名人。

在处于人生低谷,不知道该往何处去的时候,给自己定一个目标,把一切的精力都投在实现这个目标上,便会忘记迷茫彷徨,忘记自卑恐惧。到达目的地再回顾的时候,你会感到庆幸,庆幸自己有勇气给自己一个不敢想象的目标,并有勇气坚持下来。

其实,人生路上,我们会无数次被自己的决定或碰到的逆境击倒、欺凌甚至碾得粉身碎骨。我们觉得自己似乎一文不值。"但无论发生什么,或将要发生什么,在上帝的眼中,你们永远不会丧失价值。在他看来,肮脏或洁净,衣着齐整或不齐整,你们依然是无价之宝。"

的确,我们不会因为境遇而贬值,更不会因为外表的好坏而影响我们内心的东西,所以我们没有必要因此自卑,相反我们应该始终保持满满的自信,因为只有充满自信,我们才能更好地发挥出我们内在的价值,才能促使我们更快地接近成功。

李开复刚加入微软公司时,在工作中与同事进行一般的沟通没有问题,但到了比尔·盖茨面前就总是不敢讲话,因为他非常担心自己说错话。

有一天,公司要进行改组,比尔·盖茨召集十多个人开会,要求每个人轮流发言。他当时想,既然一定要讲,那不如把心里话都讲出来。于是,他鼓足勇气说:

"在我们这个公司里,员工的智商比谁都高,但是我们的效率比谁都差,因为我们整天改组,而不顾及员工的感受和想法。在别的公司,员工的智商是相加的关系。但当我们整天陷在改组'斗争'里的时候,我们员工的智商其实是相减的关系……"

当他说完后,整个会议室鸦雀无声。会后,很多同事给他发电子邮件说:"你说得真好,真希望我也有你的胆量这么说。"结果,比尔·盖茨不但接受了李开复的建议,改变了公司改组方案,并在与公司副总裁开会时引用了他的话,劝大家开始改变公司的文化,不要总是陷在改组"斗争"里,造成公司的智商相减。

从此,李开复再也不惧怕在任何人面前发言了。也是从那时起,他的座右铭变成了:"你没有试过,怎么知道你不能。"

大家试想,倘若李开复没有战胜自己对发言的恐惧,如何会有他日后骄人的成绩?而那些总是心怀自卑惴惴不安的人总是在一次次的机会面前畏首畏尾,最终只能看着别人风光自己失落,试问永远不敢迈出脚步为自己争取一席之地的人怎么可能获得成功呢?

微软亚洲研究院的张亚勤曾经说:那些敢于尝试的人一定是聪明人。他们不会输,因为他们即使不成功,也能从中学到教训。所以,只有那些不敢尝试的人,才是绝对的失败者。微软亚洲工程院院长张宏江说他从小就相信自己是最聪明的,即使在后来的日子里常常不如别人,但他还是对自己说:我能比别人做得好!微软亚洲研究院的主任研究员周明小时候在"学生劳动"中刷了108个瓶子,打破了纪录,从而获得自信。他说:我原来一直是没有自信心的,但是这件事给了我自信。这是我一生中最快乐的经验,散发着一种迷人的力量,一直持续到今天。我发现了天才的全部秘密,其实只有六个字:不要小看自己!

自卑的狼在自然界无法生存,面对生与死的考验,它们唯有相信自己,才能发挥出自己最大的力量。同样,每个人的身体里都蕴藏着无限的能量,自卑的人只会被自卑束缚住迈向成功的脚步,从而与成功失之交臂,所以我们唯有战胜自卑,才能成功地解除束缚住成功的缰绳。

用不怕失败的信念征服一切失败

狼的一生都胸怀必胜的信念，它们奔腾在草原上、穿梭在树林间、奔跃在雪山上，为了生存，它们利用狡黠的智慧，发出凶残的本性，抛弃了生存的枷锁，用竞争的野性踏上了漫漫的征途。

正因为狼有着必胜的信念，所以消沉、委靡、颓废等可怕的精神敌人不会使狼绝望，然而有许多人在现实生活中却没有狼一样坚定的信念，轻易就承认自己已经失败。可是诺曼·卡曾斯却有着狼的必胜信念。

诺曼·卡曾斯是加州大学洛杉矶分校医学院精神病学与生物行为科学系的一位副教授。在他39岁那年得到了医学专家的判决书，说他只能再活一年半的时间。医生建议他辞掉编辑工作，别参加任何体育活动，整天待着不动才行。

但是诺曼·卡曾斯不愿放弃自己那种生龙活虎的生活方式，下决心找出另外的办法活下去，想要通过锻炼保持心脏的健康。

过了七年之后，他还活着，但是又得了一种严重的病——僵直性脊椎炎。这种病是软骨的毛病，能够使脊柱和关节当中的联结组织失去作用。

卡曾斯又为自己定了一个大胆的治疗方案。他服用大量的维他命C，再对自己实行一种"幽默疗法"——连着看马克斯兄弟主演的电影，读詹姆斯·索伯和罗伯特·本奇莱写的滑稽作品。

他后来说："我很高兴地发现，捧腹大笑十分钟就能起到麻醉作用，使我至少能够不觉得疼痛地睡上两小时。"

卡曾斯认为，紧张和压力之类的消极力量会使身体虚弱，而快乐、爱慕、信心、欢笑、希望等积极的力量会使身体强壮。倘若说我们战胜沮丧情绪的力量不能在身体里引起生物化学上的积极变化，我是绝不相信的。卡曾斯曾说过："我们能够想办法让自己活下去。"

1981年卡曾斯又同死亡进行了第三次搏斗，那时他犯了心脏病。他知道在紧急情况下惊慌是最致命的，为了尽可能保持平静，便对自己说："第一件要做的事就是心里别乱。现在要坚持，办法就要有了，一定没有问题，要非常冷静。我非常有信心，知道一定会治好。我知道，信心是必不可少的。恐惧要付出的代价太大，吓得我一点都不感到恐惧了。"

"我到医院的时侯，院长和心脏病的专家都在等着我。我说：'没事，各位，别紧张。我希望你们了解，我是到你们医院来过的最顽强的病人。'"

卡曾斯从经验当中得出一个信念：乐观的心情比药物还有力量。他说，这一点应当引起医疗专家的重视。"如果情绪本身能够起到医疗作用的话，就不应该忽略，而要当成所有疗法的一个组成部分。"

卡曾斯自身的故事给我们最深刻的冲击，是他对于恐惧所下的结论。他说的是恐惧对于身体健康的影响，实际上适用于生活的一切方面："我认为恐惧感是最使人丧失活力的了。当人们出于恐惧心理而采取行动的时侯，往往看不到困境会如何改观。恐惧感同悲观情绪一样，怎样想就会发生怎样的结果。身体往往随着头脑里的设想而变化。所以，往往由于恐惧心理而造成一种证明害怕得有道理的局面。"

卡曾斯能用欢快的心情和坚定的信念战胜恐惧，因而能够把自己身体里面恢复健康的巨大力量发挥出来，克服了恐惧心理。你如果知难而上，勇于克服你的恐惧心理，也同样能够发挥出不寻常的能量，使你能够实现自己的目标，成为一个成功者。当你踏上前人很少走过的路，试验新的办事方法的时侯，你便能够充分挖掘出自己的潜力来。只要勇敢地承受住心中的忧虑，坚持不懈地付出自己的最大努力，一定能够取得意料不到的成绩。

如果像失败者那样对待恐惧，一点也不敢冒风险，也许一生当中会相对地少担惊受怕，但是也不会有多大的成就。

我们常把信念看成一些信条，而它就真的只能在口中说说而已。但是从最基本的观点来看，信念是一种指导原则和信仰，让我们明了人生的意义和方向，信念是人人可以支取，且取之不尽的；信念像一张早已安置好的滤网，过滤我们所看到的世界；信念也像脑子的指挥中枢，指挥我们的脑子，照着所相信的，去看事情的变化。

英国哲学家斯图尔特·米尔曾说过："一个有信念的人，所发出来的力量，不下于99位仅心存兴趣的人。"这也就是为何信念能开启卓越之门的缘故。信心和意志力是行动的基础，是人走向成功非常重要的心理素质。一个人只有心里充满必胜的信念，对自己所从事的事业确信无疑，并且有坚忍不拔的意志力，他才可能迈出坚定的步伐，产生克服万难的力量、技巧和精力，想出解决问题的方法和对策，赢得他人的信赖和支持，最后才能到达为之奋斗的终点。

信心和信念是成功应具备的最基本、最重要的心态，是成功者必不可或缺的心理素质。一个乐观自信、深信自己所从事的事业会成功的人，必定会走上成功之路；相反，一个怀疑自己能力、对未来失去信心的人，必然不会取得成就、走向成功。

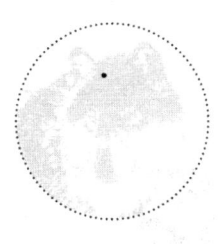

狼|性|法|则 ▶

有信仰就年轻，疑惑就年老；有自信就年轻，畏惧就年老；有希望就年轻，绝望就年老。

纵横天下，舍我其谁，当一个人内心产生这样的想法时，他会变得异常强大，必定无往不胜。

自信是一种不可抗拒的力量，充满自信的人，他的身上会散发着无与伦比的热情，精神上处于极度的巅峰状态，产生强烈的行动力和影响力，最终迈向成功。

第八章　永不服输，誓死拼搏

如果注定要承受痛苦，那么就把痛苦当成一种磨炼，既然一切不可避免，就让暴风雨来得更猛烈一些吧！在我们的字典里，没有"服输"这两个字，因为我们从来不放弃追求，只有拼搏，才是我们一生的追求。要努力，要奋斗，要坚持，不要让自己沉沦堕落下去，那样一来，我们的一生都会活在痛苦自卑之中而无法解脱。在这险恶的自然界，要想自由地生存下去，就要靠自己去争取、去拼搏。

——狼的自述

逆境是意志的磨刀石

在这个变幻莫测的地球上，狼的生存环境与状况已经十分不乐观了，但狼还是坚强地活了下来。这种钢铁般的意志是狼的一大优势，更是一种自我肯定的坚持。

一只狼满载而归，不料正在扬扬得意的时候，突然它连同它捕获来的猎物一起落入了猎人设置的陷阱里，它凄惨地嚎叫了一阵之后，才发觉，再呼唤非但招不来帮助，说不定还会把猎人和猎犬招来，一切只有靠自己了。

这只狼休息了一会儿，就开始寻找逃出去的路，它先从阱壁上进行挖掘，它要干的是一项大工程：在阱壁上扒出一条稍稍倾斜的斜坡，就可以跳出来。幸亏陷住的是狼，若是别的野兽，恐怕这会儿早就因为绝望的嚎叫而招来了死亡。

狼扒着、挖着，用头拱，用全身每一个可以救命的动作在自救着。与巨大的陷阱相比，狼显得是那么的渺小，然而狼却拥有不屈不挠的斗志，它明白：挖一点儿就少一点儿，爪子折了，头破了，皮毛被刮蹭得流血了，狼仍在继续挖着，陷阱虽然能困住狼的身体，却困不住狼的斗志。

经过了一个昼夜的奋战，这只血肉模糊、伤痕累累的狼逃出了陷阱，它用坚强换回了自由，它用钢铁般的意志重获了生命。疲惫不堪的狼在阳光洒满森林的时候，仰天长啸，像是在向上苍示威。狼重获自由，重新回到了家族中，不但如此，它甚至连猎物都没有丢下。

狼能够生存至今，缘于狼钢铁般坚强的意志。在今天的社会中，幸运儿实在是凤毛麟角。生存已不容易，成功更是难乎其难。而有了狼一般的刚毅与坚强，像狼一样面对任何困难、任何挑战，永不屈服，又怎么会不成功呢？

心理学家已经发现：所谓意志，它既不是筋肉的一种，也不是在心灵上分得开的一种能力，它只是我们用来达到生活目的的工具之一。每一个人都有意志力，无论你要达到哪一种生活的目的，都需要意志力。那些成功的人，往往都具有坚强的意志，他们坚韧不拔、勇往直前，在失败面前，不畏惧、不退缩，才能成功实现自己的人生目标。

约翰尼·卡许梦想当一名歌手。参军后，他得到了自己梦寐以求的第一把吉他。于是，他开始自学弹吉他并练习唱歌。那段时间里，他自己创作了很多歌曲。服役期满后，他离开军队开始努力工作以实现当一名歌手的夙愿。

由于刚开始没有名气，没人请约翰尼唱歌，即使连低档的地下演艺厅的工作他也没能得到，只得靠挨家挨户推销各种生活用品维持生计。然而，纵使这样艰难的生活环境也从来没有让他放弃过唱歌，约翰尼总是一有业余时间就勤加练习。为了实现自己的音乐梦想，他还组织了一个小型的歌唱小组在各个教堂、小镇上巡回演出。

经过很长一段时间的磨炼，约翰尼用心灌制的一张唱片终于一炮走红。从此，他的命运彻底地改变了。他拥有了无数的歌迷、金钱，也得到了很多的荣誉，在电视节目上更是频频露面，他已然成了一名光彩夺目的公众人物。

遗憾的是，在接下来几年的巡回演出中，约翰尼的精神和身体都受到很大的损害。他开始变得睡觉前必须服用安眠药来催眠，每天还需要吃些"兴奋剂"来维持一天的精神状态。在这种生活方式下，他开始沾染上一些恶习——酗酒、服用催眠镇静药或刺激兴奋性药物等毒品。随着这种恶习的日渐严重，他渐渐对自己失去了控制力。之前好不容易得到的舞台上的光彩夺目，被冷漠的监狱生活代替。

某次，当约翰尼从佐治亚州的一所监狱刑满出狱时，一位行政司法长官对他说："约翰尼·卡许，我今天要把之前收缴你的钱和麻醉药都还给你，我相信你比别人更明白你能充分自由地选择自己想干的事。喏，这是你的钱和药片，你要么选择把它们扔掉，要么，你就去麻醉自己，毁灭自己。你自己选择吧！"

行政司法长官的话让约翰尼深受触动，他开始反省自己最近一段时间的荒唐行为，并再次为之前当歌星的梦想充满了激情。为此，他决意改变。

回到纳什维利，约翰尼找到他的私人医生寻求帮忙。然而，医生却对他持怀疑的态度，并告诉他："戒毒瘾比找上帝还难。"但卡许并没有被医生的话所吓倒，他知道"上帝"就在他自己的心中。即使自己的医生已经表示出了他做到这件事情的难度，约翰尼还是决心"找到上帝"，尽管这在别人看来几乎不可能。

约翰尼·卡许于是开始了他的第二次起跳。为了彻底戒掉毒瘾，他把自己锁在屋子里，很难想象他为此忍受了多大的痛苦。晚上不仅失眠还会经常做噩梦……但这些并没有阻止约翰尼坚持戒毒。最终他成功戒掉了毒瘾，回想那段往事时约翰尼无比心酸地说："没办法，那时总是昏昏沉沉的，好像身体里有许多玻璃球在膨胀，然后突然听到一声爆响，就只觉得全身布满了玻璃碎片，没人知道那种感觉。"

所幸，结果还是让人欣喜的，最终约翰尼的信念占了上风。九个星期以后，他不仅戒掉了毒瘾还恢复到了之前的状态，精神旺盛地投入他制订计划的实施当中。

几个月后，他终于又重返了魅力四射的舞台。因为信念的支撑和不断地努力，他终于再次登上了成功的顶点，成为真正的超级歌星。

从这个故事中，我们看到了信念的力量是何等强大！它能战胜人的欲望，能战胜毒瘾，能战胜医生所谓的"找上帝"般的难事。而这一切都只源于相信自己，相信自己的"能够做到"，那么即使再困难的问题也就变得简单了。

人在成长过程中，总会或多或少地遇到挫折，也时而会犯错。然而，当我们拥有让人变得坚强的无坚不摧的信念时，我们最终就一定会走出"泥泞"，再次触碰到弹上辉煌的撑竿。

被陷阱逮住的狼正是因为它的坚强，才最终逃脱。作为万物之灵的人，在漫漫人生中，什么都可以失去，唯独坚强的意志不可以丢弃。一旦失去了坚强的意志，一个人就真的一无所有，一事无成了。

坚韧是成大业者的共性

一只羊到了天堂，它对圣彼得说："我的头上有一对角，是攻击敌人和保护自己的利器，但我为什么还是被手无寸铁的狼吃掉呢？"

圣彼得说："虽然你和狼都是哺乳动物，但你是以草、叶为生，狼则以肉为生。在陆地上，只要是有水的地方，遍地都是野草和乔木，你想吃的时候，只要张嘴即可，生存比狼容易得多；而狼的生存则是寄托在战胜对手、吃掉对手的方式上，否则就会被饿死。你们羊太安于现状了，缺乏自我保护的意识和群体合作的能力，虽有庞大的羊群，却不懂得合力抵御敌人的侵袭。"

圣彼得接着又说："从狼的身上，你可以看到它们具有发现猎物的敏锐嗅觉，还有在向猎物发动攻击时，所展现的那种勇往直前、不屈不挠、锲而不舍、坚持到底的精神和勇气。换句话说，你被你的羊性所局限，而狼则发挥了它的特长。这就是你为什么会被狼吃掉的原因。"

狼本着"要在这个世界上获得成功，就必须坚持到底，剑至死都不能离手"的豪迈气魄驰骋于天地间，其实任何人成功之前，都会遇到许多的失意，甚至难以计数的失败。你选择了放弃，无疑就放弃了一个成功的机会，因为轰轰烈烈的成功之前的失败，往往离成功只有一步之遥。自古以来，那些所谓的英雄，并不比普通人更有运气，只是比普通人更有锲而不舍、坚持到最后的勇气罢了。

正如荀子所说："锲而舍之，朽木不折；锲而不舍，金石可镂。"的确是这样，水滴石穿之所以能够变成现实，不是因为滴水的力量有多大，而是因为滴水的重复动作和长久不停歇的坚持，因为坚持滴水尚且能够穿石，作为力量大过滴水千倍、万倍的人类，我们不能创造奇迹，只能说明我们坚持得不够长久。

一位具有传奇色彩的销售大师在他准备颐养天年的时候被业界邀请作最后

一次演讲，演讲当天整个礼堂座无虚席，被慕名而来的听众围得水泄不通。跟以往不同的是：讲坛的后半部分支着一个大架子，架子上挂着一个大铁球。

在大家热烈的掌声中，老人一步一步地走上讲坛，经过几句寒暄，老人请了两位身强力壮的听众上台，对他们说："我们身后的这个大铁球足足有几吨重，现在你们试着用这个大锤敲打它，让它荡起来。"

一个听众抢起大锤就向大铁球砸去，十几下下来，已经累得气喘吁吁，可是大铁球却纹丝不动，第二个听众同样也没能敲动这个大铁球。台下的观众也在喊，怎么可能让这么重的东西荡起来啊？！

老人让两位听众回到座位上，然后，从口袋里拿出一个小铁锤，开始有节奏地敲打起大铁球。这时，所有的观众都屏住呼吸静静地看着老人。

10分钟过去了，整个会场里依然鸦雀无声。

20分钟过去了，会场里开始有了小小的骚动。

30分钟过去了，有的观众开始不耐烦地叫喊："搞什么鬼呢？"老人没有理会，继续敲铁球。

40分钟过去了，有些观众已经愤愤地离开。老人仍然继续敲铁球。

50分钟过去了，整个会场开始混乱起来。老人还是若无其事地继续敲铁球。

60分钟就要过去的时候，突然，前排的一名女士叫了起来："球动了！"顿时，整个礼堂又恢复到鸦雀无声。老人依然继续敲铁球，接下来，铁球越摆越高，越摆越高，它巨大的离心力拉得架子当当作响。

终于，整个礼堂响起了雷鸣般的掌声。

老人把小锤放进口袋，向听众说道："各位朋友，这就是我成功的秘诀。其实，成功就是坚持做一件事情，然后重复、重复、再重复。虽然大家都知道这个道理，但是能够日复一日坚持下来的却很少，而正是这部分坚持下来的人成了我们羡慕的成功者。"

的确，下一秒会发生什么，会出现什么样的状况，会有什么样的奇迹出现谁能预测得到？如果不坚持到下一秒，那么下一秒会发生什么情况，只能是一个遗憾。所以，只有坚持到下一秒，只有多坚持一会儿谜底才能被发现，结果才能被知道。

相反如果没有下一个动作，没有多坚持一会儿的毅力和勇气，那么下一刻能否发生奇迹，现状能否因此而发生巨大的改变，就会成为永远无人知道的秘密。

在美国西部的"淘金热"中，有一个人挖到了金矿。他高兴极了。越挖掘希望越高，后来矿脉突然消失了。他继续挖掘，但努力仍归于失败。他决定放弃。他把机器便宜卖给一位老人后，便坐火车回家了。

买了机器后，这位老人请了一位采矿工程师，在距原来停止开采的地方三尺以下挖到了金矿。这位老人因此而轻轻松松地净赚了几百万美元。

明朝时期的著名作家杨梦衮曾说："作之不止，可以胜天。止之不作，犹如画地。"这句话是说：世上的事，只要不断努力去做，就能战胜一切，取得成功。但如果停下来不做，那就会和画饼充饥一样，永远达不到目的。

就是这么一个浅显简单的道理，但在实际生活中，我们却常常忘了它。所以当一切尘埃落定之后，我们常常会有"为山九仞，功亏一篑"的遗憾。

事实上，半途而废几乎成了大部分人失败的最主要原因，著名的心理学家威廉·詹姆斯把人们的这种通病称为"疲乏的第一层面"。的确，在这个世界上，只要是人都会觉得疲劳，一般人在经过短暂的努力之后都会感到疲倦，然后就想半途而废，这几乎成了人们的通病。

其实，上帝所赋予人们的巨大精力绝不仅止于此。人的潜力事实上就像汽车的发动机一样，只要我们用力踩下"油门"，就能产生巨大的冲力。有时只要我们多努力一点，就可以把这些潜藏在我们身体里的力量很好地发挥出来，并能够做到我们所认为的自己所不能做成的事情。

所以，在成功就距我们一步之遥时，如果我们能够再多坚持一会儿，胜利就会像变魔术一样出现在我们的面前，相反如果我们在最后的关头放弃了努力，那么胜利就会翩然与我们擦肩而过，留给我们的将是一生的遗憾。

无论是狼还是人，对待任何事情只要坚持到底，就会取得最后的胜利。正如无产阶级革命家邓中夏曾经说的："哪有斩不断的荆棘？哪有打不死的豺虎？哪有推不翻的山岳？你只须奋斗着，猛勇地奋斗着；持续着，永远地持续着，胜利就是你的了。"

越挫越勇，挫败成就强者

草原上，狼群在狼王的带领下不停地奔跑，在狼群的前面有一群羊为了逃避狼群的追杀而四蹄狂奔，最终一只衰老病弱的羊脱离了队伍，成了狼的猎物。狼群围了上来，正当狼王要下口的时候，突然狼群散开了。一只棕色的公狮子来与狼抢夺猎物，棕色的狮子体型巨大，头发向四周竖着，散发出一种王者的威严，根本没把整个狼群看在眼里。它心安理得地吃着食物，而狼群只能看着。

狼群在强敌面前感到了挫败感，但是这种挫败感只是暂时的，失败不仅是荣誉的问题，这更是一个生存与发展的问题。那只狮子的存在已经直接威胁到了狼群的生存，只要那只狮子存在，狼群在草原上就永无出头之日，在那只狮子的掠夺之下狼群永远不会有发展、壮大的空间，只能在一个缓慢的过程中慢慢地走向灭亡。那只强壮的狮子在用它强大的力量压缩狼群的未来。

于是狼王决定不惜一切代价杀了它，狼群并不是没有战胜它的机会。狼群现在所需要的不只是食物，还有信心！狼王又一次捕到了一只羊，正当狼群再一次围上来的时候，那只狮子又出现了。

这次狼王没有再放弃猎物，而是向狼群呼出进攻的口号——"前进"。狼群一拥而上，对那只狮子发起了围攻。这是一场高手与高手的对决，不断地有狼被狮子强有力的前肢打翻在地，但是它们又爬起来继续战斗，经过狼群的三次冲锋，战到最后那只狮子浑身上下没有一处不是皮开肉绽，那只狮子怒吼着，不甘心就这样倒下。

在大自然中，狼无论面对的对手有多么强大，无论自己有多少困难，既然站在这个杀场上面，就要拿出拼搏的精神，既便是失败也要与对手拼一回。这就是狼的强者精神，狼的无所畏惧，由此才成为草原中的强者。

狼的一生要经历无数次的战争，而我们每个人的一生当中也要经历一些挫折，要独自去面对。那么在这个时候你千万不能被挫折打倒，而要发挥狼的精神、敢于拼搏的勇气放手一搏，这样你就会有所成就，成为打不死的"小强"。人生就是要拼搏。世间一切真善美的东西都是通过拼搏而得来的，因为人生道路不可能总是宽阔平坦的，而是在"旷野"中前进的。

居里夫人曾说过:"在成功的道路上,流的不仅是汗水还有鲜血;他们的名字不是用笔而是用生命写成的。"我们伟大的医学家李时珍,他为了在医学方面取得一番成就,便不断地拼搏,不断地学习,不断地到处访问,战胜了一切困难,终于用 15 年的时间完成了举世闻名的医学著作《本草纲目》。我国著名的地理学家徐霞客也是通过他自身的不断努力与实践,克服了重重险阻,最后终于用 34 年的时间写下了惊人的著作《徐霞客游记》。还有著名的思想家马克思用 40 年的时间写下了举世闻名的论文《资本论》。在这些强者面前,我们不禁感叹,人生能有几回搏呢?又有几个 10 年、20 年、40 年呢?不要在老年的时候,为了当时因为一时的挫败而没有拼搏过而暗自悲伤,为了当时的不进取而悔恨终生。

当然,拼搏的可贵之处还体现在为了一个明确的目标迎难而上,跌倒了爬起来,屡败屡战,不达目的绝不罢休!冯根生就是经历了挫败之后,继续拼搏奋斗,最后成为强者,为传统中药的复兴作出了伟大的贡献。

在 1949 年 2 月,14 岁的冯根生成了胡庆余堂的一名关门弟子。之后,冯根生开始了他徒工的生涯。

徒工的生活是极其艰苦的。每天天还没有亮,他就要开始背药名、药性。学制胶,剔皮要剔得肉不留一丝、皮不损一刀。半夜一点,开始在一字排开的 20 只炭炉前煎药,在两年间,他就煎了 12 万帖药。

艰苦的学徒生活,造就了冯根生吃苦耐劳、坚忍不拔的精神品质,同时也给予了他成为大展宏图的一代"掌门人"的底气。

1972 年,胡庆余堂被改造为杭州中药厂,市里决定将其附设在桃源岭的煎胶工厂分离出来,组建中药二厂。车间主任冯根生临危受命。在破败如同古老作坊的厂房里,冯根生立下了自己的誓言:一定把被人看不起的"国药"发扬光大。用十年的时间,一定要把中药二厂建立成全国第一流的中药厂。

从此以后,冯根生开始了大胆创新,突破传统的行动。他大胆地挑战中成药的丸、散、膏、丹传统剂型、传统生产工艺,为中药二厂找到生存的空间。"生脉饮"和回逆汤是治疗肺源性心脏病和心肌梗死的急救药。但是中药的汤剂却是临时煎服,对于病人来说往往远水解不了近渴。冯根生了解到情况,经过仔细推敲之后,提出了把生脉饮和回逆汤制成安瓿口服液。经过反复试验,全国首例中药安瓿口服液在中药二厂问世了。随后，他们又研制出了双宝素口服液。

在中药二厂的人气指数飙升的时候，在众多的厂家还都在生产感冒药、气管炎药的时候，冯根生又开辟了一个独特的领域——抗衰老保健品，来作为产品的主攻方向。参照古方所研制的"青春宝"，为中药二厂带来了蒸蒸日上的大好局面。

到了1982年，冯根生终于圆了十年前的誓言，还盖起了崭新的厂房，引进了最先进的中药制造设备，此时他已经年近五旬了，但是他总觉得自己的青春刚刚开始。从这之后，冯根生带领着"青春宝"实现了中药剂型的革命性突破：成功开发出了"参麦注射液"针剂，让古老的中药和西药一样，可以进行静脉滴注，如此为中药产品的现代化生产铺平了道路。

冯根生在每一次企业发展面临紧要关头的时候，没有被挫折击垮，而是用改革的形式为企业寻找到了新的生机，用甘当"出头鸟"的勇气与胆识为企业争取到了新一轮的发展空间。

在20世纪80年代，冯根生已经清楚地意识到"铁交椅"、"铁饭碗"实在是国有企业发展的"绊脚石"。于是在1984年，全国还没实行厂长负责制以前，冯根生就率先试行了干部聘任制，全厂员工实行起了合同制。当时的规定是这样的：每个员工与厂方签订两年合同，如不合格黄牌警告，只能发70%的工资，如果不行就辞退。有人质问冯根生："你这样做有政策依据吗？"冯根生答道："没有，就是觉得不这样改革，企业实在没法发展下去。"也就是如此，冯根生跨出了国有企业改革的第一步。

这一改革，使得企业焕发出了更大的生命力。一年后，中药二厂销售额的收入已高达6470万元，比1983年的收入增加160%，跃居全行业之首。

有高潮就必定会有低谷。从1989年开始，中药二厂便开始陷入困境，连续四年生产滑坡，1992年的销售收入降到了10511万元，利税总额下降到1457万元。而就在这个时候，冯根生又接到了通知，工厂的自营进出口权被取消了。

冯根生在此便陷入沉思，什么原因使得企业陷入困境呢？药厂在外有众多的"婆婆"对企业的经营指手画脚，在内仍然被迫沿袭传统的生产经营机制，只要一提改革，各路红灯闪闪，举步艰难。面对着如此激烈的市场竞争，根本就没有时间再等了。于是，冯根生便决定披上"洋装"，买回一个对企业生产经营能够自己做主的机制。为了使国有资产不再流失，冯根生便选择了母体保护法，将中药二厂改制为青春宝集团公司，确保了合资后中方资产产生的效益归国有。企业也彻底地从低谷当中走了出来。

用了30多年的时间，从传统中药的最后一位传人到现代中药事业的领军人物，冯根生身上折射出了一个成功企业家所必备的无时不在的创新意识，还有永远不可或缺的能吃苦并越挫越勇的拼搏精神。没有创新，"青春宝"就不可能始终成为杭州国企改革当中的"先遣部队"，没有拼搏，也根本就没有如"常青树"般的冯根生。

狼总是越挫越勇，挫败成就强者。对于一个有远大抱负的人来说，在通往成功的道路上不会一帆风顺，而是会经历风雨，但是只要拥有越挫越勇、敢于拼搏奋斗的精神，最终都会成功，成为生活中的强者。

狼|性|法|则 ▶

只有为战斗而生的狼，没有因惧怕战斗而活的狼。我是狼，我怕谁！

苍狼的个性要在血腥的环境中锻造，海燕的翅膀要在与暴雨海浪的搏击中练就，梅花的品质要在傲霜凌雪中修炼，松树的风格要在狂风烈日中长成，钢铁的意志要在艰难困苦中磨砺。

挫折和不幸，是天才的晋身之阶，是弱者的无底深渊。挫折造就强者，挫折磨砺意志，挫折并不可怕，可怕的是没有战胜挫折的勇气和决心。

人生处处充满困境，然而困境往往充满着生机，唯有强悍进取的人，才能赢得生机，改变自己的命运轨迹。

第四篇

血腥征战，野蛮成长

赤裸血性的生死奋战

在苍茫的天地间，狼无所畏惧地生存着，为了获得生存领地，狼会勇敢地发起进攻，即使敌对动物比它强大得多，也毫不畏惧直至把对手咬死。

对于狼而言，在这个世界上没有一个地方能够让它们感到恐惧与害怕，它们不会将任何事物视作理所当然，相反地，狼倾向于亲身的体验与研究，这注定了狼是永远的攻击者。

第九章　行动——唯一能够改变现状的方法

> 我们是绝对的行动者，同时，也是绝对的主动者，我们从来都不会被动地消极等待。从远古时期开始，我们就深深地明白了一个道理：物竞天择，适者生存。因此，为了在这残酷的动物界生存，我们从不守株待兔，而是认真主动地观察并寻找目标和猎物，主动攻击一切可以猎取的对象。我们也不会将任何结果视作理所当然，而是倾向于亲身的体验和行动。我们天生便是不折不扣的行动家。
>
> ——狼的自述

实干成就卓越，空想走向平庸

狼在奔跑时，狂傲的长啸回荡在旷野上，倾泻着它的野性与傲慢，在狼的身上有一种勇气，那就是无论在什么地方它们都敢想敢做，绝不空想浪费时间。在狼的生存世界中，为了获得生存领地，狼会勇敢地发起进攻，狼的这种狂野精神，证明了狼不是平庸之辈，而是卓越的强者。

其实，平庸和卓越的区别除了智力外，还需要有勇气。一个人只要敢于去想、去做一件事，那么和别人相比他就等于开始向成功迈进了，因为只有敢想敢做的人才能做出别人所不能做出的事，所以也只有敢做的人才能做出别人所不能做出的成绩。

明治保险公司有一名很有想象力的推销员，他叫原一平。一天路过三菱银行，他突然想，这家银行投资了许多公司，其中也包括自己所在的保险公司，那也就是说三菱银行的总裁串田万藏也是明治保险公司的董事长。于是原一平就想如果能够拿到总裁串田万藏对保险产品的介绍信，那么还害怕自己推销不出保险去吗？想到此他简直激动得要跳起来了。

第二天他一到公司就找到公司的业务最高主管，常务董事阿部，向他说出了自己的想法，并要求他代为向串田先生索要介绍信。

阿部听完原一平的宏伟计划后没有说话，他认为这个想法简直有点异想天开，更何况三菱公司在投资明治保险公司时，已经讲明绝不介绍保险。所以阿部只好无奈地告诉原一平："这不可能，如果我代你向串田董事长请求介绍信的话，我可能明天就不用来上班。"

既然阿部帮不了忙，原一平决定直接去见董事长。被带进董事长的会客室后，原一平开始有些不安，一直等了两个多小时董事长还没出现，就在他在沙发上打瞌睡时，串田董事长摇醒了他。"你找我干什么？"董事长强势地问道。

原一平一下子慌了手脚，之前想好要说的话都忘得一干二净了，"我……我是明治保险公司的原一平。"

"你找我到底有什么事呢？"不等他说完，串田又接着问。

"我想去访问日清纺织公司的总经理宫岛清次郎先生。想请董事长给我写张介绍信。"

"什么，给保险那玩意儿写介绍信？"

"那玩意儿"这个称呼对热爱保险业的原一平来讲简直不能容忍，于是他就向前一大步，大声吼道："你这混账东西！保险是很神圣的事业，不是什么玩意儿！"

董事长愣住了，原一平继续说道："公司不是一再地告诉推销员保险是神圣的工作吗？而你作为董事长却这么不尊重自己的投资，我要立刻回公司去，向所有员工宣布你所说的话。"说完，他怒气冲冲地夺门而去。

事情发生后，原一平觉得很委屈决定辞职，可当第二天来到公司时却接到阿部的电话说，他要的介绍信董事长已经写好了，董事长还表扬他是一个优秀的职员。更出乎他意料的是，董事长竟然还邀请他去家里做客。

这个结果简直让原一平太惊喜了，此后，凡原一平需要的客户，董事长都介绍给他。原一平的业绩也因此连续15年居日本第一。

从最初一个不起眼的小推销员到后来的销售大王，原一平靠的不仅仅是自己的努力，更在于他敢想敢做的勇气和精神。如果不是当初想到让董事长为他写介绍信的高招，如果不是他勇敢地走进了董事长的接待室，可能他的人生就是另外一番景象了。

人的一生充满了变数，虽然我们每个人都有各自不同的情况，我们的所得也都或多或少地被现实限制、束缚，但是如果我们勇敢一点，敢于去想一些别人所不敢想、不敢做的事，或许我们也能收获一些意外的所得。

微软亚洲研究院的张亚勤曾经说：那些敢于去尝试的人一定是聪明人。他们不会输，因为他们即使不成功，也能从中学到教训。的确很多时候有些人能够获得别人所不能获得的成功，是因为他们曾得到过别人所没有得到过的教训和经验。做了，即使失败又如何，失败又何尝不是一种收获呢？所以，只有那些不敢尝试的人，才是绝对的失败者。敢于想、敢于做、敢于尝试的人才能成为真正的成功者，他们才是在秋天能够收获果实的人。

对于每一个想要做出一番成绩的人来讲，敢想敢做都是一件屡试不爽的法宝，只是在敢想敢做的同时，我们不能太过得意忘形，不能太过自信，自信过度就是自负，一个自负的人常常会忽视很多问题，进而导致最终的失败。因此敢想敢做也要恰到好处，不可太过夸大自己的能力，更要依据现实情况。

狼是草原上的王者，因为它拥有想到就去做的勇气，那么我们要想成为生活中的强者，也同样需要敢想敢做的勇气。

一千个空想顶不上一个行动

在狼的生活中，每一次遭遇挫折，它都会很快从挫折中恢复过来，而不会只是一味地思索。狼是思想家，但狼从来不会因为思想而不采取行动，因为它们知道，行动胜于空谈。

从这点上，我们有许多人还不如狼，对行动胜于空想这个道理的认识还不够深刻。他们总是站在不毛之地，抬头仰望天空，希望在遥远的天空中寻找着属于自己的机会，期盼着美好的机会出现在自家门口，然后不费吹灰之力让自己可以一步登天。然而，机会是最公正的，它永远不会光顾那些生命中的看客。

一千个空想顶不上一个行动，这是真理，不信就看看大企业家加里·杰克逊的人生。

加里·杰克逊所在的公司是一家私人军事承包商和保安公司，该公司位于北卡罗来纳州。这家名为"黑水"的公司之前是一家名不见经传的公司，但在

第四篇　血腥征战，野蛮成长

2000年10月美国海军科尔号驱逐舰被炸之后，黑水公司却迎来了它重大的转折点。

在科尔号驱逐舰被炸之后，美国海军迫切需要这样一种公司——它能提供安保工作的培训服务，而幸运的是黑水公司正是这样一家提供专业服务的公司。当时海军方面要求黑水公司在六个月内于四处军事设施处为他们培训出两万名船员。但当时的情况是：黑水公司总共也才只有30个人。如何完成这个艰巨的任务，这让黑水公司的老板加里·杰克逊着了急，但为了获得这次让公司转机的机会，加里还是毫不犹豫地答应了。

此后的一段时间里，加里想法设法地壮大了公司并最终成功地完成了美国海军方面提出的所有要求，捕捉到了这个让公司发展壮大的罕见机会。那究竟是什么原因让加里能快速地在短时间里解决掉当初棘手的问题呢？

仔细考察研究之后我们就会发现：黑水公司能在那么短的时间内发展壮大，这是和公司的企业文化息息相关的。不论是谁，只要他一踏入位于黑水公司北卡罗来纳总部7000英亩的土地，立刻就会被这里的活动所感染，而这是由内部员工结构所决定的。据了解，黑水的员工中有不少成员都来自特种部队，如绿色贝雷帽和海豹突击队等。

这些优秀的战士都有一个共同点，那就是在面对挑战或者困难时，从来都不会说"有点困难"、"让我试试"之类有些让人泄气的话，相反，他们会斗志昂扬地说："让我立刻行动！"

为了使公司发挥出一开始的创业精神，加里还发起了"100天项目"。这个项目规定：不论公司里处于何种等级的员工，只要你想到了赚钱或省钱的点子，只要能在100天的时间里获得回报，就都可以放手去做。而这一举措，除了充分调动了公司员工的积极性，还最大限度地为公司保持"高效性"提供了支持。

另外加里还拥有一份非常独特的个人数据库，上面记录着3500个人的名字，每个人的名字旁都标有"T"——空谈者（talker）或"D"——实干家（doer）。如果某人提出的某项方案有百分之百的把握，但是可能要三周之后才能实施，而另一种即使只有百分之八九十的把握却可以立即实施，那么加里就会毫不犹豫地让公司执行第二种方案。

作为团队的领袖，加里更是带头坚持着公司的这种"行动"文化。比如在公司停车场，只有一个车位标有"预留"的字样，而这据说是为早上第一个来上班的人预留的。所以即使是身为公司老总的加里，也只能通过早到来争取这个车位。对此加里说："在一个活力超凡的公司中，作为领导人所面临的挑战之一就是，不能有丝毫的懈怠，需要时刻保持旺盛的精力行动，因为一旦慢下来就会被别人迎头赶上并取代，而如果整个公司不采取立即行动的方式，员工们的工作节奏就会逐渐慢下来，而这，很可能就会让别的公司有取代你公司的机会。"

根据加里回忆，他说他有时甚至不得不忍痛裁掉一些当初跟着自己一起创业的元老级员工，理由只有一个，就是他们渐渐地变得散漫不具备行动力。加里说："因为我知道，在一个快节奏的队伍中，如果有某一个人的行动慢下来，就很可能拖垮整个队伍，为了对团队负责，我只能那样决定。"

没有空想，没有空谈，甚至连将时间花在长时间的计划上都觉得是种浪费，在行动中不断完善和超越，这就是黑水公司的企业文化，也是它最终取得辉煌走向卓越的保障。

无论是企业还是人，只有具有了强有力的行动力才能有好的发展。一个人如果只是一味地将时间浪费在计划和空想上，那只能称之为做梦，因为自然法则告诉我们：只有付诸行动，才能将自己的想法实现，只有动起来才能逐步地将心中的计划一步步实施继而走向成功。

行动才会产生结果。任何伟大的目标，伟大的计划，最终必然落实到行动上。

生活中，人们的长相、知识水平、身份地位、经济情况等都不是一样的，对于条件好的人，大多数人都会向他们投去羡慕的眼神，然而事实上羡慕别人远没有改变自己来得实际，因为东西再好，只要是别人的，那么它们对我们的意义都会大打折扣，只有自己的才是对自己有价值的。

正如拿破仑所说："想得好是聪明，计划得好更聪明，做得好是最聪明又最好。"

有一位民营企业家，从1979年国内刚刚开始改革开放的那一年起，以20岁的年龄奋身下海，在这20年间见别人开食杂店发财了，他就开食杂店；看别人倒建材发财了，他就跑去倒建材……之后他又做过房地产开发、办公司、贩运粮食，再到玩股票投资、创办工厂，几乎什么生意都做过，什么生意都赚过，什么生意也都亏过。如此这般折腾了20多年，如今他的资产不过百万，总经理、董事长的头衔说起来有好几个，可是保险柜里却常常掏不出1000元现金。有一天他对朋友说："人说新经济时期是生意人最后的一次'暴富'机会，你能不能告诉我，这机会到底在哪儿？"

"机会到底在哪儿？"谁能给他回答？机会其实就在他自己的思想意识里，只是在追逐财富的过程中，他只看到了别人发财的过程，进而尾随，却忘了自己最擅长做什么，忘了想想自己该做些什么生意，以至于他一直以来都在不停地换行业。俗话说：隔行如隔山。这个民营企业家就是因为太容易羡慕别人，而变成了别人的影子，最终事业也没有成功。

所以，在追求成功的道路上，我们要深刻地理解这么一句话，那就是：临渊羡鱼，不如退而结网。我们再怎么羡慕别人的成功，也不能不分情况，盲目地追随别人而忘掉自己。

狼的聪明之处在于它不顾一切的行动力，而对于人而言，人生没有彩排，我们没有再来一次的机会，所以不要总是把希望寄托在一次又一次的空想中，要懂得把握每一个现时的机会，行动起来才能改变自己的人生。

行动起来才能改变现状

狼是天生的不折不扣的行动派，在狼的生活中，狼不会把任何事情看成理所当然的，它喜欢亲身的体验和行动。狼一旦心动，就会马上行动，这样才能捕获赖以生存的食物。在狼的世界里，行动是第一要务，要时刻保持行动的思想，只有信奉这个真理，它们才能生存下来，反之就会被严酷的环境折磨死。

你不主动生活，生活就会抛弃你，这是狼的生活准则。而作为人类的我们更应该具有狼的这种主动行动的精神。

生活中，我们总是有很多种的憧憬、理想、计划。假使我们能够抓住一切憧憬，实现一切理想，执行一切计划，那我们的事业应该是一片辉煌。然而我们往往抓不住憧憬，不去实现理想，不去执行计划，只是看着种种憧憬、理想、计划全部幻灭。这就是我们人类身上的弱点。

这种弱点就是一种坐视等待的不良习惯，有这种不良习惯的人，注定就要成为弱者。一般强者都是像狼一样的行动派，在对一件事情心动的时候就会马上付诸行动，最后获得成功。

要医治坐视等待的坏习惯，唯一的方法，就是对事物动心的时候，要立刻动手去做。"要做，立刻去做。"这是人们成功的格言。要成功就要采取行动，因为只有行动才会产生结果，才能改变现实的生活状态。

行动是把魔术棒，所有理想只有在行动的撞击下才能变成现实。所以如果你渴望成功，渴望将理想变成现实，那么就请你行动起来吧，只有行动起来，理想才能在行动中逐步变成摸得着看得到的现实。

一个孤独的人看到一则电话的广告："有了电话，朋友就来！"于是，他装了电话，希望朋友跟着来。白天他卖力地工作，回家之后就整晚歇斯底里地盯着电话机，心想自己错过了不少电话。他仍然寂寞，开始为可能漏接的电话而疯狂！

一天，他从信箱里又拿到了一封录音机的广告：有了录音机，电话不"漏接"！于是为了交到更多的朋友，他就决定再装一个录音机。可是即使如此，一个星期过去了，他依然没有接到一个电话，最后他只好把录音机和电话都退掉了，没有了录音机和电话机，他的房间显得更空，他的生活也更寂寞了。

一个人如果想交更多的朋友，那么他需要的不是一部电话，更不是一台录音机，而是走出家门去认识更多的人，否则朋友不会主动找上门来的，电话更盼不来朋友。

在生活中无论我们想要实现任何想法道理都是一样的，想得再美，都只是对未发生的事情的一种勾画、一种设想，充其量"想"不过是对"做"的一种策划，而"做"才是把"想"的内容变成现实的法宝，没"做"，就像上述那个孤独的人一样永远等不来朋友。

所以想了就要去做，成功和失败最简单、最明显的分界线就是行动。只有行动是连接现实和理想的桥梁。理想固然美好，可是它和现实的距离不仅遥远而且无法用多长来衡量。所以，每一个想要把自己的想法变成现实的人，都要勇于踏上行动的桥梁，否则隔岸而看，理想永远看得见、摸不着，只有行动着的人的理想才是近在眼前的。

网易公司CEO丁磊曾说过:"2001年我刚开始做游戏的时候,所有的媒体所有的同行都说我疯了。那时候的报纸我还留着,都是一片责骂声。员工也不相信。但我有信心。结果呢,当时说我们坏话的人,他们现在都眼馋我们了。所以我送一句话给大家:有行动不一定会成功,但没有行动一定不会成功。"

自然界中没有一匹狼是坐享其成的,它们一旦下定决心进攻就会勇往直前,在冲击的道理上绝不会犹豫。人世中的许多事,只要想做,都能做到,该克服的困难,也都能克服。关键是看你能否立刻行动。

狼|性|法|则 ▶

狼是思想家,也是实干家,从来不会只空想而不采取行动,它们的信条是:行动胜于空谈。

守株待兔,在时光的流逝中最终等来的是田园的颗粒无收;勤勉行动,在汗水的浇灌下收获的是稻浪翻滚的庄稼。

一百个想法,不如一次行动,只有行动才能给生活增添力量,只有行动才能改变人生命运。

心动不如行动,成功始于意念,更在于行动。成功者的口号是:行动、行动、再行动!

第十章　先声夺人，主动出击

静如处子，动如脱兔，不鸣则已，一鸣惊人。主动出击是我们狼族永远不变的生存法则。苛刻的自然环境，加上人类的猎杀，留给我们的生存机会极其有限，如果一味地自怨自艾、扼腕叹息，等待我们的只有被淘汰的命运。所以，我们在狩猎时，总是会抓住每一个机遇，从不等待，也不畏缩，该出手时就出手。我们深知，机会稍纵即逝，一旦失去，就意味着失败，而失败，有时甚至等同于死亡。

——狼的自述

进攻是狼的生存哲学

在狼的世界中，进攻是狼一生的追求，而主动却是狼一种与生俱来的本性，二者是相辅相成的，只有主动的进攻才能获得胜利。

在这个物竞天择、适者生存的自然界，要想生存就必须主动进攻。狼深知这一点，所以它们从不守株待兔，而是认真、主动地观察和寻找目标和猎物，主动进攻一切可以攻击和捕获的对象并捕获它们。也正因为如此，狼才能生活在世界上500多万年之久，一直延续至今。

狼的这种主动进攻的精神，对于人来说也有必要借鉴一下，如今的社会是一个竞争激烈的时代，不懂得主动进攻就会被社会淘汰，只有懂得进攻的人才能找到一席之地。我们每一个人都要清楚地知道一点，你的事业、你的人生不是上天安排的，而是靠自己主动去争取的。远处的风景不会自己走过来，你需要迈开自己的双脚，主动地走近它。

日本人中田修曾在驻日美国军队中当过仆役，做过黑市小贩、印刷公司职员，走马灯似的换了十几次工作。不是被辞退就是工作不太好，经常流落街头。一次，他徘徊在东京的一条街巷，感到万念俱灰，决心卧车自杀以结束自

第四篇　血腥征战，野蛮成长

己的无限烦恼和痛苦。

他躺到街巷中间等待死神的召唤。一辆黑色的小车急速地驶来，却在就要轧上他时刹住了车。车上的人朝他大喊了一声："站起来，到一边去！"

"真是不走运，连就近结束自己生命的方便都不给。"中田修暗骂一句，晃晃悠悠地站了起来，准备到一街之隔的河边去完成这件事情。正在他站起来要走到河边的时候，他突然发现旁边不远处有一块写着"垒泽设计研究所"的招牌。这块招牌唤醒了他——我为什么不能回头再去当一名印刷公司的职员呢？就在这一瞬间，他打消了自杀的念头。

原来，中田修在印刷公司工作时，就被公司职员优厚的待遇迷住了。为了摆脱饥饿，中田修下决心做个设计师，开一家属于自己的公司。当时并没有学习设计的学校，中田修便利用工作的方便，把设计公司的作品带回家研究，自学设计方面的书籍，坚持了半年，他终于学会了设计技术。

在放弃了自杀念头后，中田修认真地想办法完成自己的心愿。没有雄厚的资金，他通过报纸的"读者栏"招收学生。开始只办"周日教室"，以后又租借公共场所作为教室，以容纳更多的学生。为筹措办学资金，他把"前金制"引入学校的建设之中。所谓"前金制"就是预收款。慢慢地，一个正式的设计学校就形成了。

到 1959 年 4 月，"东京设计所"在大阪成立。起名东京，是为了纪念东京那间挽救了中田修性命的设计所。后来，在中田修苦苦经营下，"东京设计所"终于成了日本一流的设计研究所。

人如何才能将一件事做好呢？唯有主动进攻才是真理。因为只有选择进攻你才能改变现状，只要主动了就有希望，相反面对困难，面对难以改变的局面一味选择逃避是无论如何也难以取得成绩的。

每一个志在职场取得成功的员工，都要时刻保持着主动出击的积极心态。只有改变自己的被动等待，主动出击，才能获得成功。

当今的职场不适合安静地等待，只有积极主动的员工才能备受青睐。前谷歌全球副总裁、大中华区总裁李开复曾说，想想今天世界上最成功的那些人，有几个是唯唯诺诺、等人盼咐的人？要想在现代职场中获得成功，就必须努力培养自己的主动意识，在工作中要勇于承担责任，主动为自己设定工作目标，并不断改进方式和方法。

如果你主动地行动起来，不但锻炼了自己，同时也为自己争取这样的职位积蓄了力量。如果有一天你发现，任何事情都要别人告诉你你才知道的话，那么你已经被甩在了后面。

你所在的社会，单位对于你来说只是一个提供道具的地方，要如何施展自己的才华，还要你主动进攻，自己搭建属于自己的舞台。演出需要自己排练，能演出什么精彩的节目、有什么样的收视率，其主动权掌握在你自己的手里。主动出击会让你掌握更多的资源，从而在舞台上呈现一出精彩的大戏。

在自然界中的狼深刻地诠释了主动进攻的意义。狼之所以能在自然界中傲然驰骋，与它们一直坚持着主动出击是密不可分的。职场中的我们，如果想让自己的人生舞台更加绚丽多彩，那么就应该听听狼的叫声，感受狼骨子里那股主动进攻的劲儿。你会从中悟出狼驰骋在大地上的奥秘，那就是主动进攻。主动进攻对于我们来说是一种激励，激励我们一定要在工作中积极主动，以实际行动和良好的业绩来督促自己，以此来获得老板的赏识和众人的认同，最终获得自己精彩的人生。

快人一步才能抢占先机

在自然界中，狼是一种贪婪的动物，为了在残酷的环境中生存，它们无时无刻不在保持着一种饥饿感。只要遇到了食物，狼就会以迅雷不及掩耳之势马上抢占先机，主动发起进攻，恨不得席卷掉所有的食物。

狼从出生那刻起，就背负着两种身份，一种是捕猎者，另一种是被捕猎者。如果不想成为别人的猎物，那么就要想办法成为一个捕猎者。而只有保持适当的饥饿感，才能成为一个优秀的猎人、一个不被猎杀的猎物。只有有了饥饿感狼才能在成长中快人一步抢占先机，成为不被饿死的狼，逃脱被猎杀的命运。

其实人和狼一样，关于这个身份，在人的身上同样看到了狼的影子。从人的角度来说，但凡在事业上有所成就的人，都具有一种如饥似渴的"贪念"。他们往往在达到一个目标后，还不满足，而且会快人一步捕捉到新目标的味道，在抢占先机之后，再度接受挑战，完成新的目标。过去的目标实现后，又开始制定新的目标，向更大、更能专心投入的目标努力迈进。"贪念"是他们

第四篇 血腥征战，野蛮成长

不断前进的动力，但前提是必须要行动起来快人一步抢占先机，这样才能让"贪念"变成现实。

让·保·里克特曾经说过："只有行动才能给生活增添力量。"不能否认，善于积极主动快人一步抓住机会的人，就会让自己的生活过得更丰富多彩，更容易取得成功。积极主动不仅仅是一种心态，还是一种可以将你推向成功的动力。

机会，寻可得，坐可失。在寻找机会的时候，只要拥有快人一步的速度，就会果断地抓住机会，准确地利用机会。而绝不能只把希望寄托在那些偶然事件上，抱着守株待兔的侥幸心理去消极地等待机会。

其实在现实生活中，不乏这样的人，总是在等待机会，不主动地寻找机会，或者慢一拍地看着别人实践机会。其实在我们身边每天都有许许多多的机会环绕着，有成功的机会，有获取荣誉的机会，有得到爱情的机会，可是因为我们不快人一步抢占先机往往就会与机会失之交臂。

有很多时候，机会就摆在我们的面前，而我们却因为懒散、悲观、被动，让闪烁着金光的机会悄然溜走，这时我们就会怨天尤人，痛斥命运的不公，越是这样，机会也走得越远。如果懂得反省，再积极主动一点，机会就会靠近你，引领你走向成功。

陈天桥1995年大学毕业后开始接触网络游戏，虽然后来他被分配到了一家不错的事业单位，但是他对网络游戏的激情丝毫不减，甚至在工作期间他都常常沉迷于对网游的思考中。

后来为了更好地研究网游，他毅然辞去了不错的工作，开始与妻子、弟弟、同学等一起凑了50万元创办了一个叫盛大网络的网站，刚开始他们只做卡通形象，后来网站不断发展，到2000年的时候，他们获得中华网300万美元的风险投资。到2001年的时候，恰好有一家韩国公司Wemade Entertainment来上海寻找合作伙伴，这个年轻人费尽全力拿到了这家韩国游戏厂商的代理权，却不能得到原投资商的认同，最后，因为意见分歧，只好分道扬镳，公司陷入了绝境。

但陈天桥并没有因此而委靡，相反他积极地为自己的前途寻找突破口，公司虽然没有钱，但他却要强行运营这个游戏。于是他就拿着与韩国公司签署的两份合同，主动找到戴尔等服务器厂商，提出了试用服务器两个月的请求，戴尔见他口气这么大，还以为他是大客户，就同意了他的请求。这个年轻人又拿着这两份合同去找中国电信，让其提供测试器的宽带试用。

于是，在2001年9月，公司的大型网络游戏《传奇》终于开始公测了。2001年11月，游戏开始收费，仅仅一个月就奇迹般地收回投资，两年以后，陈天桥已经是中国的首富之一，他的个人资产，据估计应该在几十亿乃至上百亿。

我们从陈天桥的成功看到了快人一步积极主动的成效。在面对机会的时候，他没有袖手旁观；在面对挫折的时候，他没有委靡不振；在面对成功的时候，他没有骄傲自大。

机会是给有准备的人准备的，所以当机会来临的时候，他丝毫没有犹豫，也没有客气，牢牢地把它抓住；当眼前似乎没有机会，似乎已经陷入了穷途末路之时，他也没有气馁，搜肠刮肚去寻找机会、创造机会，于是他成功了。他的成功，看似偶然，其实是必然的，他在心态上积极，行动上主动，绝不会被貌似强大的困难吓倒，尽管眼前"山重水复疑无路"，可在他的努力下，终于"柳暗花明又一村"。

我们试想一下，如果陈天桥在面对绝境的时候，整天借酒消愁，一蹶不振，沉湎于失败当中，那么今天受广大游戏爱好者喜欢的《传奇》就不会出世了。

因此，我们要快人一步，主动地抓住机会，创造机会，迎接挑战，才能创造出更加辉煌的明天。

狼为了生存要时常保持饥饿感，人为了生存，或更好地生存也要保持饥饿感。一定要抓住时机，快人一步抢占先机，这样才能取得最后的胜利。

当机立断，雷厉风行

在自然界中，狼是非常残暴的动物，但是这种残暴正是它的一种对生存的专注，对敌人的果决，面对困境，它们当机立断，退进有序。面对猎物，它们果断出击，雷厉风行。正是由于它们的这种当机立断、雷厉风行的果决意识，它们才会成功，成为草原上的王者。

第四篇　血腥征战，野蛮成长

其实，我们人类在生活和工作中，往往缺失了狼身上这种当机立断雷厉风行的意识，如果重新拾起这股力量，那么我们的人生会非常精彩。

有一次，鲍波在离警局不到100米的地方，被两个歹徒截住。歹徒让鲍波交出身上所有值钱的东西，鲍波什么都没有说，默默地把一条金项链交给了歹徒。

歹徒仍不甘心，把鲍波的浑身上下搜了两遍，没有更多的收获，便恼羞成怒，将鲍波打昏在地。

路过此地的一名警察救起了鲍波，问道："你被抢的地方，离警局那么近，你当时为什么不大声喊救命呢？"

鲍波答道："因为我怕一张开嘴巴，连我嘴里的五颗金牙，也会一起被那个歹徒抢走！"

如果鲍波在面对歹徒的时候，当机立断地呼救，那么结果可能并不会这样。有些时候我们完全有能力和机会去做好一些事情，可是却因为身处复杂的社会，我们心中有太多的负担和顾虑，从而束缚了我们的手脚，以至于我们在面对危机时甚至都不敢采取有效的行动应对。

这正是我们现代人身上的弱点，正是这些弱点，让成功的事情拱手让人了。要想成功就要有当机立断雷厉风行的意识，这样才能把握住机会，拉近与成功的距离。

新华网曾经报道过一个农村致富能手，她就是被冠以"全国十大农民女状元"、"齐鲁巾帼十杰"等称号的农村妇女孙广美。

和其他的农村妇女相比，孙广美没有什么特别的，她腼腆、朴实，不时尚、没气质，让人很难把她和致富能手联系起来，但这是一个事实。

孙广美的老家在利津县明集乡赵家村，这里和其他地方不同的是这里的农民天天要面对的不是黄土地，而是一望无际的盐碱地。贫瘠的盐碱地一直是村民苦恼的对象，也是全村贫穷的根源。

高中毕业后，孙广美不安于在家乡受穷，于是她就随人辗转各大城市打工。可是七八年过去了她的情况并没有改善多少，后来她开始认识到大城市不是农民发财的地方，农民要发财还得回到农村去。

回到家乡刚好赶上国家延长土地承包期，她一咬牙在村里的土地拍卖会上,一次性买下了村里的245亩荒碱地,准备开办家庭农场。

这一消息在村里传开后,大家都在笑她白日做梦,可是她没有因为这些风言风语而放弃自己大胆的做法,相反,她开始往寸草不生的盐碱地上不停地投资,她请来农业技术人员,进行科学规划,设计出稻田、台田、鱼池和水库。自己还到处学习农业开发模式和管理经验,很快就熟练掌握了多种农作物栽培管理技术。村里人看孙广美如此的大手笔也被她给镇住了,之后不仅没有人再嘲笑她,还有人专门跑来找她学知识请教问题。

承包下盐碱地的第一年她总收入达到了10万元,很快她又承包了10000亩荒碱地,当年获经济效益高达60多万元。

这在农村来讲可以说是一个不小的成功,看到了孙广美的收获,村民们也都开始向她学习,那一年他们全村的收入达到了413万元。

在记者采访孙广美为什么能够做出如此出色的事情时,她说,其实一个人能做成什么事,思想最重要,只要敢想敢做,没有什么做不成,就怕不敢想不敢做,这样我们首先就输给了自己。

一个朴实的农村妇女尚且有这样的魄力,对于受过高等教育的很多人来讲自己畏手畏脚的行为是不是很可笑?

所以说,对于每一个想要做出一番成绩的人来讲,当机立断雷厉风行是一件获得成功的法宝,只是在敢想敢做的同时,我们不能太过得意忘形,不能太过自信,自信过度就是自负,一个自负的人常常会忽视很多问题,进而导致最终的失败。因此,雷厉风行难免会犯错误,但总比什么也不敢做强。

正如一位学者所说的:"果断决策的习惯对我们非常重要,以至于经常要准备冒险作出不成熟的判断或采取不利行动。对一个人来说,偶尔作出错误的决定,总比从不作决定要好。"

在生命的竞赛中,像墙头草一样摇摆不定的人,在任何方面都不会强大,总是容易被那些坚定的人挤到一边,因为后者有当机立断雷厉风行的精神。可以这样说,拥有最睿智的头脑不如拥有果敢的判断力。

狼之所以傲啸自然界,也是因为它们雷厉风行的果决。而人类社会中,成千上万的人在竞争中溃败而归,仅仅因为耽搁和延误。那些成功者,往往都是因为在关键时刻冒着巨大风险,快速决策、雷厉风行,最终取得令人艳羡的成功。

狼|性|法|则 ▶

遇事举棋不定、犹豫不决、优柔寡断的人，机遇将从他们眼前溜走，成功也将与他们擦肩而过。

机遇稍纵即逝，一旦作出决定，就要立即执行，绝不拖延。

在这个速度制胜的时代，谁拥有比别人更快的速度，比别人更敏锐的眼光，谁就能掌握主动权，确立自己的优势地位。

大鱼吃小鱼，快鱼吃慢鱼，任何企业、团队、个人，要想成功卓越，就要比学习的速度、观念更新的速度、决策的速度、执行的速度。

第十一章　开拓才能赢来更为广阔的空间

我们的机遇从来不会是自己遇到的，往往是自己付出努力的结果。我们也从来不会相信天上会掉下羊群，更不会相信躲在自己的窝里可以有充足的食物来使自己不饥饿。竞争从本质上说就是一次探险，如果不是主动地迎接风险的挑战，便是被动地等待风险的降临，经验告诉我们：冒险与收获常常是结伴而行的。在关键时刻把握住机遇，甚至在没有时机的时候自己创造时机，这是我们能够常胜的关键。

——狼的自述

勇于冒险才能取得更大的成就

狼是一个被人研究得最深、最广的动物之一，有人曾借助电子仪器跟踪、观察狼长达几天的捕猎行动。人们惊奇地发现，狼群丝毫不对自己的任务感到厌倦和心烦，它们会持续长达好几天的时间，用以观察并监控被它们盯上的猎物。

它们也从不盲目地去追逐或骚扰猎物，它们会善于发现被追捕猎物中每个成员的身体状况和精神状态，并再加以综合分析。因此，狼在不断地为自己寻找机会，并非坐等机遇。

狼是灵活的动物，它知道怎样用最小的代价，来换取最大的回报。狼的目光敏锐，善于计谋，懂得以智取胜；狼攻守灵活，不干傻事；该进攻的时候就进攻，该守候的时候就灵活守候，一定不会作无谓的牺牲。有勇有谋，是狼取得成功的重要原因。

当机遇尚未出现时，除了时刻准备之外，我们也应该主动为自己创造机遇，不能等着机遇上门。培根说过："智者创造机会。"机会是等不来的，它必须靠我们平时的勤奋经营和努力创造才能获得；机会也是平等的，关键看你是

第四篇　血腥征战，野蛮成长

否懂得如何去寻求机会，并且将它变成人生成功的垫脚石。

对于我们个人来讲，在生活中，需要随机应变的灵活，有灵活的方法，就能使被动的局面迎来"柳暗花明又一村"。

六岁的孩子会干些什么？六岁的孩子遇到无法抵御的灾难时，会有怎样的表现？六岁的德蒙特却勇敢地抵御了风雨。

在灾难降临的时刻，小德蒙特还不能理解呼啸的狂风、肆虐的雨水、汹涌的洪水对他的家庭意味着什么，在父母羽翼庇护下，他还无法理解这场灾难所造成的危害有多么的严重。但是被洪水逼到屋顶的他三天后，却对生活有了新的认识，他长大了。

在三天缺衣少粮、苦苦煎熬的日子里，美国救援行动的迟缓让六岁的德蒙特没有一丝缓冲的机会就直接面对了生活的残酷。在"卡特里娜"飓风袭击新奥尔良三天之后，卡特里娜·威廉斯决定必须从被洪水围困的家里撤离。当一个小型救援直升机最终降落在威廉斯一家的屋顶上时，飞行员告诉卡特里娜，由于空间不够，他只能先将几个孩子带走，然后再返回来接大人们。在没有更好的办法时，卡特里娜也只得流着泪将孩子们送上了直升机。这群孩子中，最大的就是六岁的德蒙特。其中还有德蒙特五个月大的弟弟达罗尼尔，他们的两个表兄弟和三个邻居小孩。卡特里娜·威廉斯将孩子们托付给了小小的德蒙特。

这是德蒙特第一次坐直升机，他当时颇为兴奋，他说："它的声音真的很大，当我往下望时，我看到所有的房子都淹没在水下。那些小孩子哭得一塌糊涂，但我没有哭。"正当小德蒙特兴奋地讲述一切时，直升机稳稳地降落在了地势较高的考斯威大街上，没有父母在身边的孩子们不知所措，同样是孩子的德蒙特，在这时候保持了冷静的头脑，表现出了超凡的勇气。他紧紧抱着还不会说话不会走路的弟弟达罗尼尔，并让那些只穿着纸尿裤的孩子们一个一个地拉着手。当这个让人心酸的队列出现在救援人员面前时，让人忍不住潸然泪下。

七个孩子一个都没有走散，而且没有人受伤。救援人员将他们送到了临时避难所，他们被认为是孤儿。

在避难所里，德蒙特再次做出了令人震惊的事。这个仅有六岁的男孩把父母的姓名、住址、电话号码和许多有用信息告诉了工作人员。最后，这七名孩子和他们的父母在圣安东尼奥团聚了。

说起自己勇敢的儿子时，母亲卡特里娜非常骄傲："当我听说他所做的事情时，我感到非常惊讶，同时也为他骄傲。我告诉他，他是个小英雄。"德蒙特也很高兴："人们叫我英雄的感觉很好。"

德蒙特凭借着一颗勇敢的心保护了自己也保护了其他的小孩。在遇到危险的时候我们一定要勇敢，不要被眼前的困难吓倒，只有保持一个冷静的头脑才能战胜困难。我们时刻都要记住勇敢是一切困难的克星。

生活中，遇到一些麻烦是每个人不可避免的，要想处理好这些麻烦就必须具有随机应变的能力。

曾经看过这样一个故事，有一个人每天都向上帝祈祷能中500万大奖，但日子一天天过去，却一直没中过奖。于是他埋怨上帝不公平，不给他机会，上帝终于忍不住一场怒喝：你要我给你机会，但你总得去买一注彩票啊！原来他每天都虔诚地祈祷着，却从来未去买过一注彩票，不要总是埋怨没有机会，不去做永远都没有机会！

有些人只知一味地干，当别人出了成绩的时候，只能抱怨他的运气好，可又有谁真正想过，为什么人家成功了，不是人家运气有多好，人家付出了，你又付出了多少？机会永远是留给有准备的人的，其实，机会并不会莫名其妙地从天而降。任何一个机遇的来临，往往都是因为自己过去的努力和善缘所致。

狼敢于冒险，但也绝不蛮干，它们总是懂得观察周围环境，然后适时出手。在我们为实现自己人生价值的历程中，我们先必须认真地去做，自己给自己创造机会，然后我们还必须以永不放弃的精神执著地去做，只有当我们扎扎实实地做了，我们离自己的人生目标就越来越近，成功也就水到渠成了。

猎奇是抓住机遇的好办法

在新的环境中，在星空下，狼把头多探几次时，森林的幸运女神就已开始注意它们了。正是这种好奇心，让狼在新的环境中捕捉到了新的机遇，从而创造出无数奇迹，成为动物中的强者。

狼的好奇让它们对自然界的秘密充满向往，不自觉地去探索。因此我们和狼一样，人类的许多成功就是好奇产生的，好奇心是开启成功的钥匙。

狼有很强的猎奇心理，猎奇心理也就是我们常说的好奇心理。因为人自从出生就具备了思想，尽管早期只是一种意识，但已经具备了好奇的本能，如婴儿期，他的本能就是饿了吃，因为他不会用语言来表达，那么我们就会发现他的每一个动作，都是心理探求的初期表现。他会因乳头的形态，只要是形状接近的，首先灌输到他大脑的印象就是往嘴里送！当然这是很直观的，随着慢慢长大，在此过程中，因为未知的人和事物，使他有一种想学习的欲望，从感性开始，再到手的触摸，回馈到大脑，使未知的变为可知，固然过程是漫长的，以至于伴人一生，好奇就是这样，那么引申到猎奇，可以说，只是文字的表述问题，要说区别，就在于"好奇"是本能的，而"猎奇"是强迫意识的！

生活就像一本书，每一页都绚丽、都精彩，同时又最新鲜与众不同，这种令人向往的丰富多彩无时无刻不在吸引着我们，让我们内心中那个不安分的好奇心蠢蠢欲动，从而带来了预想不到的新机遇。

从古至今，各个大有成就的人，一般都是由他们那份潜意识里的好奇心激发出来的，而最终创造出一个个让人拍案叫绝的奇迹。

创新是当今时代的主旋律，要跟上时代的步伐就要始终保持一颗好奇心，勤于学习，善于学习。活到老，学到老，才能在新的环境中捕捉到新的机遇，才会始终保持竞争力。

英国著名科学家法拉第出生在一个铁匠家庭，由于贫困，他只念过两年小学。法拉第12岁就去卖报，他感到很奇怪：人们干吗不去买白纸，却要花钱去买这种印满了字的纸，而且居然看得津津有味？

于是，法拉第也想看懂那些白纸上的黑字，于是便开始顽强地自学。14岁时法拉第进印刷厂当订书学徒工，他一边订书，一边跟书交朋友。书是不说话的老师，它像磁石般深深地吸引着法拉第。

有一次，他读了一本名叫《关于化学的对话》的书，对化学发生了浓厚的兴趣。他照着书里讲的办法做起化学实验来，从此入了迷。他仔细钻研了《实验化学》和《大英百科全书》，结果大长见识。法拉第利用印刷厂的废纸订成笔记本，摘录书中的资料，甚至还自己配上插图。后来，英国的大化学家戴维发现了这位勤奋的订书学徒工,把他招为助手,培养他成了科学家。

有一句著名的格言:"真理诞生于一百个问号之后。"这句话本身也是真理。纵观几百年来的科技发展史,那些定理、定律、学说的发现者、创立者都是因为怀有强烈的好奇心,并且善于学习和研究,才从细小的、司空见惯的现象中发现问题,追根求源,这种好奇心带领着人们最终找到了真理。

我们不可能人人都成为令人佩服的智者,但是我们可以充分调动自己对新鲜事物或者特殊现象的好奇心,通过好奇心的引导,我们可以得到一点启示,然后执著地去寻找发现,摒弃一切纷扰心灵的喧嚣,最终你就会捕捉到成功的气息,这时你就会发现,成功近在咫尺,触手可及。

创意的价值所在,其实也是智慧价值的体现。聪明的人未必有创意,但有创意的人一定是聪明的。创意来源于人们的好奇心,因此创意所拥有所能制造出的价值是无极限的,一个好的创意,往往能使我们在通往成功的路上开辟出一条捷径。

只要我们怀着狼对新事物的好奇心,在面对新的环境的时候,去勇敢探索求证,那么奇迹会更多,生活就会更加绚丽多彩。

狼|性|法|则

上帝赐给每个人的机遇都一样,但正像美丽的玫瑰花带刺一样,机遇也伴随着风险。只有敢于冒险,才能叩开机遇的大门。

当你跨出冒险的第一步时,机遇女神就开始向你招手了。

人生的河流中充满暗礁、险滩、潜流,只有敢于冒险,蹚过这些航道上的障碍,才能顺利到达成功的彼岸。

关键时刻冒险,迅速作出决定,才能抓住机遇,赢得人生。

第五篇

智胜敌手,谋定乾坤

叱咤风云变幻无穷的狼战智慧

谁是真正的丛林之王?狮子,整天怒吼不得人心;老虎,太仁义,要不怎么被狐狸骗得可怜呢?因此,狼族避免了它们的种种缺陷,凭着它们敏锐的慧眼和善于计谋的大脑,再加上它们的英勇顽强,它们征服了所有的动物,被封为江湖霸主,也算是实至名归。

敏锐的慧眼和善于计谋的大脑不仅帮助了狼成就霸业,也同样让我们人类在工作中如鱼得水,游刃有余,在生活中幸福美好!正如《易经·系辞下》中所说:"易穷则变,变则通,通则久。"

第十二章　知己知彼，百战不殆

知己知彼，才能百战不殆。在每次攻击前，我们都会去了解对手，而不会轻视它，我们必须了解对手的数量、战斗力和习性，此所谓"知彼"；同时，我们也需要衡量自己的力量，我们团队的数量、战斗实力和需要付出的代价等，此所谓"知己"。我们可以根据彼此的实力及时进行调整，有效地消除战斗过程中可能导致的挫折和不利因素，因此，我们狼的一生在攻击中很少有失误的时候。

——狼的自述

不知己，每战必殆

在围捕大型动物时，狼群一般都要跟踪观察好几天，等到这些动物吃了足够多的食物时，它们才开始袭击，因为这时候这些动物根本跑不快，抵抗能力也下降了许多。在每次攻击前，狼都会去了解对手，而不会轻视它，因此，狼的一生在攻击中很少有失误。这就是狼在知己知彼的条件下所作出决策的力量。

在我国著名的军事家孙武所著的《孙子·谋攻篇》中说："知己知彼，百战不殆；不知彼而知己，一胜一负；不知彼，不知己，每战必殆。"这句话的大致意思是：如果既了解敌人，又了解自己，多少次战斗都不会失败；如果不了解敌人，只了解自己，胜败的可能性各占一半；如果既不了解敌人，又不了解自己的话，失败是无法避免的了。这种思想被后世许多英雄人物在军事战争中所采纳，成为他们的一种指导思想。

例如在楚汉相争之时，刘邦派出使臣随何出使淮南国，成功地说服了项羽手下的猛将——九江王黥布，使他对项羽倒戈相向，后来黥布又劝使楚国的大司马周殷反叛楚国，大败项羽于垓下，这对最终战胜项羽，夺取天下有着十分重要的意义。

在平定天下，建立汉朝的统治后，刘邦开始分封那些打天下有功之人，黥布被封为九江王，可是刘邦心里明白，黥布是盗贼出身，喜欢结交豪杰之士，难以驾驭，素有不臣之心。因此在心中也对他加了一丝防备之意。

黥布也知道刘邦绝对是一个雷厉风行、心狠手辣的主，他绝不会容许自己死后天下被自己原来的宿臣所夺取，因此黥布一直暗中谋划着造反。

没过多久，刘邦逮捕了彭越，并且宣布他谋反，将他剁成了肉酱分发给各个诸侯王，希望他们能够以儆效尤，正在打猎的黥布见到了被剁成肉酱的彭越，心惊胆战，开始积极地准备军备，又过了不长时间，刘邦和吕后似乎并不想放过已经被由楚王贬为淮阴侯的韩信，被称为"国士无双"的他也被判为谋反罪，并且被夷灭了三族。

这个时候黥布动手了，虽然说导火索也是一个偶然事件，但是长期的准备也使他在初期顺利地攻占了许多城池。并且自信满满地对手下说："放眼当今天下，能够和我匹敌的，只有韩信、彭越和汉王刘邦，如今韩信、彭越已死，刘邦老了，不愿意亲自出征，只要我稳扎稳打，不去贸然地进攻关中，天下平定只是时间问题。"

然而黥布并没有彻底摸透他的对手刘邦，这次刘邦决定亲自率兵，灭掉这个心腹大患，他先召集来了谋士们，其中薛公经过对天下大势和黥布本人的分析后，对高祖说："目前黥布有三种策略可以使用，上策是向东占领吴地，向西占据楚地，再北上攻打齐地，并且发出檄文，叫燕赵等地的诸侯王固守本土，这样天下就会一分为二；而中策则是向东占领吴地，向西占据楚地，然后占领原韩国和魏国之地，占据有着丰富粮草的敖仓，封锁周边来固守，这样的话谁胜谁负还不好说；下策则是向东占领吴国后，攻取下蔡，搜集楚国的财宝，自己坐镇长沙，偏安一隅，把重心放在掠夺吴越地区的钱帛方面，这样咱们就可以高枕无忧了。"高祖又问他："你觉得他会采取那种策略？"薛公微微一笑："他会选择下策，因为黥布本是盗贼出身，贪图财宝，凡事只考虑眼前利益，不会为天下考虑，只知道去攻打那些有财宝的地方，而对战略要地视而不见，因此陛下大可以不必过于忧虑。"

刘邦听了薛公的分析，再结合平日里他对黥布的了解，打心底里赞同和佩服薛公的观点，后来经过打探，黥布果然采取的是下策，刘邦问手下人："黥布所用的将领都是什么人？""王黄和曼丘臣，都是商人出身。"刘邦这下心中有了谱，知道那些所谓的"豪杰"大多数都是为了个人的利益而聚集在黥布周围的，因此下令若有得到二人首级者，赏千金，封万户侯。

黥布没料到刘邦会亲自领兵前来，心中大惊，再加上黥布手下的人都是些市井之人、酒肉之徒，刘邦下了千金重赏令后，将领之间发生了内讧，互相猜忌残杀，纷纷向刘邦投降，黥布也是连战连败，完全没有了当年百战百胜的那种威风，最终失败，被逮捕杀掉了。

刘邦之所以可以几乎毫不费力地击败黥布，和他对黥布这个人的了解是分不开的，并且刘邦对黥布周围所接触的人都有很详尽的了解，所以他可以制定出完善而缜密的策略，这就使自身在战略上占据了不败的地位，而黥布则恰好相反，他并不是十分了解刘邦和他所控制天下的形势，并且对刘邦亲自率兵的情况也准备不足，这些失误导致了他成为笼中的猛虎，无法施展自己所擅长的一面，因此最终的失败也是不可避免的。

古人云："知己知彼，百战百胜。"要想了解别人，必须先要了解自身，这个时候就需要进行一个自我分析的行动，了解自己是一个总结和思考的过程，并不是盲目的空想，而是对自身所处地位的一个归纳性的总结，只有问好了问题，才能得到好的思考和自我分析；如果对自己定位不准确，不能把自己在当前环境下的优势和劣势全面地分析出来，那么这种总结的努力就等于白费。所以，只有通过扬长避短，发挥自身的优势、改善自身的劣势，做到知彼知己，才能在生活中确定自身的地位，在恰当的时机、恰当的地方做恰当的事情。

重视每一个对手

狼在捕猎过程中是不会轻视任何一个对手的，无论对方是强大的竞争者，如狮子、老虎等，还是弱小的猎物，如羚羊、野兔等，狼都会将它们同等的对待，以专注的精神和不懈的努力求得在自然界的生存。

狼在捕食时也是如此，它不像一些猫科类动物，喜欢玩弄猎物，而是死死地咬住猎物的要害，直到确认它已经死亡时，才开始享用食物。

这种"重视每一个对手"的精神延伸到人的身上，突出地表现在人的竞争活动当中，像成语"阴沟翻船"就很形象地体现出了这种精神的重要性，如果你不想阴沟翻船，那么"重视每一个对手"是不可或缺的精神。

要说最著名的"阴沟翻船"事件，以下所述绝对算得上其中的一个：20世纪八九十年代的人们可能对一个名字耳熟能详——迈克尔·泰森，他是那个时代的象征，他的重拳被当时无数的人们顶礼膜拜，传说他可以凭借徒手的力量打死一头公牛，当时的泰森被当做世界偶像，像各个国家的伟人一样，他的画像和照片被悬挂于世界的各个角落，他的号召力和影响力不亚于世界上任何一个人。

1990年2月11日，在东京发生了一个令全世界都为之震惊的事件，它带给人的震动丝毫不亚于当年的东京大地震！它所产生的巨大冲击波，随着现代化的传播媒介，迅速地向世界各个地区、各个角落辐射传播。在东京体育馆里，数万名观众都被迈克尔·泰森在经过10个回合的苦战之后仰面朝天的景象惊呆了。只见泰森痛苦地倒地，双目紧闭，护齿套被打得飞落一边，他吃力地用双膝跪在地上，缓缓地将护齿套捡起……而另一边，道格拉斯则被裁判员高举右手，在他支持者的簇拥下，将象征着无上荣誉的世界重量级拳王金腰带高高地举起……

在当时人们的心目中，泰森是胜利者的化身，是绝对力量的象征。而挑战者道格拉斯不过是一个无名小卒，他很有可能会像前面的某些试图挑战泰森权威的人一样，成为泰森练拳的活靶子。而当时美国赌城拉斯维加斯开出的赌场行情，也证明了这一点，泰森胜的赔率由一开始就极高的35比1涨到了42比1，这还创造了有史以来重量级拳王争霸战中赔率最悬殊的纪录。人们对泰森的信任达到了近似疯狂的地步，因为他们崇拜的偶像从未令他们失望过，泰森用他的肌肉、他的技术和他的霸气为他的支持者们带来了无限的刺激享受和金钱回报。泰森在接受采访时也轻蔑地表示："道格拉斯只不过是一个无名之辈，我会用拳头给他上一堂令他终身难忘的课。"

和泰森相反的是，道格拉斯表现出了对泰森的尊重，道格拉斯刚一抵达东京，就立刻以他的彬彬有礼和虔诚的风度使日本人对他产生了好感，与泰森的粗暴、傲慢形成了鲜明的对照。尽管道格拉斯向记者表示"要打倒泰森，创造新的历史"，并且对泰森的特点进行了精心的准备和详细的分析，但几乎所有的人都认为他一定会成为拳王泰森手下的第 38 个牺牲品。泰森当年 23 岁，正值拳击运动的巅峰之年，身高 1.80 米，体重 100 公斤，拳速奇快，爆发力惊人，素有"猛虎"和"铁人"之称。他自进入职业拳坛以来，保持了 37 场比赛的全胜纪录，被击败的对手中有 7 人曾是前世界冠军，很多人难以抵挡泰森狂风骤雨般的进攻，在第一个回合就被泰森的重拳击败，通过把对手击倒在地而获得胜利的概率高达 90%。1988 年 6 月，泰森与重量级高手迈克尔·斯平克斯交锋，第一个回合结束的钟声还没有响，泰森已经将对手击倒在地。1989 年 2 月 25 日，在美国拉斯维加斯的希尔顿大饭店，泰森用 5 个回合让来自英国的对手弗兰克·布鲁诺俯首称臣。5 个月后，在美国亚特兰大，泰森仅用 93 秒即让挑战者卡尔·威廉姆斯吃足了苦头，威廉姆斯被击倒在拳台上，无法站立起来，裁判宣布了泰森的胜利，这创造了泰森拳击生涯中最快的卫冕纪录。这些纪录都是人们断言泰森将会轻松取胜的证据。

但是泰森却为他的轻敌付出了代价，虽然道格拉斯名不见经传，并且在爆发力、反应、技术等方面都不如泰森，但是他经过精心准备，很好地利用了自身高臂长的优势，拉开了泰森和他的距离，让泰森重拳的威力无法施展，而自己则频频用试探性的攻击惹得泰森怒气冲天，让他在防护方面露出破绽，在抵抗住了泰森前几个回合的猛烈攻击之后，胜利的天平开始逐渐向道格拉斯这一方倾斜了。

此时观众们心中都冒出了一个看起来不可思议的念头，都屏住了呼吸，泰森的教练则是频频大嚷，提醒泰森要注意。

由于道格拉斯的战术制定得非常完美，频繁地对泰森进行骚扰性的攻击，这些攻击虽然不能对泰森造成杀伤，但是会被记录到点数里面；而泰森由于轻敌，并没有制订相应的对策，因此回合越往后，对泰森也就越不利，泰森的心境开始改变了，他开始争取一击必杀，因此在防守上出现了疏忽。终于，在第十回合，在泰森一次进攻未果，出现破绽之后，道格拉斯抓住机会，一记重拳狠狠地打在了泰森的左脸上，紧接着一套组合拳没有给泰森任何的机会，随着泰森倒地不起，一代不败拳王的神话就此谢幕。

泰森的失败并不是由于技术、身体方面的原因，而是由于过度膨胀的自信心，导致他过于轻视对手。我们在生活中也要注意这类事情，无论面对的是何种问题或者对手,都要像狼在捕食时所处的状态一样,认真地对待它,靠理性的分析和不懈的努力来获得成功,使自己迈出的每一步都显得稳健而扎实。

重视每一个对手除了是成功的助推器之外,还是良好修养的体现,在这种信念的支持下我们可以获得竞争的胜利,同时也得到了对手的尊重,何乐而不为?

全面了解对手才能弹不虚发

狼对其他动物的了解已经超过了人类可以想象的范畴了,面对不同对手,包括面对人类,狼都有不同的对策。它们知道对方的身体条件如何,习性是什么,对自己有着怎样的威胁等。蒲松龄曾经写过一篇有关于狼的文章,其中描写了狼和人的斗争,狼深知它的"对手"人也是一个具有高等智慧的生物,若靠硬拼恐怕难以取胜,因此设下了计谋,由一只狼假装受伤,吸引人的注意力,另一只绕到人的背后意图偷袭,若不是这个人机警,恐怕早已命丧黄泉。

另一点可以充分证明狼对其他动物了解充分的证据是:狼的捕食有一种"季节性"。当夏天时,森林里鸟兽众多,狼会成群结队地去森林中狩猎;春秋季节,到了动物的迁徙时节,狼群会在动物迁徙的路上埋伏;而到了冬季,狼则会寻找附近居住的人类所饲养的大量家畜家禽。这种"季节性"是建立在狼对它所猎取动物的了解上的,这可以帮助它们在大自然中保持强盛的生命力,令种族得到繁衍。

相比于狼来说,许多人类在这一方面做得很差,有时不愿去了解他的对手,只希望按部就班,随波逐流。有时只愿意简单地了解一下他对手的一些特征,并且分析得并不深入,由此引发了许多的失败。

在楚汉相争之时,项羽手下有五位猛将,分别是黥布、龙且、虞子期、季布和钟离眛。其中尤以黥布和龙且战功赫赫,威名远扬,后来黥布在随何的劝说下,投降了汉军,刘邦和韩信两路兵力夹击楚国,而这时项羽正在远征齐国,他嘱咐龙且,能战则战,若是战斗不顺利,可以固守,等我回来夹击他们。

龙且听说领兵前来的是韩信,而韩信曾经侍奉过项羽,龙且和他也有过交往,当时韩信在楚国很不受重视,只做了卫士这样的小官,因此龙且也打心底里看不起韩信。

龙且本人武艺高强，并且性格豪放，有万夫不当之勇，他率领的军队也被他这种气魄所感染，在作战时非常的勇敢，所以一直到现在龙且还没有遇到过一场败仗，韩信带领部队驻扎在河的对岸，龙且手下的人劝说龙且："韩信现在和过去不一样了，过去您所看到的只是他的一个方面，而现在他平定了魏国和齐国，受封为齐王，率领几万军队震惊了天下，将军不可以轻敌，还是稳稳地隔着城墙和河来据守，等待项王归来，到时候可以生擒韩信。"

龙且却十分轻蔑地回答道："韩信这个小子，我太了解他了，他是个胆小鬼，他的那些小聪明在我的勇武面前不堪一击，况且若是我畏战，被韩信这小子吓唬住了，传到我的家乡去我可丢不起那脸！而且如果是和他交战，获得了战功，他现在是齐王，按照规定胜利后齐国的一半都要归我，为什么不和他交战呢？"

由于龙且对韩信了解得不够透彻，认为他只会耍一些无关紧要的小伎俩，因此龙且没有听从谋士的建议，贸然出战，双方交战后，韩信率领的军队假装战败逃跑，龙且高兴地对手下人说："我就知道韩信他是一个胆小鬼，看看，被我说中了吧，他的那些羸弱的兵士怎么能和我们楚国的精锐部队抗衡呢？"龙且率领很少的骑兵部队"乘胜追击"，在渡过一条"干涸"的河流之后，已经准备好的韩信命令河流上游的士兵将拦住河水的水坝放开，顿时河水倾泻下来，将龙且和很少的部队拦截在了河的这边，韩信率领部队杀了一个回马枪，将龙且团团围困住，虽然说龙且有万夫不当之勇，但还是抵不住四处蜂拥而来的士兵，最终被灌婴所杀。

龙且之所以战败，除去韩信卓越的军事才能的原因，最重要的就是他没有全面地了解他的对手韩信，只是从韩信的外在表象上判断韩信是一个"胆小、懦弱、爱耍小聪明"的人，而实际上韩信是一个懂隐忍、知进退、善取舍的人，后世的人都称他为"汉初三杰"之一，更有人拿他当做战神崇拜，学习他的战略战术思想，他所造就的许多经典战役如"背水一战"、"木盆渡河"等至今仍为人所称颂，韩信对龙且的了解程度可谓是十分全面，正是他对龙且全面的认知，设下一步步陷阱，将龙且引入万劫不复的深渊。

做事容易，想要做得完美难；了解对手容易，全面地了解对手难。虽然有些时候，时间紧迫，不允许我们作出更多的了解，因此我们对对手的认知很难达到完善，正因为这样，才会出现错误，不过如果在平时就慢慢地积累有关方面的知识，学习分析技巧，就可以在很短的时间内对所做的事情作出比较准确的定义，可以让我们在追求成功的道路上少走弯路。

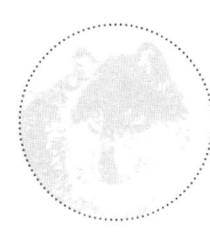

狼|性|法|则 ▶

知己知彼，百战不殆；不知己不知彼，每战必殆。

了解自己的优缺点，洞察对手的长短处，审时度势，百无一疏。

不轻视任何一个对手，面对每一个对手都要全力以赴，以专注的精神和不懈的努力求得竞争的胜利，轻视的后果往往就是失败。

任何时候对自己都要有一个清醒的认识，需要对自我勇于剖析，如此才能在竞争中给自己一个正确的定位，在恰当的时机、恰当的地方做恰当的事情。

第十三章　养精蓄锐，伺机而动

如果你以为我们狼是一种不知疲倦、时时刻刻都在搏杀中的动物的话，那么你就大错特错了，我们懂得以逸待劳、养精蓄锐。我们以逸待劳的"待"，并不是消极地坐等战机，而是充分地发挥主观能动性去调动敌人，牵着敌人的鼻子走，让它们疲于奔命，不断地消耗它们的力量，我们可能也就在旁边悠闲地晒着太阳，看着它们战战兢兢、如临大敌，待它们锐气尽消之时，我们再以迅雷不及掩耳之势雷霆出击，一举消灭它们。

——狼的自述

不打无准备的仗

狼群在捕食猎物时，总会经过充足的准备，它们首先会根据每只狼的地位划分群狼的职责；一些狼负责驱赶猎物，破坏它们的阵型；一些狼负责骚扰、纠缠那些猎物族群中比较强壮的"护卫"，让它们无法脱身；而另一些则会在猎物经过的道路上埋伏，待到它们疲惫不堪、气喘吁吁时，这些埋伏的狼就会一拥而上。在这种精心的准备下，猎物是很难逃生的。

不仅如此，狼群在猎物的选择、突发情况的处理等方面也有着明确的安排，它们通常所选取的目标一般都是猎物族群中的年老者或者幼小者。从不同的方向，合围猎物，并且放开一条通道供猎物逃跑，从而将那些身体条件较差的猎物捕捉到，这样做还可以减少由于捕猎而带来的危险，若已经要到手的猎物企图逃跑，狼群也有一套应对方案，它们先会穷追不舍，而且为了保存体力，一般都进行"车轮战"，轮流追赶猎物，直到猎物体力不支，被狼群成功捕获。

这是狼群能够在大自然中顽强生存的重要原因之一，而这种经过充分的准备，谋而后动的行为也十分值得人们借鉴。尤其是在处于困难中时，充分的准备更显得重要。

第五篇　智胜敌手，谋定乾坤

战国时期，齐闵王骄横无道，欺凌周围国家，而燕国在经过一段时间的励精图治后，国家力量大大增强，燕国决定率领五国军队伐齐，在燕国名将乐毅的带领下，五国联军连战连捷，攻下齐国大小城池70余座，齐闵王本人也被前来援齐的楚国武将淖齿所杀，齐国只剩下莒城和即墨城还在苦苦坚守，但也是危在旦夕。

在这一决定齐国和齐国百姓生死存亡的时刻，为了拯救宗庙社稷，齐国人田单在众人推举下做了即墨军队的指挥者。田单是一个貌不惊人的中年人，但他的眼神中透着一股睿智，他并不是像前几任城守一样依靠血勇之气去和燕国的强大军队拼杀，而是经过精心准备，通过对战局的分析作出了以下几个决定。

首先，田单派人散布谣言，说燕将乐毅半年之间攻下70余座城，但是却留下两座城池迟迟打不下，其实是想在齐国建立根基，背叛燕国自己当君主。燕惠王轻信了谣言，宣布召回乐毅，派不懂军事的骑劫代替了他的位置。

知道燕国罢免了乐毅，田单很高兴，乐毅用兵如神，他被罢免是齐国复兴的关键一步，当时即墨城在燕国的攻击下摇摇欲坠，军队中士气低下，人人都有投降的倾向，田单放出消息说："我们最害怕燕国把俘虏放在阵前羞辱了，要是那样的话，我的军队就会毫无战心。"骑劫于是就命令手下士兵将俘虏推到阵前，加以羞辱，城中有投降之心的人从此坚定了信念，希望和燕国对抗到底。

田单又使用计谋，故意让燕国的间谍听到自己的话，说如果燕国将城外老百姓的坟墓全刨开的话，那么即墨城就会崩溃了，马上就会陷入燕国的手中，骑劫这一次又上当了，他命人挖开了齐国百姓祖先的坟墓，结果齐国人个个怒气冲天，恨声不绝，都想出城去和燕国军队决一死战。

经过这些充分的准备后，齐国的军队士气高涨，而燕国军队则因为将军被罢免等原因士气低落，田单感觉时机已经来临了，他并没有直接率领军队和燕国决战，而是命人到燕国的军营中假意谈判，说即墨城守不住了，情愿献出城池，只是希望燕军不要伤害他们的亲人。骑劫听到之后非常的高兴，邀请其他的军士一起畅饮庆祝，放松了对齐国的防备。

结果当天夜里，田单拿出事先准备好的毡毛、油料等物，铺洒在体格健壮的牛的身上，把它们的尾巴点燃，让这些牛打头阵，冲向燕军军营。

燕国的士兵都沉浸在胜利的喜悦中，忽然间四周喊杀声大作，慌忙准备战斗时只见一头头身上冒着火的"怪兽"朝自己冲来，不由得心惊胆战，很快就失去了战斗力。由于燕军毫无防备，又加上火牛阵声势骇人，后面的齐国军队又奋力死战，燕国的军队大败而归，骑劫也被乱军所杀，田单又乘势收复了齐国所有的城池，恢复了齐国的宗庙社稷，由于田单的功劳，继位的齐王封他为君，而他这种暗度陈仓，谋而后动，积极准备，一举成功的策略也令他在中国历史上占有了一席之地，他的事迹也被人们代代相颂。

在我们的生活中，许多看似简单的成功其实都包含着充分的准备，有些时候人们可能会感叹时运不济命途多舛，其实大部分情况下并不是机遇没有来临，而是机遇来临了，你还没有准备好。在这方面，我们应该多向狼学习，时时刻刻保持准备就绪状态，平日里多下苦功，多作准备，多多思考，才可以在机遇到来时掌握自己的命运。

以逸待劳，捕捉战机

生物学家们经常通过研究动物的行为来帮助人们更好地了解这个世界，他们在观察狼的捕猎时发现了一个十分有趣的事情。

在面对一个和自身族群相较势均力敌的猎物群体时，狼会采取一种十分聪明的策略，它们会跟着这个群体，时不时地进行一些试探性的偷袭，但是绝不会强行进攻，而是像附骨之疽一样地缠着它们。当这个族群的成员心惊胆战，连吃草、交流等行动都要防备狼的袭击时，狼群的成员则在悠闲地享受着阳光，互相耳鬓厮磨的交流，看起来一点压力也没有，目前它们所做的唯一一件事就是跟着这个族群。

又过了几天后，猎物族群中有许多已经难以承受这种压力了，一些会产生疾病，一些会丧失理智来挑衅狼，还有一些会浑浑噩噩，令这个族群的防守阵型大为松散，族群中的弱者也不再受到保护。

这个时候就是狼捕猎的时机了，所谓的狼入羊群就是指的这种状态，根本没有反抗，除了那些特别强壮的和一些运气好的，许多猎物都难逃魔爪。

我国古代的先贤们就曾对狼的这种类似的行为进行过分析总结，《孙子兵

第五篇　智胜敌手，谋定乾坤

法·虚实篇》说："凡先处战地而待敌者佚，后处战地而趋战者劳。故善战者，致人而不致于人。"这句话的大致意思是说："在两方交战时，先占领了有利地形的一方很有利，可以以逸待劳，以不变应变，以小变应大变，以不动应动，以小动应大动，而对方就会形势艰难，不得不作出很大的调整来改变战局。"

管仲治国备战，休养生息；孙膑马陵道坐等，伏击庞涓；李牧与兵同乐，大破匈奴等，我国古代有许多类似的历史事件都可以证明，以逸待劳是一种极为有效的战斗方法。强调用中心枢纽，即把握住关键性的条件，来应对对手无穷无尽的计策和瞬息万变的战场战局。掌握战争的主动权是本计关键。就像两人较量武功，一般武功不高的一方往往沉不住气，上来就会发动看似猛烈的进攻，将所有本领全使出来，造成后劲乏力，而武功高强的一方则是稳如泰山，见招拆招，等到对方精疲力竭了，再将他轻松地制伏。例如《水浒传》中有一段关于洪教头的描写，他在家想要和林冲交手，咄咄逼人，并且口中也是不停地羞辱林冲，结果却是退让的林冲看出洪教头的破绽，只用了简单的一招就把他踢倒在地。这就说明为了令敌方处于困难局面，不一定要先发制人。关键在于掌握主动权，待机而动，稳如泰山，以不变应万变，以静制动，积极主动地调动敌人，让敌人疲于奔命，创造出战机，不要令对方控制自身的方向，而要努力牵着敌人的鼻子走。所以，以逸待劳的"待"并不是消极被动的等待，而是占据主动后的沉着。

秦国名将王翦就非常擅长以逸待劳的战略。在战国末期，秦国为了平定天下，四处征讨，其中少年将军李信年轻有为，并且意气风发，非常受秦王的赏识。秦王命他率20万军队攻打楚国，并没有任用他认为有些"胆小"的王翦。

战役的初期，秦军连战连捷，锐不可当，便产生了焦躁轻敌的情绪，不久，战局急转直下，李信中了楚将伏兵之计，秦军损失数万，李信本人也险些被俘虏，非常狼狈地逃回了秦国。无奈之下，秦王又起用了已告老还乡的王翦，并且对没有任用他为将领表示了歉意。王翦率领60万军队，在楚国边境摆开阵势。楚军也派出项燕率领重兵迎战。这时楚军刚刚获得大胜，士气高涨，而秦国老将王翦却毫无进攻之意，只是专心修筑城池，每天和士兵做游戏，摆出一派坚壁固守的姿态。楚军面对着秦国的大军，想凭借高涨的士气一鼓作气击退秦军，但是王翦就是坚守不出，两个国家相持了将近一年的时间。

在这期间，王翦在军中鼓励将士养精蓄锐，吃饱喝足，休养生息。秦军将士经过这么长时间的修整，人人身强体壮，精力充沛，并且只求和楚国的军队一战。王翦觉得此时时机已到，便开始对楚军发动进攻，楚军绷紧的弦早已松懈，将士已无斗志，认为秦军的确采取的是防守自保的战略，既然无法攻克秦军的壁垒，还不如回国休养，于是项燕决定引兵东撤。王翦下令对正在撤退的楚军进行追击。秦军将士通过长期的休养，人人如猛虎下山，楚军难以抵挡，溃不成军。秦军乘胜追击，势不可当，连楚国名将项燕也命丧此次战役中，公元前223年，秦国灭亡了楚国。

"以逸待劳"在现代商战过程中是人人都必须掌握的一种计策，利用此计的经营者要有良好的心理承受能力，在和对手进行斗智斗勇的过程中，要学会等待机会，抵挡住来自各个方面的诱惑和劝说，使自己始终保持着良好的状态，才能获得自身追求的终极目标。在生意场中，那些看起来甘愿屈服的妥协并不是最终目的，而是以退步赢得喘息之机，休息静思，努力发展，争取在这段时间内获得解决问题的对策。因为，必须的退步是为了换来更大的利益，万不可在经营不利的情况下，凭意气之争，与对手硬碰硬，而是应该静下心来，以逸待劳，将所有能够争取到的有利条件集中在自己这方，在进行竞争时来反败为胜。

除了应用在商业领域，以逸待劳的策略在生活中也可经常应用。"以逸待劳"并非"好逸恶劳"，而是养精蓄锐，等敌人劳师动众、疲于奔命、达到彼竭我盈的状态时，抓住时机打败敌人。

因此，在面对看似艰难的历程时，除了要有像狼一样的"崩于前而色不变，兴于左而目不瞬"的镇定和冷静之外，还要做到知己知彼，综合地对所面对的问题进行考量。使用以逸待劳这种策略的时候，务必要沉着冷静，把自己和对方所处的环境、对方的意图，以及彼此间的实力差距清楚地估算出来，对事情的变化要敏锐地察觉并且作出相应的反应，时机未成熟时要稳如泰山，机会降临时要雷厉风行，不给对手喘息之机，用尖牙和利爪将对方一击致命。

养精蓄锐，关键时候大显身手

如果你以为狼是一种不知疲倦、时时刻刻都在搏杀中的动物的话，那么你就大错特错了，狼十分懂得养精蓄锐，在休息时从来不被其他的因素所打扰，这也就是为什么世界各地的摄影师在拍摄以嗜血著称的狼时还会捕捉到许多安逸而温馨的画面的原因。无论处在何种条件下,狼都会寻找适当的时机,调节一下自身的身体机能和心理状态,以保证下一次捕猎中可以全身心的投入。

这种善于养精蓄锐的精神不仅是狼特有的品质,许多英雄人物同样如此。汉初开国功臣陈平就是一个善于养精蓄锐、韬光养晦的人,他曾经多次运用这种策略,包括劝刘邦封韩信为齐王;贿赂单于夫人以解白登之围;顺承吕后、明哲保身以图东山再起;让位于周勃、止住流言飞语来使臣子间和睦等,尤其是在顺承吕后的这件事上,体现出了他无与伦比的韬略和智慧。

汉高祖刘邦统一天下,建立汉朝的统治后,以各种手段将威胁他和他子孙后代的诸侯王尽皆诛戮,并且立下"若有非刘姓而成王者,天下共讨之"的遗训。汉高祖死后,吕后称制,大肆分封自己的亲族,包括吕产、吕禄等都得封高官,而高祖的其他儿子,包括原来和自己争宠的戚夫人的儿子刘如意则被吕后残忍地毒杀,其他的也是被贬黜,吕后的儿子汉惠帝刘盈也不满诸吕的行为,但又无力反抗母亲,于是天天借酒浇愁,不理朝政。眼看着刘姓天下就要改姓吕了,这时候,一些大臣当面站出来,拿高祖的遗训来反对吕后,这些人无不落得个凄惨的下场,不过陈平却懂得养精蓄锐,徐图大事。

吕后为了试探其他人的态度,召来大臣商议立吕氏子弟为王的事情。她首先询问右丞相王陵的意见。王陵愤怒地说:"先帝在时,曾与诸大臣杀白马盟誓:'刘姓以外的人为王,天下共击之!'现在要封吕姓子弟为王,与先帝誓言不合,恕我不能接受。"吕后听后很不高兴,便转而问左丞相陈平的意见。陈平知道如果现在莽撞地顶撞吕后,不仅无法安定天下,甚至连身家性命都难保,顺承了吕后的想法,吕后听后大喜。退朝以后,王陵激动地抓住陈平的衣领,对他说:"当年高帝约定时,你我二人俱在场,如今身为丞相,为什么不敢据理抗争呢?"陈平对他说:"在朝堂上直言进谏,我们不如您;要说保全社稷,安定刘氏后人,您又不如我了。"果然不久之后,王陵被吕后免去了丞相的职务。

当时吕后也知道,这班大臣中,能够真正威胁到诸吕地位的人,只有萧何、周勃、陈平、樊哙、周昌等寥寥数人,萧何年事已高,周勃正直无谋,樊哙是自己的妹夫,这些人都不是最大的威胁,而很快周昌就被吕后调离了都城，吕后所关心的只剩下陈平。

这个时候，陈平深知要恢复刘家天下，要先明哲保身，养精蓄锐。他因此饮酒作乐，并且玩弄妇女，并且故意把自己原来喜爱美女的"弱点"夸大了，让周围的许多人都知道，吕后的妹妹也去吕后面前告状，说陈平身为大臣，却不顾国事，整天寻欢作乐。

而吕后听了这些话却十分的高兴，因为她心中的一块大石终于落下了，她劝慰陈平说："我妹妹的话只是妇人之见，你不用放在心上，如今天下已经平定，你想怎么做就怎么做，我不会插手的。"摆脱了吕后的怀疑，陈平开始行动，先是将开国功臣，特别是握有军权的周勃等人召集来，商讨对策。另一方面继续和诸吕搞好关系，打探情报。

在经过一点时间的养精蓄锐后，反抗诸吕的队伍已经日益壮大，包括齐王和朱虚侯刘章在内的很多人都加入了进来，刘章和齐王刘襄在齐国起兵，向关中进军。而在宫廷中，虽然说首都的军权仍在吕禄和吕产的掌握中，但由于陈平召集了许多在军中颇有威望的将领，赢得军心还是很有希望的。

陈平所等待的时机终于到来了，吕后驾崩，诸吕一下变得群龙无首，而吕禄、吕产也十分慌乱，此时已经准备充分的陈平和周勃等人进入北军军营，赢得了军队的支持，顺利地将吕产、吕禄二人诛杀，安定了汉朝刘家天下。

陈平之所以能在最终剿灭诸吕，安定了天下，和他这种养精蓄锐的韬略是分不开的，如果他像王陵一样，在朝堂上据理力争的话，就算吕后不会当场发作或者罢免他的职位，也会在今后的时间里对他处处防范，陈平想要安定刘氏是不可能的。

由此可以证明，通过养精蓄锐才可以在最关键的时候大显身手。养精蓄锐并不是畏缩不前，它和委曲求全的最大差别就在于它还需要你身具一种斗争精神，不会向困难低头屈服。只有像狼一样，在平时通过养精蓄锐，积累到了足够的力量和精力，并且联合一切能够帮助自己达成目标的人，才可以在关键时刻事半功倍，体现出自身的价值。

第五篇　智胜敌手，谋定乾坤

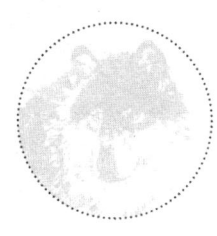

狼|性|法|则 ▶

行动前经过深思熟虑，做好充分的准备，行动起来才能确保万无一失，成竹在胸。

找到事物的突破点，做事才能够事半功倍，从而以最小代价换取最大的利益。

"以逸待劳"并非"好逸恶劳"，而是伺机而动，等对手劳师动众、疲于奔命、达到彼竭我盈的状态时，抓住时机打败对手。

养精蓄锐并不是畏缩不前，而是调节身体机能和心理状态，寻找战机，以保证下一次行动中可以全身心投入。

第十四章　不露声色，一招制敌

> 我们生活在荒无人烟的草原上，命中注定将要与各种大型动物斗争，经历过挨饿的痛苦和猎物的诱惑，让我们知道了什么是战场，什么是生和死的考验。但是我们也不会拿鸡蛋去碰石头，在时机不成熟的时候我们不会贸然地进攻比我们强大的猎物。我们在寂静中潜伏着，然后在不经意间给敌人致命的一击，一战成功。
>
> ——狼的自述

隐藏行踪，迷惑对手

作为在自然界中生存的一个猎手，无论是狮子、豹子，还是本书的主人公狼，首先要学习的一项就是隐藏行踪。只凭借四条腿去死死地追赶猎物是绝不可能成功的，而善于隐藏行踪的猎手则可以在敌人毫无防备的状态下先发制人，利用肉食动物良好的爆发力来猎取食物。因此，隐藏好行踪是迷惑对手的必要手段，它直接关系着捕猎活动的成败。

说到动物界的隐藏行踪，就不能不说狼，因为狼是动物界中善于隐藏行踪的佼佼者。首先从自然条件上来说，狼的体形很小，在潜行前进时很难被发觉；另一方面，不同地区、不同种类的狼会根据当地自然条件的特点而形成自身不同的毛色，比方说在高纬度地区，由于那里冰天雪地，狼的毛发一般都会是白色的；而到了非洲草原上，狼的毛发则是泛黄的斑杂色，这样可以很好地达到隐藏行踪的目的。

除了良好的先天条件外，狼最为人们所称道的就是它善于隐藏行踪，并且经常采用和人类十分类似的"明修栈道，暗度陈仓"的策略，它们在捕猎过程中经常会派出一些狼先在明处或吼叫、或嬉闹、或注视着猎物，争取引起猎物的注意力，而其他真正去发动攻击的狼则会从侧面或者后方前进，凭借着树木草丛等障碍物遮蔽自己的身形，待时机成熟之后再给予猎物雷霆一击。

我们刚才说狼的这种策略在人之间也被广泛采用，最为典型的就是韩信的"明修栈道，暗度陈仓"。

秦末农民起义后，为了争夺天下，项羽和刘邦进行了为期四年的楚汉争霸。刘邦和项羽本来在新立的楚怀王面前约定谁先攻入关中，谁便可以在那里称王，由于秦军的主力被项羽牵制在赵国的战场上，巨鹿之战几乎损失殆尽，刘邦趁机攻入了函谷关，占领了关中，而项羽到来后，由于项羽的军队实力十分强大，刘邦难以抵敌，两人就通过"鸿门宴"达成暂时的"和解"，而项羽由于缺乏长远的战略眼光，没有在富饶的关中称王，而是把关中分成了三部分，加上汉中蜀地一起分给了秦朝的三个降将和刘邦，与刘邦的守地汉中相邻的是章邯。刘邦为了迷惑项羽，同时防止章邯等人入侵，于是便烧毁了汉中通往外界的栈道，向项羽表示忠心。

刘邦暗中发展军备，训练军队，准备趁机占领关中，后来韩信前来投奔，刘邦命令韩信为大将，出兵去攻打关中，为了迷惑敌人，韩信派了一万多人马去修复烧毁的栈道。栈道修复工程艰巨，进展缓慢。章邯等人觉得在短时间内想要通过栈道来攻打自己简直是不可能的，因此没有一丝一毫的戒备心理。但是这个时候韩信的军队已经从小路进驻陈仓，由于隐蔽工作做得好，直到到达咸阳城下，章邯等人才知道自己被那些现在还在修筑栈道的士兵所蒙蔽，没有做好充分的应战准备，惊慌失措，被韩信打败，关中也落入了刘邦的手中。韩信采用一明一暗、以明掩暗的计谋，取得了夺取关中的重大胜利。这就是"暗度陈仓"的由来，后来在攻打魏地的时候，韩信又故技重施，表面上要建造桥梁渡河，结果他却将部队的行踪隐藏起来，趁夜晚用木盆渡河，生擒了魏王豹，这种计策的关键就在于使用者是否像狼一样善于隐藏行踪，将真实的意图隐藏在不令人生疑的行动背后，将奇特的、非一般的、非正规的、非习惯的行动隐藏在普通的、一般的、正规的、习惯的行动背后，迂回进攻，出奇制胜。"明修栈道"表示表面的行动，它必须被敌人所了解；"暗度陈仓"则表示隐藏的真实意图，二者都是隐蔽工作想要获得成功所必不可少的。

韩信"明修栈道，暗度陈仓"的战例在历史上是非常有名的，一直以来都被人们津津乐道。韩信通过这种计谋帮助刘邦扭转了楚汉争霸初期不利的局面，自己也成为"汉初三杰"之一，更有很多人以"军神"的荣誉来称呼他。后来有很多兵法家对韩信的计谋进行仿效，他们探寻源流，究其真谛，使"暗度陈仓"成为三十六计中的一计。暗度陈仓的前提是明修栈道，即公开地展示一个让敌人觉得愚蠢或者无害的战略行动，吸引敌人注意力的同时使敌人放松警惕。在公开行动的背后，或采取真正的行动，或者去转移防卫，趁敌人被假象蒙蔽而放松警惕时，给敌人以措手不及的致命打击，自己则在没有遭到任何抵抗或防备的情况下，轻松地出奇制胜。

这种计谋并不仅仅应用在军事上，在现代的另一种战争形势——商战中，"暗度陈仓"这种妙计经常被商家所采用，这就是为了迷惑对手或消费者而制造出一种假象，使其购买本企业的产品或者要本企业为之提供服务，达到推广自己的产品，占领市场的目的。其目的就是隐藏自身的破绽，像狼一样迷惑对手，让对手对自己的行动没有察觉或者是产生判断错误，从而为最终目的的达成创造良好的条件。

布下天网，疏而不漏

在茫茫的大草原上，在众多的生物中，狼是战无不胜攻无不克的，它就是草原上的王者。生活在草原上的狼都很明白：如果草场在减少，而我是一只羊，那么我想吃的不再仅仅是草，我会磨尖牙齿，去寻找生肉。然而找到生肉，它们不会盲目地进攻，而是对难得的生肉布下天罗地网，让生肉无法逃脱。狼讲究天网恢恢疏而不漏，因此它们才能在竞争激烈的环境中生存下来。

狼与猎物的关系，与警察和小偷的关系差不多，前者为了抓住后者会想尽一切办法设下天罗地网，让后者无法遁形。这就叫天网恢恢疏而不漏。但是要想做到这一点，必须要有智慧，狼是很有智慧的动物，狼让羊无法逃脱，这就是食物链，这就是自然的规律，狼要想不饿肚子就要对羊布下天罗地网。而人也如此，要想在这个竞争日益激烈的社会生存，也要充分地利用聪明的头脑，网罗更多对自己的发展有益的有价值的东西。

在周立波写的一部著名的长篇小说《林海雪原》中，有一段关于解放战争年代解放军在东北剿匪的事件。当时东北有一个土匪头子叫座山雕，他的手下有八大金刚。解放军在剿灭了这伙土匪之后，在清点人数时，发现少了一个金

刚,这个狡猾的家伙不知道用什么方法逃跑了。

解放几年后的一天,在一个小山村的庄稼地里,乡亲们正在庄稼地里农耕,就在这时有两只乌鸦从天空中飞过,大家看到了都没有什么太多的异样感觉,毕竟乌鸦很常见。突然有一个老乡说:"唉!现在手生了,要是打的话可能也打不中了,要是在当年,老子一枪打俩儿!"乡亲们一听这口气有点不对劲,但是也没有当面说什么,后来有机灵的就偷偷地报告给了民兵连长,民兵就把那个口气大的人抓起来了,经过一番审问,原来他就是当年从威虎山逃跑出来的那个金刚。这正应了那句老话——贼不打,三年自招!

这个金刚的落网,无疑是当时解放军发布了这个消息,在有岗哨的地方留下了此人的恶行,最后才能在多年后,不费吹灰之力抓住这个无恶不作的坏蛋。可谓是天网恢恢疏而不漏,无论犯罪嫌疑人逃到哪里,都会有落网的那一天,只是时间的问题。

犯罪嫌疑人的智商往往是高于常人的,甚至有很多犯罪嫌疑人有较强的反侦查能力,因此给办案的刑警带来了很大的困难,侦破案件的时间也被延长,从而也给犯罪嫌疑人赢来了逃亡时间。但是在他们逃亡的时间里,既害怕警察的到来,将自己绳之以法,又渴望着警察的到来,好尽快解脱自己逃亡的痛苦生活。因为他们知道,警察早就布好了局,早晚有一天会被抓。

有这样一个人,因为情杀逃到了云南,他认为云南是边境,在那个天高皇帝远的地方警察不会发现的,还开了一家歌厅来掩饰自己的原有身份。正当他过着滋润的日子时,警察找到了他,而他就等在那里一动不动,没有任何反抗和逃跑的打算。直到他被冰冷的手铐铐住的时候,他似乎放松了。

还有一个犯罪嫌疑人,他想到了"小隐隐于野、大隐隐于市"的"规律",就逃到了杭州做起了服装生意,又结了一次婚,过起了小日子。但这一切都逃不过警察的法眼,当他被抓的时候,他说:"这一天我早就想到了,只是没有想到你们来得这样快!"

犯罪嫌疑人之所以被抓住,是因为警察从他们开始逃亡的时候就静静地准备着一切,就等待着他们落网的时间。

天网恢恢才能疏而不漏，你以为没人知道，你以为警察查不出来都可以，聪明的罪犯确实能够在智商上暂时地战胜了警察，但他们忘了一点，警察是不会那么容易被甩掉的，因为经常思维缜密，让你逃了一时，绝对不会让你逍遥一世，他们会根据任何有关你的线索布下重重天网，让你无路可走。

　　警察抓罪犯毕竟是社会中的一部分，也许在我们的生活中根本不可能发生，但是天网恢恢疏而不漏同样可以应用到我们的生活中来。比如，我们想进军某个行业，但前提是应该具备一些经验，一些该行业的知识，以及人脉，这样才能顺利地成为这个行业的一员，甚至是领军人物。简单点说就是，撒下知识的网，不让任何机会从你的手中溜走。

　　罗斯一直想成为一名心理学家。她在读高中时，便节省钱以备上大学时用。高中毕业不久，她的父亲得了重病，她的母亲由于要照顾她的弟弟妹妹，只能部分时间出去工作，而她父亲的伤病补助费也是极有限的，她必须放弃上大学的梦想。她把自己的储蓄用来学习打字和速写技术，很快便找到了一份秘书的工作。罗斯好玩似的产生了读夜大学的念头，但出于一个又一个原因，她推迟了入学，就这样一学期又一学期地过去了，始终未能入学。

　　"我真不明白，贝特丝，"罗斯对自己最好的朋友吐露心事说，"我真的愿意学习某些大学课程，但我要想获得心理学硕士学位，路途是如此遥远。首先，我得在大学文科熬四年，然后在研究生院再熬两年多。贝特丝，因为我只能在晚上去上课，我要到80岁才能取得硕士学位。"

　　贝特丝回答说："我知道要取得学位需走很长的路，但这没关系。你可以集中考虑在每一学期里你将要修的一两门课。把你的总目标分解成若干初级目标，然后又把这些初级目标分解成一些易于实现的小段落。这样，你就可以很简单地实现你的初级目标，然后逐步实现最终目标了。"

　　后来罗斯采纳了贝特丝的建议，终于在45岁的时候成了一名心理学家。

　　成功并非一蹴而就，而是需要一步一步地循序渐进的知识积累。所以在学习当中，我们既不用因为一时学得太少而不屑学习，也不必因为求学之路太长而放弃学习。只要我们能够一点一滴地学好各种知识，结成一个知识的网，这样机会就不会漏出去，最终必定成功。

第五篇 智胜敌手，谋定乾坤

我们都知道大草原上的狼也不是出生就有一具健壮的身体，一个聪明的头脑，一颗坚定的心，这都是后天锻炼和学习而来的。也就是说经历过困难洗礼过的狼，才能在追赶猎物的时候给猎物布下天罗地网，然后满足地朝天空打个饱嗝。

其实人也是一样的，出人头地，就要学习各种知识，仔细观察身边的事物，经历一些事情，然后才能成为一个有故事、有才华、有胆识的像狼一样的强者，在这个充满竞争的时代演绎自己的风采。

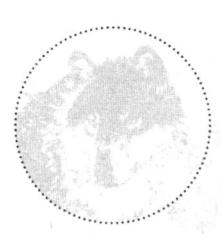

狼|性|法|则 ▶

最高明的猎手往往能善于隐藏自己的行踪，可以在猎物毫无防备的状态下先发制人，迅速捕获猎物。

隐藏意图是保护自己、迷惑对手的必要手段，它直接关系着竞争的成败。

不露声色，伪装潜伏，可以迷惑对手，产生出神入化、出奇制胜的效果。

第十五章　欲擒故纵，灭敌于无形

我们同猎物的每一场战争都是你死我活的搏斗，只有消灭敌人，夺取地盘，才是目的。我们深知，要想捕获猎物，必须付出一定代价，有时需要暂时放纵猎物，以等待时间、创造条件。"纵"只是手段，"擒"才是目的，如果逼得"穷寇"狗急跳墙，垂死挣扎，而我们又要损兵失地，这是不可取的。所以，若想擒住对手，不妨先网开一面，纵其奔跑，先给它一点甜头，待时机一到，我们就可以灭敌于无形之中。

——狼的自述

诱敌深入，一网打尽

　　埋伏，是狼经常采用的一种捕猎手段。它们经常会在水草丰美、食材丰富的地区布置包围圈，以逸待劳来等待猎物。不过狼这种动物追求利益的最大化，它们不会看到一两只猎物走进了埋伏圈就贸然出击，因为它所面对的猎物也十分狡猾，猎物群一般会首先派出一些身强体壮、逃跑速度很快的年轻家伙来试探周围是否有埋伏，如果捕猎者在此时忍耐不住饥饿的煎熬和眼前利益的诱惑，那么很可能连走进埋伏圈的猎物也得不到。

　　在诱敌深入这一点上，狼显然比其他动物要技高一筹，由于体形较小，它们可以轻易地伏在草丛中而不被猎物发现，良好的抵抗饥饿的能力和隐忍的个性使它们可以忍耐到猎物族群已经完全地进入包围圈，再开始捕猎行动，而这时它们则会用忍耐了许久的尖牙和利爪毫不留情地将之前因为忍耐而受到的煎熬发泄出来，从而获得足够的食物来维持狼群的生存。

　　而狼的这种诱敌深入，然后将对手一网打尽的策略也被人类所模仿和学习，特别是在战争中运用，面对敌人采取暂时后退的策略，这样便可以令敌人的战线拉得过长，并且由于远离本土作战而不得不面对许多不利的条件，包括对地理环境不熟悉、气候条件难以适应、当地人民的反对等，所以，在诱敌深入后，敌人的战斗力、士气等都会大幅地减弱，并且还给了你将对方一网打尽的机会。所以说，这种诱敌深入的策略由于其高度的实用性而受到千百年来军事家们的欣赏，被广泛地采用。

俄国元帅库图佐夫就是善于使用诱敌深入策略的军事家之一，他曾经用这种策略打败了当时横扫欧洲各国的军事奇才、政治铁腕、法国皇帝拿破仑。

库图佐夫元帅最早时当选为彼得堡义勇军和莫斯科义勇军司令，虽然很早就在战斗中表现出了过人的军事才能，但由于出身低微并且有着许多例如贪财好色、酗酒暴虐等性格上的缺点，俄国沙皇非常讨厌库图佐夫，当时法国军队在拿破仑的指挥下每战必捷、势如破竹，俄军不得不放弃斯摩棱斯克，由于军事局势紧张以及军队和人民的坚决要求，亚历山大一世被迫任命库图佐夫重新当选俄军总司令。库图佐夫重掌兵权后，考虑到敌人的兵力远远要高于自己，俄军又无后备兵力，他下令把军队撤到俄国内地。拿破仑企图倚仗优势兵力击溃俄军，力求进行总决战。库图佐夫为对付拿破仑这个计划，采取了更加完善的斗争方式，开始时零星交战、迂回机动并积极防御，随后转入坚决进攻。得到少量援军后，他决定在莫斯科附近的博罗季诺与拿破仑交战。博罗季诺战役开始之后，拿破仑希望在这次战斗中消灭俄军的有生力量，一直杀到莫斯科城下，迫使俄国投降并接受和约条件，但他的目的没有实现。库图佐夫为了诱敌深入，同时保存俄军的战斗力，决定放弃博罗季诺阵地，随后又力谏俄国沙皇，劝说他放弃了莫斯科。

放弃莫斯科后，法国军队被库图佐夫的诱敌深入之计所蒙蔽。人人都想争先恐后地进入这个俄国首都、历史名城。而库图佐夫则隐蔽了在翼侧的塔鲁季诺机动部队，使军队避开法军突击，并且在塔鲁季诺村地区集结，把拿破仑向俄国南部地区前进的通路切断了，为组织和准备反攻创造了有利条件。他在短期内使在自己手中掌控的俄国军队在数量上形成了对拿破仑军队的优势。俄军通过诱敌深入这段时间补充好军力，整顿完军队，得到后备军和义勇军的加强后，在法国占领的地区广泛展开游击活动，拿破仑军队遭到了无数次游击队的骚扰，并且俄军也经常趁法军不注意时对它展开小规模战斗。法军孤军深入、精疲力竭，又因为远离本土作战，粮食和过冬的军备得不到有效的补充，士气变得十分低落。

库图佐夫在塔鲁季诺村组织了全面而有效的部署，他指挥部队，管理宣布为战时状态的各省，组织后备军补充军队，开展游击运动和统一游击队活动，用正规部队加强游击队。

拿破仑这时显得有些慌张了，他觉得自己孤军深入，犯了一个致命的错误，他第一次放下姿态，想和俄国谈判，但是被看到了打败现今欧洲霸主希望的俄国沙皇拒绝了，无奈之下拿破仑率领的法军开始撤退。本来计划从南方有物资和粮食储备的小道边战边走，从战斗中获得补给，但是库图佐夫诱敌深入后已经布置了天罗地网，南下计划受阻，被迫从已被法军毁坏殆尽的大道撤退，一路上人困马乏，库图佐夫组织俄军转入反攻，使拿破仑军队不断遭受正规军和游击队的打击，他们全都抱着要将法军一网打尽的目的而作战，法军溃不成军，若不是拿破仑指挥有方，战术得当，几乎难以从俄国脱身，极其狼狈而仓皇地逃出了这个犹如寒冷地狱般的俄国。库图佐夫以这种灵活机动、暂避锋芒、诱敌深入、一网打尽的战略战术，消灭了当时在欧洲被认为不可战胜的法国拿破仑大军，改变了欧洲乃至世界今后历史的发展进程，而他本人也被俄国人当做民族英雄和战神的化身所铭记。

从库图佐夫先示之以弱，诱敌深入，步步为营，最终将入侵的法军几乎一网打尽的过程中可以看出，面对势均力敌的对手时，如果你希望能够最大限度上打击对方，那么就要有狼的耐心，不要着急去应战，像狼一样诱敌深入，这样的攻击才更加具有突然性和威胁性，不仅可以给自己充裕的准备时间，还可以让对方陷入不利的境地之中。

放纵敌人才会使敌人得意忘形

通常情况下，在面对比较强大的对手时，狼会慎重地考虑利益的得失，如果损失太大甚至是得失平衡，狼一般都会放弃这次行动，寻找今后的契机，同时令它的对手产生一种骄横和放松的心理。

比方说同一块狩猎场地，来了一只老虎和几只狼，在老虎的威胁下，狼会让出许多属于自己的领地和食物来源，甚至只要有老虎出现的地方，狼就会远远地跑开。这样长此以往，老虎就会变得得意忘形，在今后一旦产生了一些变故,例如老虎年老体衰、在捕食中生病受伤、狼的族群得到补充等变化之后,狼群就会向骄横的老虎发出挑战,而这时疏于防范的老虎却没有做好应对的准备,在狼的攻击下它只好灰溜溜地放弃了这块领地。

这种通过放纵对手,使对方变得得意忘形、丧失平常的戒备心理而最终被打败的策略,体现了一种超然的智慧。

提到智慧,就不得不提一下我国古代的名相之一诸葛亮,《三国演义》中更是将他描写成了智慧的化身,下面我们就来看看他是如何像狼一样利用放纵敌人而取得胜利的。

诸葛亮在刚刚出山的时候,除了刘备之外,其他人对他并不抱信任态度,尤其是关羽、张飞二人。当时刘备依附于他的远房宗亲刘表,坐守小城新野,兵寡粮少,对面曹操派猛将夏侯惇等人率领重兵要先灭掉刘备,这时关羽、张飞二人都想看一看这个平日里十分受刘备尊敬的年轻军师会有什么奇谋妙计。

当张飞听到诸葛亮命令赵云和一众将领只是"诈败"、"许败不许胜"、"一战即走"而自己只是"坐守县城"之后,再也忍耐不住了,不禁厉声咆哮起来,想要质问诸葛亮一再诈败的原因,是不是害怕了强大的曹军和夏侯惇,多亏刘备和关羽制止了他。

而另一边夏侯惇也十分看不起刘备,他认为刘备只是一个鼠辈而已,并且坐守小县,既没有充足的人丁来训练成军队,也没有足够的粮草来供给士兵们守卫,所以自己亲自率领大军前去,想要获胜简直像探囊取物一般容易,所以他不顾荀彧和徐庶的警告,在曹操面前立下军令状,说要生擒刘备和诸葛亮。

而诸葛亮知道夏侯惇的这种自视甚高、容易轻敌的个性,为了进一步迷惑夏侯惇,他通过对新野城周围地势、地貌的研究,定下了引诱之计。

夏侯惇与于禁等人带领军队到了博望坡,命令一半军队打头阵,另外的在后面守卫粮车辎重,当时正是秋天,望见前面忽然尘土飞扬,便将人马摆开,问向导官这里的位置,向导官说:"前面便是博望城,后面是罗川口。"夏侯惇令于禁、李典等人押住阵脚,自己亲自出马阵前。遥望刘备的军马来到,他忽然大笑,其他人问夏侯惇发笑的原因,夏侯惇说:"我是笑徐庶在丞相面前夸诸葛亮为天人,现在看到他的用兵之法,用这样残破的兵阵和军容与我交战,就像是驱赶着羊群让它们和虎豹作战一样,我当初在丞相面前说要活捉刘备、诸葛亮，今天看来是要应验了。"

夏侯惇驱赶着坐骑向前，中间对方赵云出战，夏侯惇对刘备的军队说："你们追随刘备，就像跟着一个孤魂野鬼一样。"赵云很生气，纵马来战，打了几回合之后，赵云想起了诸葛亮的吩咐，诈败而走，夏侯惇从后面追赶，追了十余里，赵云回马再次和夏侯惇交战，打了一会儿又跑了，夏侯惇再度追击，这时韩浩对夏侯惇说："赵云的样子好像是在引诱咱们，前面也许会有埋伏。"夏侯惇经过诸葛亮的几次骄兵之计，再加上无法追上赵云的气恼，心中已经不把刘备的军队放在眼里了，他对韩浩说："对方的兵士如此羸弱，即使是设下了十面埋伏，又有什么好怕的呢？"他没有听从韩浩的建议，一直追赶至博望坡。

这时候刘备亲自率领军队来接应赵云，从斜侧杀了出来，本来心里还有一些顾虑的夏侯惇笑着对韩浩说："这就是所谓的埋伏吧？今天我要是不能杀到新野城，誓不罢休。"继续命令军队向前，而刘备和赵云二人仍然是一战即走，当时天色已晚，夜风很大，加上阴云密布，四周什么都看不清，夏侯惇只顾着追赶刘备，后面的李典通过对周围情况的观察感觉到了危险，对于禁说："夏侯惇只顾着追赶，而现在我们所处的这一位置周围路特别窄，芦苇草木丛生，如果对方用火攻该如何是好？"于禁也猛然醒悟，急忙对李典说："我去劝止夏侯都督，你去拦住后军。"而这个时候军队正在全速开进，哪能这么容易停下来，于禁到达前军之后对夏侯惇说明了来意。

夏侯惇猛然醒悟了，马上命令军队后撤，这时只听背后喊杀声大作，早望见一派火光烧着，随后两边芦苇亦着。霎时，四面八方，尽皆是火；又值风大，火势越来越猛。曹家人马，自相践踏，死者不计其数。赵云回军赶杀，夏侯惇冒烟突火而走。且说李典见势头不好，急奔回博望城时，火光中一军拦住，仔细观看原来是关羽，李典纵马混战，夺路而走。于禁见粮草车辆都被火烧尽，便投小路奔逃去了。韩浩来救粮草，这时候已经埋伏许久的张飞率军冲了出来，一枪刺死了夏侯兰，韩浩夺路走脱，夏侯惇所带领的士兵被杀得尸横遍野，血流成河，诸葛亮放纵夏侯惇，使他由于轻敌而付出了惨重的代价。

诸葛亮通过放纵夏侯惇，令他轻率而行，对四周局势的变化不以为然，最终付出了惨重的代价，这和开头所说的狼的行为有着异曲同工之妙。有的时候，我们真的应该从狼的精神和策略中总结出一些可以应用在我们身上的行为。

例如在生活中,面对那些骄横跋扈的敌人时,放纵对手,令他得意忘形而疏于防范的时候,便是我们行动的好时机,这就是所谓斗争哲学的一种,人类的斗争哲学还在不断积累着,而狼的这种斗争哲学早已在大自然无尽的厮杀中登峰造极。

狼|性|法|则 ▶

如果你希望能够最大限度上打击对方,那么就要有足够的耐心,诱敌深入,这不仅可以给自己充裕的准备时间,还可以让对方陷入不利的境地之中。

对手骄横自大、得意忘形的时候,就是你打败对手的最佳时机。

把对手逼入绝境会造成两败俱伤的局面,网开一面,放虎归山,等对手斗志懈怠、放松戒备时,可以乘机战胜对手。

第十六章　瞒天过海，以假乱真

几百万年来，我们懂得了自然界的竞争法则，非常懂得进退的尺度，因此，我们在竞争激烈的环境中生存了下来。在动物界，锋芒毕露是很容易遭到别人非议和敌视的，所以我们很善于保存自己，隐藏自己的能力，隐蔽自己的真实企图或目的，瞒天过海，养精蓄锐，待机而动。正因为我们的这种智谋，无论是多么强大的敌人，我们都可以从容应对，进退有方，使我们能在草原上立于不败之地。

——狼的自述

混淆视听干扰对手的判断力

狼的嚎叫声也许是动物界中最令对手胆寒的了，除了那种低沉而苍凉的声调之外，它所引起的共振可以将对手联络时的声音掩盖住，并且共振所引起的回荡效果非常显著，对手难以通过声音判断狼群的数量和所在位置，这就为狼的捕猎活动提供了非常大的帮助。

狼的这种混淆视听，干扰敌人判断力的战术为千百年来军事家们所欣赏，并且多次运用到实战中来，经过实践证明，这种战术是非常奏效的。

在第二次世界大战的北非战场上，英国名将蒙哥马利就利用这种战术，精心设计了一场大骗局，和德国名将隆美尔上演了一出"狼猎狐"的好戏。

狡猾的"沙漠之狐"隆美尔是北非战场上盟国联军的噩梦，他所率领的德国精锐装甲部队在北非战场上所向披靡，本来面对战斗力羸弱的意大利军队，盟军很轻松就可以取胜，但是隆美尔率军参战后，盟军节节败退，德军甚至进攻到了距离埃及首府开罗只有几百千米的地方，而同时苏德战场上具有决定性意义的斯大林格勒战役正在火如荼地进行着，如果北非战场失败，无疑是对盟国士气的一个重大打击。

关键时刻，蒙哥马利临危受命，他运用狼一样的战术，狠狠地教训了这只"沙漠之狐"，使北非战场形势转危为安，其中尤以阿拉曼战役最为著名，战役的胜利保证了盟军从中东通往这条供应线的畅通，在士气上对盟军的意义更是非同小可。英国首相丘吉尔曾经这样评价阿拉曼战役："阿拉曼战役之前，我们每战必败，阿拉曼战役之后，我们战无不胜。"

由英国第八集团军司令蒙哥马利率领的盟军向德国隆美尔率领的德意联军非洲军团发起了进攻。经过将近半个月的激烈厮杀，盟军终于胜利地结束了整个战役。

为了保证战役的胜利，一代军事帅才蒙哥马利同样是费尽心机，最终将计就计，为自己的老对手隆美尔精心设计了连环套，为阿拉曼战役的胜利奠定了基础。他先是请伦敦监督处中东特派组的指挥官克拉克上校给隆美尔发了一封电报，电报以隆美尔在盟国内部安插的间谍"康多尔小组"的名义，称英军准备在阿拉曼防线南端的阿拉曼附近组织抵抗，但工事还没有建成，防御力量很薄弱，如发起进攻，很容易突破英军阵地。

几天后，克拉克又发出第二封电报，进一步报告了英军的防御命令。隆美尔对电报内容深信不疑。为进一步引诱隆美尔，打消他的顾虑，蒙哥马利还命令绘图员绘制了一张假地图，上面标明拉吉尔地区是一片"硬地"，便于装甲部队行动，并让德甘冈设法送到德国人手里。

为了干扰德军的情报和雷达系统，蒙哥马利甚至请来了当时的电影特效制作师，运用电影特技，制造出了盟军的主力正在远离这个地点的假象。

经过长期的了解观察后，隆美尔觉得这是一个天赐良机，他当然不想放过这个可以重创盟军的机会，于是他下达了进攻命令，想用突然袭击，以高速的装甲部队和猛烈的火力一举突破英军防线。出发不久，装甲部队陷入羸弱英军的一个新雷区中。隆美尔当机立断，立即命令工兵排雷，但此时空中突然出现了英军飞机，投下的照明弹将大地照得如同白昼，紧接着就是猛烈的轰炸。德军费了九牛二虎之力，挣扎着过了雷区。

这时隆美尔已经感觉到事情并不像他想象的那样，德军与英国装甲部队遭遇了，并且展开了激烈的交火。战斗中，隆美尔吃惊地发现，这里竟然有三个英国的装甲师，而原来的情报则报告说这里只有一个"规模较小"的装甲师。

隆美尔别无选择，只能一边拖住英国部队，一边硬着头皮前进，争取可以到达预先设计的地点，此时，地图上的"硬地"，逐渐变成了沙漠。几百辆坦克、装甲车和卡车在"硬地"上东倒西歪地挣扎着前进，原来快捷迅速的优势荡然无存，加上英国空军的飞机从早到晚不停地轰炸，德军死伤惨重，伤亡报告不停地送到隆美尔手上。

这时，一个更为沉重的打击到来了，隆美尔接到报告，说燃油即将耗尽，三艘油料供应船在离开意大利横渡地中海时，被已经取得制海权的英军击沉，而油料是装甲部队赖以生存的保障，无奈之下，隆美尔终于下达了总撤退的命令，结束了这场恐怖的阿拉曼战役。

盟军随后进行乘胜追击，随着蒙哥马利的一声令下，英军手中的数千门美制"谢尔曼"坦克炮弹齐发，共歼灭敌军5.5万人，击毁坦克装甲车350辆。但因英军冲击不果敢，行动比较慢，并且因为惧怕遭到隆美尔的埋伏，盟军并没有把德意联军全歼。尽管如此，这场阿拉曼战役仍是第二次世界大战非洲战场的重要转折点，它扭转了盟军的颓势，希特勒也因为谣言召回了隆美尔，从此，战争主动权落入盟军手中。

蒙哥马利通过一系列的蒙蔽、混淆视听的手段，将隆美尔一步步地引入他的圈套之中，等到由于判断失误，造成进退维谷的境地之时，即使是名将隆美尔，即使是德军现代化的装甲部队也是难以逃脱惨败而回的下场。因此，像狼一样，通过嚎叫声来混淆视听，干扰敌人判断力的计策在现实人类的社会中也不失为一种妙计。

即使是面对再凶悍的敌人，无论他多么身强体壮、反应敏捷、力量惊人，只要能够混淆或封锁住他的视听，他的这些优势就会立刻变得没有用武之地。届时，他只能凭空盲目地攻击，徒劳地耗费自身的体力，而这个时候我们所做的只是等待他灯枯油竭，再给予他致命的一击。

因此，当你面对那些看似难以战胜的对手时，要以自己的智慧找到对方重要而薄弱的地点，示之以弱，攻之以强，像狼一样，混淆对方的视听，以达到虚虚实实，迷惑对手的目的。

虚虚实实从心理上削弱敌人斗志

我们都知道藏獒是一种十分凶猛的犬类，由于体形庞大，它甚至敢于和老虎相搏，我国青藏高原上的牧民们常常用藏獒来护卫自己所养的牲畜，不过这并不是万无一失的，藏民常常还要亲自来看守牲畜群，这就是因为那里还有一种天生的猎手——狼。

按照常理来推断，如果是一只落单的狼，它是不可能从藏獒的眼皮底下夺走猎物的，除非它舍得以自己的生命为代价，这是聪明的狼所不会选择的，但是，牧民被一两只狼夺走牲畜的现象还是非常常见，这都要归罪于狼的一种智慧。

一只落单的狼远远地望着一群羊，羊群旁边有一只藏獒，体形有自身的两倍有余，目露凶光，斗志昂扬，这只狼会慢慢地踱步，看似悠闲地向羊群接近，直到藏獒向自己追来，它才迅速跑开，然后再一次慢悠悠地向羊群接近，直到再一次被藏獒驱赶。

往返数次之后，狼就会摸清藏獒可以"接受"自己距离羊群的范围，而且这个范围会随着狼数次的往返而逐渐缩短，并且藏獒也不是像刚开始几次一样那么威风凛凛、精神抖擞，它们对狼的"悠闲"感到了厌倦，丧失了警惕。此时它们并不知道眼前这只狼有多么迅捷，狼的虚虚实实已经大大地削弱了藏獒的斗志，等到藏獒一时不注意，狼就会猛地扑出去，冲向羊群中最弱小的那只，速战速决，干净利落，只留下刚刚缓过神来，想要追赶已经来不及了的藏獒。

"淝水之战"就是通过真假虚实的变化，在心理上削弱了对方斗志，从而以少胜多的一次经典战役。

公元383年，通过励精图治，在形式上已经统一北方的前秦国王苻坚不顾自己已故重臣王猛和弟弟苻融的反对，在存有异心的外族首领姚苌和慕容氏的撺掇下，决定率领军队讨伐东晋，以实现自己一统天下的梦想。

当时的前秦经过苻坚和已故丞相王猛的改革，国力已经十分强大，周围各族纷纷依从于它，但是由于北方自五胡大入侵开始便民族矛盾丛生，苻坚在短短的时间内只是完成了版图和形式上的统一，其中祸心包藏，但是此时苻坚已经不想再等待了，他发动了前秦嫡系军队30多万人，再加上各个从属民族的50多万人的军队，号称百万雄兵，浩浩荡荡地向东晋进发。

消息传来，东晋举国震惊，当时以谢安为首的主战派占了上风，他提出：前秦虽然看似兵力强大，但士兵大多数是外族人士，不愿为苻坚卖命，而且其中还有一些人想要趁机造苻坚的反，军队士气十分低落，再加上苻坚骄傲自大，没有认真地考察双方实力，并不知道东晋的实力如何，如果可以合理地运用虚实兵法和士气的影响，战胜看似强大的前秦是有可能的。

由于苻坚对自己军队的实力非常自信，他曾说过，如果把军队中的骑兵聚集起来，每个人都把鞭子扔到长江里的话，那么鞭子的数量足以将江水隔断。他并不知道对手东晋真正的实力有多大，谢安根据这一点，采取了应对的策略。

他先是命自己的子侄辈谢玄等人带领北府兵出战，北府兵是谢玄组建的一支较为精锐的部队，作风硬朗，战斗力比较强大，然而数量却只有不足10万人，仅凭这一支部队想要打败前秦是不可能的，但是他抓住了前秦军队防备松散、士气低落的特点，率领精锐的北府兵攻打前秦的小股部队，大获全胜，进一步打击了苻坚所率领部队的士气。

在取得了阶段性的胜利后，因为本身实力和前秦差距太大，谢玄并没有率军和苻坚直接交锋，而是命令军队在淝水的一侧据守，整顿军容，多造擂鼓、号角等助威器物，待到苻坚来到寿阳城的阵前时，观察东晋军队，只见对面军容齐整，士兵斗志昂扬，加上谢玄分散式的布阵，中间若隐若现的八公山上的草木，擂鼓助威时杀声震天，苻坚不禁心生惧意，对自己的手下说："都说东晋势力弱小，今天看来，实属谣言啊，这明明是一支劲旅。"苻坚所率领的各族士兵也都心生恐惧，产生了退却的念头。

在虚虚实实的计谋收到了成效之后，谢玄又开始实行他的第二条计策，他知道前秦军队内部有许多人心怀不轨，再加上低落的士气的作用，看似强大的百万雄兵也许是一个一触即溃的假象，因此可以借用这个机会，让他们产生内乱，让他们斗志全无。并且苻坚本人也急于求战，可以利用他的这一心理，运用奇计产生不可预料的变化。

由于两军隔河相持，双方进度缓慢，这时候如果前秦继续坚持这种利用庞大兵力的碾压式战术，东晋是毫无胜算的，这时谢玄派出使臣给苻坚送来了一封信，说两军相持许久，未分胜负，希望苻坚可以命令前秦的军队稍微后退一些，让出一些地盘让东晋军队渡河，然后再进行决战。

这正中了苻坚的下怀，本来苻坚就希望可以依靠自己的大军速战速决，如"秋风扫落叶"之势席卷东晋，再加上苻坚本人也对兵法颇有研究，他懂得"待其半渡而击之"的道理，希望等到东晋军队渡河渡到一半时，率领军队攻击它，于是很快就答应了谢玄的请求。

等到前秦军队稍微一后退，原来被前秦军队俘虏的东晋将士就大声喊道："秦军败了，秦军败了。"由于不知道东晋军队的深浅，再加上军队阵型正在向后移动，各个少数民族的士兵还以为真的是前秦军队吃到了败仗，战意全无，纷纷自顾自的逃命，东晋军队乘势掩杀，逃亡的前秦军队人马互相践踏，死伤无数，苻坚的弟弟苻融也在乱军中被人杀死，由于斗志全无，苻坚在已经逃出很远之后，听到风吹动树木的声音和鹤唳的声音，还是吓得心惊胆战，以为是东晋军队追来了。

经过这场战役，东晋保存住了偏安一隅的希望，而前秦则从此一蹶不振，很快就分崩离析，北方再次陷入混乱之中。

淝水之战东晋的胜利启示我们：在双方尚未交手之时，可以通过虚虚实实的变化，让对方难以判断自己的实力，同时对自身的实力产生怀疑，这样就可以削弱他们的斗志，以达到战局向自己有利的方向发展甚至不战而屈人之兵。

在生活中同样如此，面对着阻碍我们获得成功的人，如果他的实力非常强大，通过实力的比拼难以达到目的，这时就应该学习狼的精神，采取虚虚实实的策略，敌进我退，敌驻我扰，敌疲我打，敌退我追。争取化劣势为优势，为最终战胜对手打下夯实的基础。

韬光养晦才能成功欺瞒敌人

通过科学家的研究表明，为了更好地求得生存空间，动物界之间是有所谓的"地盘"划分的，尤其是肉食动物，例如狮子、老虎、狼等，它们一般情况下会通过带有强烈性刺激味道的尿液或者粪便来划分"领地"，警告其他动物这里是属于它的领地，在这里捕食是不允许的。

而大自然中生存空间是有限的，因此争夺领地的行为便常有发生，甚至可以说，哪里有猎物的出现，哪里就有生存空间的争夺。

　　狼群虽然有着强大的战斗力，但是单个的狼是无法和狮子、老虎等大型猫科动物竞争的，而狼群经常要四散开来，寻找猎物聚集的场所，它们所找到的场所通常已经率先被狮子、老虎占领了。值得庆幸的是，狮子、老虎等动物通常都是独行，最多也只是以家族为单位，数量并不多，单个的狼根本无法和它们抗衡。

　　这个时候狼会通过嚎叫、排泄粪便等方式联络周围的伙伴，而狮子、老虎等这块领地的所有者则会向擅闯进来的狼发动驱赶式的进攻，这时候狼就会采取韬光养晦的策略，从来不和这块领地的所有者争夺食物，甚至忍饥挨饿也不去惹怒它们。

　　等到自己的狼群伙伴们到得差不多的时候，它们便不再忍耐了，已经成功通过欺瞒手段让对方上当的狼会转过头来开始骚扰和驱赶它的对手们，直到成功地占领了这个猎物的聚集地为止。

　　这种韬光养晦的策略不仅仅是狼所经常运用的，历史上有很多曾经因为种种原因而不得不暂时屈从于他人的人，他们都通过韬光养晦的策略，麻痹了对手，最终取得了成功。

　　历史上最为人们所熟知的关于韬光养晦的故事莫过于四大名著《三国演义》中曹操"青梅煮酒论英雄"这一段了，作者通过对曹操、刘备两人语言和行动的描写，生动地刻画了雄心勃勃的曹操和韬光养晦的刘备。

　　由于刘备没有自己的根据地，只能和关羽、张飞等人四处奔波寻找机会，当时他处在曹操帐下，曹操挟天子以令诸侯，令汉献帝敢怒而不敢言，刘备一行人也是默默地忍耐，尤其是许昌莆田围猎，曹操讨要天子宝弓，接受群臣祝贺的行为，更是明显的僭越，气得关羽怒目圆睁，就要上前斩曹操，多亏了刘备以眼神劝止。而汉献帝一直把刘备当做可以匡扶社稷的重臣看待，先是请出汉朝族谱，认为皇叔，后又加封赐爵，引起了曹操的警觉。

　　汉献帝为了汉朝社稷，亲自写了血书一封，以衣带诏的形式偷偷地给了刘备，刘备也是想要清除曹操，奈何自己势单力薄，并且寄人篱下，一不小心便有杀身之祸，再加上他感觉到曹操对自己已经有了怀疑之心，于是便想出了一个韬光养晦的法子来欺瞒曹操，每日在家中浇水种菜，好似胸无大志，就连关羽和张飞的劝说也被他推脱开了。

曹操还是放心不下刘备，因为他认定以刘备的才德必定不是甘愿久居人下的，便决定带上甲士去探访刘备，摸一摸他的真实意愿，如果刘备果真胸怀大志或者有背叛自己的意愿，立刻将他就地斩杀，不留后患。

有一日，在刘备接到汉献帝衣带诏后不久，曹操突然来访，而此时关羽和张飞两人却都不在身边，曹操一进门便哈哈大笑道："在家做得好大事。"把刘备吓得心头紧绷，如果接受衣带诏的事情被曹操发现，那么后果会不堪设想，身旁又无一人可以保护自己杀出重围，但他却极力克制住了自己的慌乱，紧接着曹操又说，"玄德学习种菜不易。"刘备才知道原来曹操并不知道自己接受了汉献帝的衣带诏，这次来访只是想试探一下自己，便装作很惭愧的样子对曹操说："在家没有事情做，种菜只是打发打发时间罢了。"然后把曹操请进了屋内。

随后，曹操命人用园中的青梅煮上几杯酒，和刘备对饮一番，曹操的目的很明确，就是想看看刘备到底有没有争夺天下的野心，于是便选了一个非常敏感的话题，和刘备聊起了"天下英雄"。

长期寄人篱下的刘备是一个非常懂得韬光养晦的人，他深知此时此刻自己必须懂得隐忍，不然若是被曹操察觉，一定是命丧当场，就谦虚地说道："刘备山野出身，天下英雄确实是没有见过。"曹操也具有常人所难以企及的大智慧，他接着问刘备："即使是没有见到过，也听说过他们的名字和事迹吧。"刘备先是说了四世三公的袁绍和兵精粮足的袁术二人，曹操都是一一反驳，认为他们称不上是他眼中的英雄，紧接着刘备又列举了孙策、刘表、刘璋等人，曹操仍然是摇头称否，最后刘备谦虚地说道："刘备学识浅薄，确实不知道天下英雄还有谁了。"这个时候，曹操突然哈哈大笑，然后盯着刘备说："天下英雄，只有你和我两个人而已。"刘备心里一紧张，手一哆嗦，手中的筷子突然掉在了地上，此时正好赶上天阴下雨，雷声滚滚，一声霹雳惊雷不期而至，刘备为了掩饰自己由于心慌而产生的失态，便和曹操说："这个雷声真吓人，把我手中的筷子都震掉了。"曹操问他："男子汉大丈夫还害怕雷声吗？"刘备说："天有不测风云，当然会害怕。"就这样，刘备通过韬光养晦的计策和机敏的反应，成功地蒙骗了曹操，为最后从曹操的控制下逃脱打下了基础。

刘备通过韬光养晦的策略，最终成功地"放开金锁走蛟龙"，从曹操的控制下逃脱的策略是值得我们去分析和学习的，在生活中我们也会经常遇到需要韬光养晦的时候。

狼在面对自己无法战胜的敌人时懂得韬光养晦，寻找突破的时机。在我们生活中，当我们面临的敌对势力非常强大的时候，也不妨学学狼的智慧，暂时屈从于他甚至加入他，了解和适应他的行为方式，并且在他放松警惕时，抓住我们所期盼的机会。

狼|性|法|则 ▶

用"欺骗"的手段暗中行动，精心设计一场"大骗局"，将自己的意图隐藏在明显的事物中，利用对手的错觉实现自己的目的，这种策略在竞争中往往非常奏效。

面临不利的境遇时，要懂得韬光养晦，隐忍以待，寻找突破的时机。

即使是面对再强大的对手，只要能够混淆它的视听，干扰它的判断，它的优势就会变得没有用武之地。

第十七章　调虎离山，攻其不备

> 追逐猎物仅仅靠猛跑是不够的，尤其在对付大群猎物的时候，需要的不仅仅是勇气。"伤敌一千，自损八百"的事情，我们是从来都不做的，我们喜欢使用群狼战术，以绝对优势战胜敌人，这也能避免我们自身的重大伤亡。我们在捕猎时，常常运用各种计谋，当敌人强大时，我们会避其锋芒，调虎离山，引诱对手离开它们的巢穴，然后寻找战机，在适当的时候攻其不备，给予它们以致命的一击。
>
> ——狼的自述

声东击西，攻其不备

由于狼是一种群体性非常强的动物，所以它们非常好地利用了一加一大于二的配合行为，当它们看到一只狮子正在享受它捕获的美餐时，想要从中分一杯羹的狼群就会派出几只狼拼命地在狮子身旁挑衅、吼叫，触碰属于狮子的食物，想要把狮子激怒，而一旦狮子上当，前去追赶这几只狼时，其他的狼就会一拥而上，在狮子返回之前，从猎物身上扯下尽量多的肉，然后马上逃之夭夭，不和强大而笨拙的狮子纠缠。

这种声东击西的战术不仅狼的一种生存策略，在人类的战争当中也由于它的显著效果而被广泛应用。

声东击西的战术不仅是忽东忽西，即打即离，也是想方设法制造假象，引诱敌人作出错误判断，然后集中优势乘机歼敌的策略。为了迷惑敌人的指挥人员，应该采用灵活机动的行动，似可为而不为，似不可为而为之，敌方就不能准确地判断我们的意图，被假象迷惑，判断迟缓延误战机或者作出错误的判断。

声东击西也是我国古代著名的三十六计中的其中一计，凝聚了千百年来先贤的智慧和总结，因此被历朝历代的人们所重视和采用。

东汉时期的班超就是使用声东击西计谋的典型代表，当时班超受皇帝之命，出使西域，希望可以将西域诸国团结起来，共同对抗北方强大的匈奴。而西域有相当多的国家看不起汉朝，并且受到匈奴的威压已久，不敢反抗匈奴甚至助纣为虐，尤以地处大漠西缘的莎车国为甚，它煽动周边小国，归附匈奴，拦截汉朝商队和使者来反对汉朝。班超决定擒贼先擒王，首先平定莎车，在西域诸国立威，莎车国王抵挡不住，向北方的龟兹求援，龟兹王亲率5万人马援救莎车国。而班超和他所联合的于阗等国的联军实力较弱，兵力只有2.5万人，在敌众我寡的情况下，想要通过硬拼是难以取胜的，必须采取智取的策略。

班超于是定下了声东击西的计策，为了迷惑敌人，他派人在军中散布对班超的不满言论，制造打不赢龟兹，军心浮动，要准备撤退的迹象，并且故意让莎车俘虏听得清清楚楚。并且在当天晚上命于阗大军向东撤退的时候，自己率部向西撤退，表面上显得十分慌乱，故意放听到自己口信的俘虏乘机脱逃。俘虏逃回莎车营中，把汉军慌忙撤退的消息报告给了龟兹王。龟兹王非常高兴，误认为班超惧怕自己而慌忙逃窜，想趁此机会将汉朝在西域的势力一网打尽，他亲自率一万精兵向西追杀班超，班超却是胸有成竹，趁夜幕笼罩大漠，敌人无法看到自己部队的行动时，撤退仅十里地就停下来，部队就地隐蔽，埋伏起来准备趁龟兹王率领重兵离开莎车之时杀一个回马枪。龟兹王求胜心切，率领追兵从班超隐蔽处飞驰而过，并没有发现身后班超的部队已经转身杀向了莎车国，班超立即把部队集合在一起，与事先约定的东路于阗人马，迅速回师夹击莎车国。班超的部队如从天而降，莎车由于失去了强援，猝不及防，迅速瓦解。莎车王也由于逃走不及，被班超俘虏，只得请求投降。而另一边龟兹王气势汹汹地追赶了一晚上，人困马乏却未见班超部队踪影，又听得莎车已被平定，人马伤亡惨重的报告，觉得大势已去，只得悻悻然返回龟兹，并且重新认识了汉朝的战斗力。

班超用声东击西的计策，为汉朝今后重新设立西域都护府，和东西方丝绸之路的重辟立下了不朽的功勋。

民族英雄郑成功收复台湾采用的也是声东击西之计。

郑成功为了收复被荷兰侵略者占据了十余年的台湾，亲自率领军队顺利登上澎湖岛。要占领台湾岛，赶走殖民军，必须先攻下赤嵌城，因为赤嵌城是登陆的门户，有了它就相当于踩上了登陆的跳板，郑成功积极收集情报，了解到攻打赤嵌城只有两条航道可进：一条是南面的航道，这条道港阔水深，船只可以畅通无阻，又较易登陆。荷兰殖民军在此设有重兵，建造有坚固的工事和密集的炮台，想要通过非常的困难。另一条是北面航道，直通鹿耳门。但是这条航道海水很浅，礁石密布，航通狭窄，大船难以顺利通过，并且狡猾的荷兰殖民者还用一些障碍物阻塞了航道，使登陆变得更加困难，但是这里的防守兵力相对比较薄弱，郑成功又进一步了解到，这条航道虽浅，但海水涨潮时，仍可以通大船。于是决定趁涨潮时先攻下鹿耳门，然后绕道到背后，居高临下冲锋，占领赤嵌城。

郑成功制订好了计划，就开始行动，他首先派出一些战舰，浩浩荡荡，擂鼓呐喊以壮声势，装作从南面的航道向赤嵌城发起进攻，荷兰殖民军急忙将大批军队调动过来，为了迷惑敌人，郑成功的部队声威浩大，杀声震天，炮火不断。如此一来，郑成功把殖民军的注意力全部吸引到了南面的航道上，而北航道上却是一片沉寂，殖民军以为平安无事，放松了警惕。在一个晴朗的夜晚，郑成功率领主力战舰悄悄地乘海水涨潮之时，以迅雷不及掩耳之势占领了鹿耳门，守军从梦中惊醒准备反击时发现周围全是郑成功的部队，只得投降，郑成功迅速进兵，从背后攻下了赤嵌城，居高临下，火炮齐发，荷兰殖民军被打得狼狈逃窜，台湾在阔别十余年后又回到了祖国的怀抱。

班超和郑成功的成功都证明了声东击西、以强攻弱是非常值得我们学习的一种计谋。不仅仅在战争当中，在生活中这种利用声东击西，避开敌人的强大部分而去攻击敌人的弱点，扬长避短、以强攻弱，也不失为一种获得成功的绝佳策略。

像狼使用的这种声东击西的策略，既可以顺利地取得想要的结果，还可以在受到最小损失的情况下，取得最大的收获。

找到敌人的弱点给予致命一击

狼是最善于寻找对手弱点的动物，它们会根据所面对敌人的特点制定不同的方针政策，然后再经过谨慎的设计给对手致命一击，因此我们很少看到狼因为捕猎失败而受到身体上的伤害。由于狼懂得攻击对手的弱点，所以即使是捕猎没有成功，狼也可以全身而退，这是狼在自然界中生存的重要手段之一。

经过分析寻找敌人的弱点之后，再给予它致命一击不仅仅是狼的一种天性，在历史上也有很多人通过寻找敌人的弱点，战胜了许多强大的敌人，他们的事迹至今仍然为人所称道。

"两桃杀三士"就是根据敌人的弱点给予致命一击的经典事例。齐景公时期，其国有古冶子、公孙接、田开疆三位勇将，他们人人勇气盖世，武艺高强，在战场上为国家立下了汗马功劳，这三个人意气相投，彼此结为异姓兄弟，当时的人们称他们为齐邦三杰。

但是后来由于他们三人自认为劳苦功高，于是变得十分的跋扈，欺凌齐国百姓，不把别的官员放在眼里，有时甚至连齐景公的面子也不给，齐景公有意除掉这三个人，而这三个人又手握兵权，威望还高，难以下手。

齐景公的重臣，我国古代的名相晏子也对他们三个人的所作所为深表忧虑，这三个人不讲究什么礼仪伦法，按照现在的情形来看，将来必定祸乱国家，晏子就去拜见齐景公，齐景公也有了这个想法很长时间了，现在自己最信任的晏子准备帮助自己，他很高兴，于是授权晏子全权准备这件事情。

晏子研究了这三个人性格上的弱点，三个人都是武夫出身，好勇斗狠，经常有意气之争，因此制订了一个计划，由齐景公宣来三位猛将，说要对他们至今所立下的功劳进行赏赐。

三人听说国君有赏，当然兴冲冲地前来。到了殿前，却只看到了华丽的金盘，盘子里是两个芳香扑鼻、娇艳欲滴的大桃子，三个勇士顿时流下了口水。晏子作出一副十分为难的样子对三个人说："国君最近从其他地方引种了一棵桃树，结成的果实大而饱满，芳香四溢，国君知道三位将军劳苦功高，就希望先赐给三位品尝，但是此棵树只结出两个桃子，国君于是命令我说把桃子赐给三位将军中功劳最大的两个人。"

公孙接性子非常急躁，马上抢着说："想当年我曾伴随国君在密林捕杀野猪，也曾在山中搏杀猛虎，我的勇猛现在还在山林间回荡着，这样我还得不到一个桃子吗？"于是他大大方方地取走了一个桃子吃了起来。

田开疆看公孙接这么不客气，气坏了，说道："真正的勇士，应该能够保家卫国,击退来犯的敌人,在战场上立威,我曾两次领兵作战,在纷飞的战火中击败敌军,守护齐地的人民,捍卫齐国的尊严,这么大的功劳难道还配不上一个桃子吗?"于是他也取过一个桃子,自顾自地吃了起来。

古冶子由于刚开始谦让了两位朋友一下,结果眨眼间桃子全被他的两位朋友夺走了,倒不是桃子本身有多么重要,而是它代表了功劳和地位,古冶子难以咽下这口气,大声说道:"你们两人杀过猛虎,上过战场,功劳真高啊,要知道我当年陪伴国君渡过黄河,途中一只鳄鱼从水中蹿出,一口咬住了国君的马车,拖入河水中,其他人都吓得不敢上前,唯独我为了让国君安心,跳入水中只身和这个庞然大物搏斗,国君才得以逃脱。为了追杀它,我游出九里远,最终斩下了它的头来献给国君压惊,像我这样,是勇敢不如你们,还是功劳不如你们呢?可是如今桃子却被你们二人所获。"他拔出自己的宝剑,一怒之下砍断了桌子的一角。前两人听后,不由得满脸羞愧:"论勇猛,古冶子自己一个人在水中搏杀半日,我们难以企及;论功劳,古冶子保护了国君的安全,我们也赶不上。但我们却先抢夺了桃子,让真正有大功的人什么也得不到,这是我们的耻辱啊,暴露了我们的无耻和贪婪。"他们都是那种认为荣誉比生命还重要的人,此时觉得做了无耻的事,便羞愧难当,于是立刻拔剑自刎!

古冶子看到倒在地上的两人,先是惊讶,然后也开始痛悔:"我们本是朋友,可是为了意气之争,他们死了,我还活着,这就是不仁;我用话语来吹捧自己,羞辱朋友,这是不义;觉得自己做了错事,感到悔恨,却又不敢追随两位的脚步,这是不勇,如今两位将军已死,我也不能苟活在这世上。"于是他也拔剑自刎。

晏子通过寻找这三个人的弱点,利用计谋不费吹灰之力就除去了心腹大患,使齐国可以继续长治久安地发展下去,他的这种像狼一样善于在强大的敌人身上寻找弱点,制订计划最终一举成功,给予敌人致命一击的策略是值得我们学习的。

任何事物都不是完美的,因此你所面对的敌人也有弱点,只要把握得好,巧妙地运用智慧来牵制敌人的弱点,成功就会很顺利地到来。

狼|性|法|则 ▶

调虎离山，可以转移对手的注意力，引诱对手作出错误的判断，当对手行动混乱之际，就可以乘机出击，打败对手。

声东击西，避开敌人的强大部分而去攻击敌人的弱点、扬长避短、以强攻弱，是一种获得成功的绝佳策略。

强攻和智取之间，应选择声东击西的智取，这样可以最小的代价获取最大的战果。

善于寻找对手的弱点，根据对手的特点制定不同的战略战术，然后在电光火石间给对手致命一击。

第六篇

能者为王，铁血领袖

统驭部属的狼王卓越领导艺术

作为群体性肉食动物，狼有着森严的等级制度和超强的团队协作能力。这样一支优秀的团队同样拥有最卓越的领导——狼王。狼王是一个群体里身体最强壮，生存智慧最高超的那一只，狼王的称号意味着可以拥有众多母狼和优先的饮食权。狼王通常会走在狼群的最前面，在它的带领下，对狼群的每一项计划作出明确分工，并付诸实施。每条公狼都有权利向狼王宣战，实现"物竞天择，适者生存"的自然法则，成为狼王并非易事，想要很好地领导狼群更是充满挑战。

第十八章 以德服众,聚合人心

作为一只狼王,从众多公狼中脱颖而出,我时刻要准备面对各种挑战,来自团队的公狼的挑战以及外界对手的挑战。我之所以每次都能化险为夷,依靠的不仅仅是实力和权威,成功的狼王都懂得一个道理——征服下属不仅仅是依靠自己强壮的体格,更重要的是要有深孚众望的品德。当我要做什么事却不能达成愿望的时候,我不会去怨天尤人,也不会责备下属,而是从自己的思想、语言和行为方面寻求造成这种结果的原因,从而改变自己,领导下属自觉自愿地去执行任务。

——狼的自述

以身作则,律己才能律人

狼群有着严格的纪律,成年后的公狼可以挑战狼王,但过程中不允许有不公平发生,母狼们站在一边观看,监督整个打斗的过程,如果挑战成功,那么群狼就会尊它为新狼王,失败者要么死亡,要么受伤离开狼群。

"成者为王,败者为寇",狼王争夺战便是这句话的真实演绎,即使输掉王位,头狼也不会越雷池一步,利用狼王的权力限制其他强壮的公狼争夺王位,做破坏纪律损害纪律的事。这样铁打一样的纪律旺盛了狼族的生命力,每位新狼王对于纪律都是绝对遵守,所以狼群中不断有更强更优秀的领导者诞生,淘汰那些实力衰落的曾经的权威,为狼群谋取新的生路,带领狼群化解危难,使整个狼族在岁月的冲刷下自如地繁衍生息。

狼群的这种纪律,本质上就是"天子犯法与庶民同罪"的翻版,不论是谁,只要触犯了大众的利益,或是共同约定的条款,都将受到应有的惩罚。千百年的进化中,深谙此法的狼群在没有信仰、没有文化、没有语言的不利条件下,依靠一套铁打的纪律,克服艰难险阻,终于获得了今天与人类长久共存的机会,并以持续的动力顽强地生存在地球上。

在我们的工作生活中,围绕着领导权力与纪律这个主题,每天都会发生一些关于遵守纪律、违反纪律的小事,看似小事,实则不小,它很大程度上反映着一个工作单位的精神风气,反映着一座城市的文化氛围,反映着一个民族的格局高低。

有一次,周恩来总理去北戴河,需要看世界地图和一些书籍。工作人员给北戴河文化馆打电话,转告对方说有位领导要看世界地图和其他一些书籍。接电话的小黄回答:"我们有规定,图书不外借,要看请自己来。"周恩来便冒雨到图书馆借书。小黄一见是周总理,心里很懊悔,总理和蔼地说:"无论谁都要遵守制度。"

俗话说:无规矩不成方圆。故事中,周总理为这句话作了最佳的诠释。倘若周总理借用自身的权力获取一时便利,那么纪律在小黄心中便没有了标准,认为高官强权惹不起,纪律约束不得,之后再有人利用领导的名义谋取私人便利,看管人员就失去了执行力,一些喜好浑水摸鱼的人,很可能趁此时机做出非法的事,不仅损害文化馆的形象,而且还可能造成极为不良的后果。

一个学校没有纪律,学生们就不知道依照什么样的准则去行事;国家没有纪律,人们就将迷失于是非善恶的海洋。周恩来身为国家总理,通过特殊的方式获得自己需要的资源也无可厚非,而周总理没有这样做,他以身作则,维护了纪律的威严,为所有后来者立下了榜样,他也得到了广大人民的爱戴与拥护。

纪律就好比航线,一旦飞机、轮船不按照预定的航线行驶,看上去它们有了自由,可以任意而行,实际上它们长久地失去了方向,再也不知道该前往哪里。作为一个领导者,遵守纪律或许不会直接得到好处,但是一旦搞特殊化,凌驾于纪律之上,立马就会见到坏处。

某广告公司在 A 领导的带领下,整个团队变得越来越优秀,成为多家公司的稳定合作伙伴,员工们每日斗志昂扬,灵感不断,在业内受到一致好评。之所以一枝独秀,正因为该公司有一条明文规定:公司所接任务必经全体成员开会讨论通过,方可执行。不过有一次,A 领导在重金的吸引下,置公司的纪律于不顾,私自接下一个任务,在没有通知的情况下,这个任务就交到了员工的手上，进入制作阶段，结果可想而知，不但这个大任务彻底失败，该公司的客户资源也出现松动，员工三两离职，后来公司业绩也变得越来越差。

作为狼王，A领导急功近利，想要获取更大的经济利益，却忽视了团队的纪律。这时，他如果能够及时与部下沟通，在纪律的框架内开展新业务，这件事很可能给所有人都带去更大益处，还能够让团队更快成长。但领导没有这样，他依仗个人权势，私下作决定，给他人造成了不好的心理暗示，让人觉得只要有权力就可以乱来，可以私下接任务，权力在纪律之上，只要领导满意的就可以强加给大家，在这样的队伍里长期待下去，员工没了发言权，成了附属品，当然没人愿意获得这样的待遇。A领导一失足成千古恨，最初强大是因为领导者制定的纪律有效，最后失败也是因为领导者带头破坏纪律，整个团队的纪律被破坏后，也宣告着团队凝聚力的衰竭，不得不让人感到遗憾。

强大的狼族如果没有明确的分工，没有严格的纪律，那么再强壮的狼王也无法使狼族命运得到延续，在不断恶劣的竞争环境中，被淘汰只是时间早晚的事，因为没有纪律的狼族就是一盘散沙，无法形成合力就等于末路。

狼的智慧就在于，纪律面前人人平等，或许它们起初并不懂得为何要这样做，但是它们长久坚持。狼王的职责是为狼群服务，而不是攫取其他成员的果实，或者出于私心与利欲摆布其他成员。

通过两则故事我们也可以得知，凌驾于纪律之上的领导，自然要被纪律所淘汰，在纪律面前任何武断专横的"独狼"行为都是自取灭亡的前兆。

德高才能服众，以魅力征服下属

狼被人们视为凶狠、残暴的动物，周身充满着野性，极其难以驯服，这种顽强的抗争精神让它们在自然界中得以生存，也同样留下了"冷血"的恶名。食肉动物中，人类驯服了所有的猎食者，但唯一的例外就是狼。

一口锋牙利齿，外加狡诈的眼神，雪域或草原中疯狂地追赶着猎物，这就是人们对狼的全部印象，狼群更多时候展现的是冰冷。实际上并非如此，狼群有着它们独特的道德标准，就拿狼王来说，它不仅是狼群中力量最强壮的、经验最丰富的，它同样也要具备极高的"狼德"，这样才能获得其他成员的认可。

每次团队的捕猎行动中，狼王都要走在队伍的最前面，充当着引路人、开拓者的形象。在捕猎任务进行前，要制订具体周密的计划，调动狼群的积极性，协同作战，通过不断的眼神、肢体、气味、吼叫等深度交流，做到以德服众后，狼王才真正的被狼群接受，反之，便会有新的公狼挑战狼王，替代它的位置。

一只狼王想要在狼群中立足要靠"狼德"，同样，作为一个领导来讲，在团队中具备超人的经验、能力虽然必不可少，但最为关键的仍然是"仁德"。多数员工都会期盼着自己的领导德行兼备、一身正气，而不会希望自己的领导蝇营狗苟、奸诈市井，所以说，有"仁德"或许不意味领导能获得大成功，但没有这一点领导绝对很失败。

秦朝末年，刘邦和项羽分别率领部队攻打秦军，秦都咸阳率先被刘邦攻破，当时，听闻刘邦要进城，百姓们都显得人心惶惶。所有人都知道刘邦的恶名，当初在崤山生活的刘邦，异常爱好钱财，贪恋女色，且烧杀抢掠之事常有耳闻，性质与土匪无大区别。于是，城内百姓纷纷躲避，不多日咸阳彻底沦陷，不过百姓们想象中的暴徒行为并未发生，刘邦的队伍进城后，井然有序，正气凛然，不破坏百姓一处住房、不征收百姓半点粮食，不抢夺秦朝任何的财宝。不仅如此，军队在城内停留不多日，便全部撤走，退守到霸上，这样的举动让百姓异常诧异，后来得知，刘邦在进城前就对军队约法三章，规定万万不可危害百姓利益，百姓对刘邦的看法也因此大为好转，认为他是个有德行的统帅，希望得到他的领导。随后，楚汉之争时期，兵马不如项羽强壮的刘邦，依托着广大的群众基础，上演了一幕幕以弱胜强的好戏，几度处于下风最终都能转危为安，并战胜了不可一世的西楚霸王，成就了汉朝的盛世伟业。

有什么样的领袖就有什么样的士兵、什么样的子民，领导的品德直接影响着他的属下，刘邦作为军队的狼王，进城后善行恶举只在一念之间，他的一声令下就决定着城中万千百姓的生死存亡。他选择了对下属约法三章，坚决维护群众利益，不动百姓一粮一草，展现出高超的品德和强大的领导魅力，与此同时，他也最大限度地赢得了民心。倘若进城后他放任自己的部队为所欲为，必然会激起民愤，没有百姓的协助，在后期与项羽的对决中，显然难以取胜。所谓人心向背定成败，刘邦认识到他是百姓利益的维护者，要以维护百姓利益为出发点打天下，这让百姓吃了定心丸，百姓盼着他成为皇帝，最终他如愿以偿征服了天下。

古人曾经说过，"德，国家之基也"，"德惟治，否德乱"。这样的话的确意味深长，丧失了道德，没有了高尚的品格，再强大的军事实力也无法维持统治，终将走向灭亡。作为领导，就是民众的一面旗帜，而民众就是当权者的镜子，当领导内心恶毒，无德无信时，民众也会表现出一样的品行。可见，德行对于一个领导的重要性，自我德行与魅力的加强是成为优秀领导者的不二法门。

同样是抗秦时期，霸上刘邦的部队只有10万人，而刚刚大胜的项羽则拥有40万人，实力之悬殊可见一斑，不过这样悬殊的实力却没能使项羽获得胜利。项羽的士兵各个骁勇善战，以一敌十，战场上以少胜多的战役比比皆是，最终在巨鹿之战，彻底击溃了秦军的主力部队。可是，在不断攻打秦军的同时，每占领一座城池，士兵都会极力搜刮城内的财宝，掠夺百姓的粮食，项羽更是一把火烧掉了富丽堂皇、雄伟异常的阿房宫，种种劣迹让百姓从根本上对这支队伍失去了信心。项羽被称西楚霸王后，大战刘邦，经过四年多的拉锯战，最终败给以少胜多的刘邦，自己也在垓下自刎。

刘邦曾经也是个不入流的小辈人物，可关键时刻，他觉悟到德行与魅力的重要性，赢得了众人的支持。而出身名门的项羽，在占绝对优势的情况下，却忘却了德行的致命性，没能以德行和魅力去感召他的属下，虽然他的队伍十分善战，却是一支没有德行、不受百姓待见的队伍，失去了道德的依托，项羽的优势终急转直下，最终落得一场空，没了江山，没了命。

三国战乱时期，刘备曾意味深长地对儿子说："勿以恶小而为之，勿以善小而不为。"为与不为之间，体现了一个朴素的辩证法。刘备作为一个优秀的领导，他的话给我们很大的启发，以德服人，就要谨小慎微，点滴起步，持之以恒。每一件小的坏事都是一粒种子，一天不去铲除，日积月累，小事就长成了一个大大的恶果，到时候后悔也来不及。同样的道理，很小的一件善事，一直坚持去做，自然也收获美好的结局。由此可见，好的德行是积少成多的过程，是一种稳固的价值，让人见到就想要亲近它、拥护它，在这样不断地自我完善下，最终成为具有美德的人，成为让人心服口服的非凡领导。

自然的环境千变万化，狼王通过与狼群不断地深入交流，让伙伴认知到自身的良好品行，从而稳固自身的地位，实现自身价值，发挥自己的热能。而在人类社会,世人千人千面,千人千心,为了生存,人们练就了各种各样的生存技巧,庞杂而纷繁,而作为领导,需要具备狼王的德行,唯有以诚相待,以德相待,复杂的事物才会变得简单,私心杂念、尔虞我诈才会消除,做到以不变应万变。

爱人者,人恒爱之;敬人者,人恒敬之。美德才是领导人心的根本力量,只有至精至诚,方能引动众人。

宽容大度是领导者必备的品质

狼嚎对于人类来说是一种危险的兆头,如果在广阔的草原上听到这样的声音,很有可能是狼王发出了聚集所有成员开始捕猎的信号。而事实上,狼嚎还有一种用途,那就是打破一切等级界限。狼群会选择合适的时间、场合和机会在一起嚎叫,这意味着所有森严的等级在这一时段暂停,一切等级界限都消失,狼展现出内心最真实的声音。在这样的夜里,没有哪一种声音能与狼群异乎寻常的嚎叫相比,那种阴森、凄楚的调子,既可怕又动听,充满魅惑。

狼王虽然是狼群至高的领导者,不过在一同嚎叫时,它也是一名普通的队员,从这个角度看,未尝不是一种宽容的气度,狼王通过这样的方式,直接了解每个队员内心真实的感受,从而制定更为具体的分工措施,让整个狼群变得更加团结。

现实工作中,对于一个团队来讲,"狼嚎"式的交流很大程度上可以密切成员关系。优秀的团队成员之间交流融洽,即使发生冲突和矛盾也能很好地处理,工作中可以做到取长补短,互相鼓励,共同提高,以最佳状态为全队作贡献,而这一切的掌控者便是团队的领导者。

心胸宽则能容,能容则众归,众归则才聚,才聚则团队强,这是团队取胜的根本,也是团队健康成长的基础。心胸宽则思路广,思路广则出路多,出路多则竞争力强,竞争力强则团队兴。什么样的领导手下有什么样的团队,一个领导如果懂得以上这些道理,势必能带出一支有大成就的团队。

古往今来,能成大业者必须具有过人的心胸。

战国期间,有一次楚庄王出征凯旋归来,在京师之中宴请文武百官时,风吹灭蜡烛的片刻,有一个人抓住了楚庄王爱妃许姬的衣袖,黑暗中许姬随手抓住对方的缨带,并要求庄王马上点燃蜡烛,严惩那人。不过,庄王却不动声色,相反他命令所有宴会人员都要解掉缨带,摘下帽子,畅怀痛饮,大家尽欢而散。这就是楚庄王的超人之处。他在兴兵讨伐郑国时，手下一名叫唐狡的步将，十分骁勇善战，威震敌胆，取得了显赫战功，庄王对他进行了重赏，唐狡却婉言拒绝了。庄王对此非常惊讶，并且问他为什么。唐狡说出了缘由，告诉庄王宴会上是他抓了许姬的衣袖，大王却没有因此判他死罪，他感恩不尽，所以愿意用命作为对大王的回报。

正是楚庄王宽广的胸怀，才获取了唐狡殊死奋战的回报。领导者在团队充当的角色就是楚庄王，在团队管理中要允许他人犯错，要有谅解他人缺点的心胸，这样才能牢牢笼络人心，成为众人推崇的王者。

作为团队的灵魂，领导带头树立人人为我，我为人人的观念，使得整个团队具备了强大的凝聚力，不失为团队管理的上上策。强调个体价值的时代，每个人都有自己的想法，如果每个人都依照个人的方式行事，团队必将四分五裂。所以说，唯有相互包容，才能共同成长。唯有能容人，才能被他人所容，毕竟没有人愿意主动走"独狼"路。

有了宽大的胸怀便有了处事的基础，有了获取大成的基础，身为团队领导者容人便是必备的品质。心中能容一个班的人，职位就是班长。能容一个团的人，职位就是团长。能容亿万人的人，才是真正的首脑和领袖。现代企业家和团队领导者就是要以领袖、首脑的心胸来激励自己，才能够符合企业发展的需要。

现如今，优秀的领导者们倡导三个字：才、德、胸。高端的人，胸怀是衡量的第一标准；中端的人，品德是衡量的第一标准；低端的人，才能是衡量的第一标准。每个人都有可塑性，任何一个人，都不能要求他变成什么样的人，只有他通过他本人不断的进取和锻炼，才知道自己会成长为什么样的人。

一名优秀的领导者，首先要具备的素质便是宽广的胸怀。胸怀的大小常常是一个人成就大小的主要因素，一个人心胸越开阔，他所能容忍的事就越多，他的处事之道同样也会很深刻。

俗话说"巧妇难为无米之炊"，人才是创造价值的驱动力，每个团队都需要人才，但在提倡个性的时代里，一旦遇到有个性的人才，如何留住他便成了首要问题，任何一名领导者都要面对这样的考验。这时，想要做到人尽其才，物尽其用，首先就要学会宽容。

但凡有大成就的领导者，必是胸怀宽广之人，这种优秀的品质在他们未成功之前已被深植于心，他们不仅对下属表现出宽容，而且能够对所有人同样宽容，宽阔的胸怀让他们能够看得远，想问题有高度，做事能够从大局出发，从而能够稳稳地掌控局势。

常言道"志存高远"，说的便是胸怀，不被琐碎小事所左右，不为他人言论所影响，不利局面下能够做到临危不乱，淡定自若。能够用不同的人去做不同的事，做到真正的人尽其才。有大成就的人，善于发现利用有才有德的人，他只求一个最终的成功，绝不会以点盖面，因为个别缺点而否认全部。

狼的团队之所以非常和谐，并不是因为简单的纪律约束，这其后也蕴涵着狼王的胸怀和高超领导艺术，只有在这样的指挥下，狼群才能够实现长久兴旺。

所以说，一个领导者心胸有多大，事业便有多大；思想有多深，未来就有多远。未来的竞争，决胜于胸怀，胸怀的度量是一个领导优秀与否的最终标准。所谓"锐气藏于胸，和气浮于面"，虚怀中充盈，谦逊中完善，能做到如此虚怀若谷的领导者必定事半功倍，享有大成。

狼｜性｜法｜则 ▶

一片叶子终生的追求便是与大地相拥，一滴水世代的理想便是流向大海，没有叶子和水滴的理想没关系，只要你拥有海和大地般的胸怀。

一支优秀的团队必然是一个宽容的团队，能够凝聚各方力量的团队，能够观察到个人优点和缺点的团队，只有这样全方位的看待，才能在竞争激烈的社会中拧成一股绳，实现共赢。

你可以没有学历，没有经验，没有背景，因为这只会影响你立足的稳度，但只要你有容纳天下的气度，那么，你便可以长久地与成功接壤。

一名优秀的领导者，首先具备的素质便是宽广的胸怀。

每个人眼里世界的颜色都不同，一种颜色本身难免显得单调，只有多种颜色相互组合，才能创造出奇幻的效果。

第十九章　用人不疑，适当放权

"经营之神"松下幸之助说过这样的话："如果一个管理者认为他的职务权力只能由他个人行使，那就没有一个人有能力胜任其工作……在现实生活中，没有一个管理者能够不通过别人的帮助而获得成功。"这条管理法则在我们狼群中同样适用，狼王的命令下达之后，便会放手让下面的狼去做，给予它所有的信任，并相信它们可以完美地完成任务。再强大的狼王，也不可能承担整个狼群能干的事情，所以我们狼王总是尽可能地下放权力，分配任务，让下面的狼充分地施展自己的能力，发挥自己的特长。

——狼的自述

知人善任方能发挥他人所长

在狼王的战术安排下，狼群中的每匹狼都十分明白自己的作用，关键时刻到来，每个成员都能准确地领会团队的需要。

在围猎动物时，狼群有非常讲究的方法，它们从不慌乱追逐、吼叫震慑。狼群知道那样只能是浪费不必要的体能，它们会根据每个成员的特点去安排进攻套路，制定好适宜的战略后，通过相互间不断的沟通与配合实践任务。

所以，狼的团队里不存在生不逢时的困惑感，不存在个人主义的英雄，有的就是人尽其才，各得其所的集体效用。在寒冷的夜晚里，月光将清辉洒满大地，狼群的成员昂首站立在高山的巨石之上，发出一两声长啸，它们传达出的信息是：在这支优秀的团队里，我们每个成员都是最独特的个体。

狼王虽然不懂知人善任这个道理，但是它懂得量力而行，依照每个个体的具体情况制定相应战术。这样在追捕的任务中，每个个体都是整体的一环，轻易就将个体的效能最大化，将整个团队的效能最大化，排除了争功推过的可能，不存在谁的功劳多，谁的功劳少，因为少了任何一环猎杀行动都可能会失败。

飞速发展的信息时代，人才即意味着财富，各行各业都求贤若渴，可当人才真正来临时，作为领导者却失去了判断能力，无法找到鉴别人才的标准，最终在错误的方法中苦苦慨叹，一贤难求。

面对这样尴尬的局面，孔子讲施政时曾这样说过："为政以德，譬如北辰。"这里的北辰，是指北极星，众多星体围绕着它。显而易见，北极星的位置是永远不动的，北极星外围的是北斗七星，它们围绕着北极星旋转。北斗七星在动，而北极星不动；从管理角度讲，这句话告诉我们的道理就是：领导是核心，无须去动，领导艺术的关键在于要让他身边的下属动起来。

由此可知，如果国君具有这样知人善任的智慧，合理调配部下，发现每个部下身上的专能加以利用，那么，他所领导的国家定会成为所有人才梦寐以求的归宿，成为令对手闻风丧胆的团体，成为最强盛的国度。

在一次晚宴中，唐太宗饶有兴致地对王珪说："你擅长识别人才，特别擅长评论。你不妨从房玄龄等人开始，都——点评一番，说说他们的优缺点，同时与他们互相对比一下，你在哪些方面优过他们？"

王珪回应说："孜孜不倦地办公，日理万机，凡所知道的事没有不全心全意地去做，在这方面我不如房玄龄。经常能留心于向皇上纳谏，认为皇上能力、德行比不上尧舜有失国君威望，这方面我不如魏征。文武双全，既能在外带兵打仗做将军，又能回到朝廷做管理担任宰相，在这方面，我不如李靖。向皇上报告国家公务，详细明白，宣布皇上的命令或者转达下属官员的汇报，能坚持做到公正公开，在这方面我不如温彦博。处理繁重的事务，解决难题，办事有条不紊，这方面我也不如戴胄。至于批判贪官污吏，表扬清正廉洁，疾恶如仇，好善喜乐，这方面和其他几位能人比对来说，我还算有一技之长。"唐太宗十分认可他的话，而大臣们也认为王珪说出了他们的全部心声，都认为这样的评价非常准确，对国家有益。

从王珪这段评论可以看出，唐太宗就是北极星，房玄龄、魏征、李靖、温彦博、戴胄等就如同北斗七星围绕着他。他的团队中，人人都有所长；可更为重要的是唐太宗将这些人依其专长运用到最恰当的职位，使他们的长处都能得到自由发挥，进一步使得整个国家繁荣富强。

任何事物未来的发展都充满变化，绝对不可能是一种固定模式运作，作为领导，必须依照经营管理的需要打造不同风格的团队。所以，学会怎样组织团队，怎样掌握及管理团队，就成为领导的必备能力。领导应以每个员工的专项为突破口，派任适宜的位置，并综合员工的优缺点，作出灵活调整，使团队发挥最大的潜能。

光绪年间，朝廷命李鸿章创建北洋水师，他从国外购置了多艘战舰，每天练习。由于未受过正规的海军训练，北洋海军提督丁汝昌一时难以使舰队形成真正的战斗力。

海军人才匮乏的现状让李鸿章只能求才异域，聘用当时的英国海军军官琅威理做北洋水师总教习，北洋水师也被一步步训练成为威震四方的"虎狼之师"。醇亲王奕環阅军时看到水师训练成效显著，颁发琅威理"提督"荣誉名衔。由于调度部队的需要，琅威理就经常以"副提督"自称，却招来小人非议，传言说琅威理是"飞扬跋扈，一心揽权"。

在1890年年初，水师提督丁汝昌去法国办事。当时任总兵的刘步蟾要从旗舰"定远"号上降下提督旗，将自己的总兵旗升上。琅威理认为这样做不合理，随后与刘步蟾发生激烈的争执。

李鸿章得知消息后，他认为琅威理总归是外国人，担心其举兵谋反；而刘步蟾则不同，是土生土长的本国将领，还是自己的亲信，就回信指示"以刘为是"，直接答应了刘步蟾的请求。

这样的决定挫伤了琅威理的自尊心，随后他便辞职离去。自此，北洋海军纪律日渐松弛。舰队靠岸后，官兵开始建房纳妾、赌博、嫖妓，完全没有心思治军，日积月累，最终导致战舰上铁锈堆积，诸多武器无法使用。

1894年，爆发甲午战争。危急时刻，清政府开始怀念起琅威理，多次发函邀请琅威理回华帮扶北洋水师抗击日军，被琅威理果断拒绝。结果可想而知，北洋舰队被敌军全部消灭。

从此故事中可以看出，正是李鸿章的任人唯亲，导致了北洋海军的弃明投暗，从而使甲午海战彻底失败。倘若李鸿章能一直任用琅威理，不顾及国籍与远近亲疏的关系，继续操练海军，通过琅威理不断带来的先进训练管理模式使自身强大，假以时日，清朝就可能具备自己的训练体系，不再依仗英国军官琅威理的帮助。但得到一点甜头的李鸿章对此却戛然而止，把精力用在了狐疑琅威理的动机上，从而作出了愚蠢的判断，让一支本有希望御敌卫国的"虎狼之师"终究成为一堆破铜烂铁。

李鸿章显然不是优秀的领导，真正优秀的领导应该是部下的领航员，观其言，听其行，发挥其长处，包容其短处，突破有色眼光的局限，客观评价每个个体所展现出来的能力，从而为团队创造更大价值。如狼的团队一般，发挥每个个体的优势，保持团队的平衡，实现优质的集体猎杀，在这样的秩序里，领导与个体之间永远是稳固的协同作战关系。

所谓英雄不问出处，人才是推动事业发展的根本力量，一个人来自哪里并不重要，重要的是领导如何利用，发现他可以为团队做什么，进一步为其选择准确的位置，最终达到人尽其才，物尽其用的至高领导艺术。

善用权力，激发员工潜能

狼群中的每个成员对自身工作都是精益求精，在捕猎过程中，不论面对什么样的对手，什么样的困难，它们都能够坚持完成任务，从不轻言放弃，这种不懈的追求来源于它们认真的工作态度，只要狼群认准的事物，都会全情全心投入，不但展现出极大的热忱，也帮助它们的种族兴盛起来。

和狼一样，热忱对于每个人来说都极其重要，任何一个渴望成功的人，必需带有激情和热忱，这样才能确保个人全身心投入自己心爱的事业中去，不过太多次被成功拒之门外，从而让他们丧失了对热忱的认同，丧失了前进的动力。

相反，狼群从不会因为失败而丧失热忱，在与更强大对手的较量中，哪怕狼群全军覆没，也要拼到最后一刻。在食肉动物中，只有狼具有这样极致的追求，使得许多对手闻风丧胆，纷纷避开狼群。正是因为热忱，使得它们更加具有决心，让它们的意志变得更坚强，同时也更有力量，一次次通过行动把目标转化成现实。

热忱是一匹狼特有的品质，在热忱中狼看到自身的潜力、价值、希望。同样，无论一个人从事什么职业，热忱都是他个人最有价值的部分，很多人才之所以失败，很直接的原因就是对工作缺乏热忱，缺少由内而外的自发动力。

可这种热忱，这种动力在哪里可以找到呢？当然，一个领导者如何解决这些问题，直接决定了团队的成败与否，能够合理激发员工的动力，无异于是让团队如虎添翼。

蜀汉章武三年，刘备在永安托孤之后，整个蜀国的政权委任到了诸葛亮手中。刘备临终时曾嘱咐儿子刘禅，对待丞相诸葛亮要像父亲一样，尊敬爱戴。刘禅深明父亲的意思，不仅听从落实了刘备的遗愿，还给诸葛亮以加倍的优厚待遇。封其为武乡侯，领益州牧，蜀汉丞相外加益州州牧，刘禅将全部政权都交给了诸葛亮，还让诸葛亮拥有自己独立的办事机构。实质上，诸葛亮得到的待遇和曹操向皇帝"讨要"来的待遇几乎一样。

诸葛亮生前，刘禅从不过问政事，权力彻底下放给诸葛亮。丝毫不表现出帝王的样子，同时谎称自己做皇帝没心情，讨厌日理万机的生活。俗话说：害人之心不可有，防人之心不可无。刘禅此举是什么目的呢？他深知自身不才，难以将国家治理到最佳，倘若诸葛亮不帮助他辅佐国家，父亲给他的权力很可能被小人所用，到时候为祸国家，那才是大损失，所有国家大事让诸葛亮自行决断，恰恰避免了这种可能。很多人认为刘禅软弱无能，实际上他做到了明哲保身，虽然他并不算铁骨铮铮的好汉，甚至是忍辱偷生和乐不思蜀的代表。不过，正是由于他的积极放权，使得诸葛亮有了更大的动力治理国家，多次挥军北伐，鞠躬尽瘁，死而后已，让后期的蜀国一度有机会灭掉魏国。

蜀国失去了诸葛亮之后，刘禅依旧没有自我掌权，他首先废掉为诸葛亮独设的丞相制度，提出新的方案，命蒋琬为大司马，管理行政，兼管军事。命费祎为大将军，主抓军事，兼顾行政。这样，刘禅把诸葛亮生前一人的权力，妥善地交给了两个人，在刘禅的信任下，极大地激发了蒋琬和费祎的动力，使得蜀国粮仓充盈、兵强马壮，实力上一度超过另外两国。

从刘禅的团队可以看出，在绝对权力的触动下，谋略非凡的诸葛亮得以竭尽所能，为蜀国的安定誓死奔忙，让蜀国出现了一定程度上的繁荣与兴盛。而诸葛亮逝世后，权力顺利转交给蒋琬和费祎两人，两人更是各尽其才全心全意为蜀国效力，弥补了很多诸葛亮执政过程中的缺陷与不足，使得蜀国强大而稳定。这一切都离不开刘禅，正因为他的放权，激发了部下的巨大动力，激发了部下内心效忠的热忱，把国家的安危当成了个人的安危，把国家的命运与个人的命运紧紧系在了一起。

刘禅是明智的，他深知一点，拥有权力能够引发动力，在巨大动力的化学反应下，每个个体都能成为分属环节的最强者，披荆斩棘克服险阻，实现团体效益的最大化。

"士为知己者死，女为悦己者容"这句话说出了一个不争的事实，权力上的合理分配能够让集体的利益得到质的飞跃。

春秋时期有一名叫做豫让的晋国人，空有一身才华却无处施展，后来智伯收留了他，并且委以重任。不过好景不长，智伯的势力很快被仇家赵襄子消灭，赵襄子还用智伯的头骨当做酒杯。悲恸欲绝的豫让决定为智伯报仇。

他先通过改名换姓，假借罪犯的身份混入宫廷，企图借助维修厕所的机会，拿匕首杀死赵襄子，结果未能如愿。赵襄子顾忌到豫让愿意为故主复仇，是忠义之举，就直接赦免了豫让。

不过，豫让并没有因此放弃计划，他不惜用涂抹油漆的方式将自己变相、吞咽火炭的方式让自己变声，乔装完毕后，伺机为智伯报仇。于是，他寻觅到了第二次机会，豫让事先埋伏在一座桥下，准备等赵襄子队伍经过时刺杀他，但眼看就要成功之际，赵襄子的马却突然受到惊吓，狂跳起来，这使得豫让的计划再次失败。

在桥边，豫让被士兵围住后，赵襄子问豫让："你之前是范氏和中行氏的臣子，智伯把他们都杀掉了，你不为之前的两位主人报仇，反而去投靠智伯，这难道不算是卖主求荣吗？所以，你为何还要坚持说是为智伯报仇呢？你可以投靠我啊。"

豫让是这样回答的："我在范氏和中行氏手下效劳的时候，他们并不欣赏我的才能，只把我当成普通人而已，并没有特殊培养。但是智伯不一样，智伯非常重用我，把我当成优秀的人才，了解我的潜力，是我的知音，所以，替他报仇我义无反顾！"

自知此次无法赦免，豫让恳求赵襄子，希望他能把衣服脱下来借给他刺，这样便能死而无憾，赵襄子答应了他这个要求，随后，豫让连续向衣服刺了三次，然后自刎了。

可以看出，智伯给予豫让权力，屡不得志的豫让因此感恩戴德，即使领导智伯已经日落西山，甚至灭亡，豫让依旧誓死跟随，可见权力对于一个部下来说有多大的连锁效应。豫让的故事看上去是个体行为，根本上离不开智伯的知遇之恩，信任之举，而豫让视死如归的动力源头便是最初智伯对其权力的授予。

世上就怕认真两字！一个肯为领导出生入死的员工，相信任何一个领导都不会拒绝任用他，而豫让的例子告诉我们，这样的认真在团队里便来自于权力的授予。

狼的目标非常明确，并且会克服万难加以实现，因为狼的体内有源源不断的动力支撑，这种动力来自于严格的纪律与明确的分工。与狼相比，每个人都有同样的动力亟待挖掘，员工豫让近乎夸张的刺杀行为证明了一个道理：即便一时拥有权力，也会持久产生动力。

不敢放手永远培养不出会走路的孩子

在幼狼刚出生时，体重约为 400 克，眼睛需要 10 天后才能打开。看上去幼狼很像是小狗，长有淡青色或污褐色的厚软毛，在 4～8 周便可停奶，随后由父母进行喂养，主要是半消化后再吐出来的肉。到了两个月左右时，幼狼已经能跑出巢穴，3 个月大时能够跟随狼群四处乱跑。此后，就要开始学习猎食动物的方法。

通常情况下，母狼充当着幼狼的启蒙老师，教授给它各种捕猎技能，尽力让小狼具备独立适应环境的能力，然后果断地离开它。虽然这看上去有些残忍，但对于一匹优秀的狼来说，这是必须要经历的成长过渡期。

作为一名母亲可能很难接受这样的解释，而对于一名管理者，他一定记得管理学当中有一个木桶原理，大概说了这样一个问题：一个由许多块木板组合而成的木板，假设构成木桶的这些木板长短不齐，那么此木桶最长的板无法决定木桶的容量，而决定容量的是最短的那块木板。

在狼群中，刚有独立能力的幼子显然就是团队中的短板，面对这样的问题，幼狼的父母首先想到的不是亲情与血缘，它们想到的是团队的利益，所以它们会坚决地离开幼崽。因为狼深知，一个团队能力的强弱，和每一个狼成员息息相关，每支团队都像一个木桶，在狼的字典里，它们绝不能容忍任何一个成员成为最短的一板，而是必须齐心协力，发挥出自己最大的潜能，每个人都要做最长板。

在这样的制度里，幼狼们得到了自然界优胜劣汰法则的打磨，锻炼出铁骨铮铮，成为狼族真正的新希望。

母狼敢于放开手脚，让幼狼自己去自然界闯荡。而作为管理者，员工就是自己的"子女"，如何去发展他，如何去历练他，是否给员工权力，放手让员工发挥自身长处，都是团队成败的关键点。

楚国贵族屈原，名平，字原，于公元前340年诞生于秭归三闾乡乐平里。屈原自幼刻苦肯学，胸怀鸿鹄之志。早年楚怀王十分器重他，委任他为左徒、三闾大夫，他也常与怀王研讨国事，参加法律法规的制定，屈原主张章明法度，举贤任能，改革政治，联齐抗秦。同时主管外交事务，提出楚国要与齐国联合，一起抗衡秦国。主张"美政"。在屈原的努力下，楚国国力大为增强，楚怀王也更加信任他。

不过，以楚国公子子兰为首的一些贵族人员，非常嫉妒和憎恨屈原，时常会在怀王面前数落屈原的不是。说屈原十分武断专权，怀王根本不在他眼里。久而久之，参与挑拨的人渐渐多了，谗言满耳的怀王对屈原开始不满起来。此时，性格耿直的屈原已是有口莫辩，再加上楚怀王身边的一些亲信受到秦国使者张仪的贿赂，不仅阻止怀王接纳屈原的观点，并且让怀王疏远了屈原。

公元前305年，楚国彻底投入了秦国的怀抱，与秦国订立了黄棘之盟，屈原的反对没有起到任何效果。楚怀王身边的小人又编造了一些理由，说屈原写文章攻击楚怀王，楚怀王一怒之下将屈原逐出郢都，屈原从此开始了自己的流放生涯。后来，楚怀王被拐骗至秦国，死在了秦国的监狱里。顷襄王接任楚怀王后，屈原受迫害的命运依旧没有改变，又被驱逐到江南。公元前278年，楚国国都被秦国大将白起攻破，屈原的理想与抱负幻灭，自感前途渺茫无望，虽有满腔报国心，却无力改变残酷的现实，最终只好以死明志，当年五月五日投汨罗江自杀。

故事中，楚怀王掌有一国大权，如何分配手上的权力便是国家兴旺与否的根本，他将权力放手给屈原时，楚国政局稳定不说，还遏制了秦国吞灭六国的可能，不得不说是前景一片大好。而关键时刻，怀王却听信谗言收回屈原的权力，转而怀疑起屈原的动机与忠心。所谓自作孽不可活，抓得太紧的楚怀王正中小人下怀，不但导致国家利益遭受到重大损失，而且自己也搭上了性命。

类似的一幕仍然发生在战国时期，楚怀王去世的若干年后，赵国面临同样的选择，平原君为后人作出了不同的论据。

战国时期，赵都邯郸被秦国军队包围。赵王只好让平原君去说服楚王，让他与赵国联盟，发兵解救水深火热中的赵国。于是，平原君准备着手从3000多门客中选拔20人做随从同去，但选来选去只有19人符合标准，正在愁闷之中时，一名叫毛遂的门客向他自我推荐说："带上我吧！"平原君笑着说："有本领的人，无论到哪里，都如同锥子装在布袋中，势必会显露出尖锋来。不过你来赵国已有三年，从未听人说起你的大名，显然是无才能可言啊。"毛遂回应说："如果我早被装在布袋里，早就鹤立鸡群了，更岂止显现一点尖锋呢！"见他说得有理，平原君便把毛遂等20人带到了楚国。

平原君开门见山，直接请楚王联盟发兵，从早晨一直谈到中午，都无结果。随行的19个门客非常着急，却想不出好办法。

这时，毛遂按剑走上前去说："联盟的事情，有好处也有坏处，只不过是利害二字罢了，这样清晰为何还不快下决定！"楚王脸色突变，怒斥道："我在和你主人说话，你有什么资格到这里说话？还不快点给我退下！"

谁料毛遂不仅没有向后退，反而快步上前说："现在大王的性命掌握在我手上，你的十万兵马都没有用了！"自知理亏的楚王，害怕毛遂真的动粗，一时无话可说。毛遂紧跟着又说："实际上，楚国辽阔的疆土有五千里之多，几十万雄师，如此强大的国家，怎么还害怕秦国呢？楚王不同意楚赵联盟，难不成要等秦国逐个击破，坐以待毙吗？"楚王听后不停点头，最终答应与赵国签署盟约，出兵解围赵国。

面对无名小卒毛遂，起初平原君也是百般狐疑，不愿给他去楚国的权力，从平原君言语上的讥讽可以看出端倪，不过平原君与楚怀王不同，相比楚怀王的一味听信别人，关键时刻他仍在思考，而没有听信任何人的言语诱导，经过一番对话后，他确认毛遂确实有实力，值得一同带去，这样的判断也为赵国带来了生机，搭上末班车的毛遂果然依靠个人谋略拯救了赵国，让平原君收获了喜出望外的成果。

自然界是一位公平的老者，让幼狼面对生存法则淘汰的危险时，它也收获了挑战与机遇，对狼族种群未来的兴旺起到决定性作用，倘若幼狼一直接受狼群的庇护，那么很可能引发整个狼族的生存危机。

领导一个团队同样需要这样的智慧，收放得体，才能真正体验一个领导的至高境界，才决定着团队有多大的成就，事实上，领导者对待权力就如同放风筝，手抓得太紧，不把线放出去，风筝就永远飞不高，飞不远。

狼|性|法|则 ▶

人人都有所长，每个员工身上都有闪光点，管理者要能够知人善任，依据每个员工的专长将其配备到最恰当的职位，以做到人尽其才，才尽其用，发挥团队的整体潜能。

放手是一种智慧，更是一种艺术，使用权力好比手握一把沙子，若不想让沙子流失，就要顺其自然松紧有度，不要抓得太紧。

管理者要适当下放手中权力，放手让员工发挥自身的长处，历练自身的能力，这是团队成败的关键点。

第二十章　恩威并施，双管齐下

公平不是单一的平均分配，也不是残忍的弱肉强食。我们有着最科学的分配制度，让奋勇当先者分到最多的食物，让畏缩懒散者啃剩余的骨头和残渣。要真正调动狼群中每只狼的积极性，就必须做到按功行赏，论过处罚。在我们种群中，每个狼群都能做到有功即赏，有过即罚。对于狼群中犯了错误的狼，绝不姑息养奸，给予应有的惩罚，以此警示其他的狼不可犯类似的错误，维护整个狼队的纪律，调动绝大部分狼队成员的积极性。

——狼的自述

赏罚结合，律政严明

按劳分配的分配制度，不仅存在于人类社会，同样存在于狼性社会。狼群内的分配制度，就类似于按劳分配。在围捕行动中，作出最大贡献的狼，拥有优先享受食物的权利，然后，按照对于围捕猎物贡献多少，轮流撕食猎物。狼族社会是个简单的，没有尔虞我诈的社会，完全依靠大自然，不能脱离自然属性的社会。所以，狼在围捕猎物时，贡献多少，可以从其身体强壮程度上看出来。身体最强壮的往往是第一个咬死猎物的狼，身体强壮的则在围、追、堵、截中，起到不同的作用。身体羸弱的狼，往往只能跟着狼群，对于围捕猎物起不到多大的作用，用人类的语言说，滥竽充数，只能增加狼族气势。所以，这些狼只能分到残羹剩炙、剩骨头。

狼族的分配制度充分体现出赏罚原则。有功的狼，把猎物咬死，对狼族延续发挥着巨大作用，所以，应该受到封赏，有资格第一个享受食物；对于捕猎没有贡献的狼，就得受罚，猎物被有功的狼分食完后，它只有饿着肚子，等到下次捕猎的时候，尽自己最大的努力，追捕猎物，以便这次不会饿肚子。如果瘦弱的狼，一直维持着无功于狼群，那么它的结果，只有被驱逐出狼群，成为一只"孤狼"。迫不得已时，进入狼群，偷食猎物，最后狼群群起而攻，甚至被狼群撕食。

狼族的赏罚制度非常分明，狼群内的所有成员，必须遵守这种制度，所以狼群才能律政分明。头狼作为首领，只需要维护狼群利益，带领群狼执行围猎行为。赏罚分配制度，是狼族进化过程自然形成的结果。狼群内的所有成员都会自觉地遵守。在这种制度下，饿了一次肚子的弱狼，在接下来的捕食中，必然会全力以赴。当它体会到成功的滋味后，会继续这种胜利的姿态，久而久之，成为狼族内最强壮的狼。这是一种带有刺激和激励性质的良性循环。当然，这种制度下也存在着恶性循环。那就是因为身体瘦弱，不能够捕捉猎物的狼，最后变成孤狼。这就是自然的淘汰机制。优胜劣汰。狼性社会在这种优胜劣汰的选择机制中，形成一种律法严明的社会机制，继而维护着狼族的延续。

人类社会一样需要这种律法严明的赏罚制度。一个单位、一个企业、一个公司，员工有功就需要奖赏，奖赏能够激励该员工继续保持最佳状态，同时也能够带动其他员工向他学习。员工犯了错误，就需要受到惩罚。惩罚可以给该员工以教训，告诫他以后不可再犯，同时，也能够警示其他员工，绝不可犯类似的错误。奖励与惩罚相结合，并且严格地执行这种赏罚机制，做到有功必赏、有过必罚，这样企业制度才能够俨如律法，员工在企业中，才能体会到一种公平机制。公平能够带动绝大部分员工的积极性。

诸葛亮非常明确赏罚机制，所以他带兵严明、律法如山。有功之将，必赏；有过之臣，必罚，以严明军纪。如此，才带出一支虎狼之师，为刘备打下西蜀江山。诸葛亮非常欣赏马谡的才华，甚至将马谡作为自己兵法的传人，多加培养。岂料马谡自大狂妄，不听部下劝阻，将部队安扎在山顶之上，犯下兵家大忌，因此败失街亭。导致西蜀战局失利，处于挨打边缘。诸葛亮为严军纪，忍痛挥泪斩杀马谡。他对于有功之臣，也绝计不会枉他人之功，西蜀立国之后，论功行赏，将对建国有功的大将纷纷列入朝纲，以表彰他们的功绩。

打天下、做企业，如果没有这种令行禁止、赏罚分明的制度，天下必将成为别人的天下，企业也必将为别人吞噬。

爱多 VCD 在 20 世纪 90 年代，红遍大江南北，其创始人胡志标也因此成为 90 年代的风云人物。打江山容易，坐江山难。胡志标能够从一个小山村里走出来，开创世人敬慕的大企业，确实有其过人之处。但是，他并非是一个明智的领导者，爱多集团在他的带领下，没有明确的赏罚制度，而且任人唯亲，亲属作为决策机制的组成者，不能提出正确的意见。胡志标对于有过错的亲属，不能采取有效的遏制措施，以至于爱多集团，逐渐转入低谷，外债累累。胡志标为了能够渡过企业负债危机，听到虚假注册和挪用公款的意见，非但没有惩罚，反而采纳，最终导致赫赫有名的爱多集团，最后土崩瓦解。

制度是企业的生命力，赏罚结合、令行禁止，才能够打造最具生命力的团队。胡志标作为领导人，带着大家打天下，的确是成功的企业家，但是，他却从不学习现代企业管理技巧，只重经验不重管理，企业更加没有明确的赏罚制度，因此，最终走上了末路。

狼族的生存状态是大自然优胜劣汰的选择结果，赏罚结合的制度在狼群围猎和分配食物的过程中能够集中体现出来。这是一种完美的激励体制，虽然有些残酷，但是不乏是个激励团队共勉的有效措施。人类社会的企业、团队、公司，同样需要这样行之有效的激励制度，只有在令行禁止的明确制度下，员工才会感觉到公平、公正，才能够激励员工的斗志，拒绝错误，为求奖励而共同努力。

软硬兼施，恩威并重

狼从一出生，就注定要在狼群里不停地搏斗，它们通过搏斗确定自己在狼群里的地位。小狼发展成为头狼的过程是一个不断征服的过程。头狼之所以是头狼，是领导者，是因为它征服了狼群中任何一只狼。这种搏斗、征服，就是狼族内的硬性措施，就好比它们坚硬无比的牙齿。狼牙是狼力量和地位的象征，是狼族社会硬性措施的代表。狼通过坚硬无比的狼牙，征服威胁自己地位的狼。成为头狼以后，狼族也不可能一帆风顺、太平无事，狼群照样有不服从管理的捣乱分子。头狼照样是通过搏斗、厮杀，通过狼牙征服它们。这种征服，维持着狼群的稳定性，不至于三天两头地换主子。团队稳定了，才有可能寻求发展。如果头狼没有强有力的措施，没有锋利的牙齿，狼群中的不法分子就会滋生蔓延，狼群就会经常出现内讧，它们就没有时间去捕猎。这对于狼族的延续非常不利。

头狼征服狼族内的成员后，并非一劳永逸。这只是在权势上征服，狼群中的成员，不可能个个心服口服。如果头狼不能带领狼群寻找食物，会直接影响狼族的种群延续，狼群照样不会稳定。没有任何物种，在饥饿、灭亡面前，还能够心安理顺。这时就需要头狼带领狼群追逐、围捕猎物。这个过程其实就是人类社会的软性措施。这是甜头，告诉狼群的所有成员，跟着头狼能吃饱。这也是施舍，狼族就是依靠猎物得以生存，跟着能够让自己"吃饱"的领导者，自然不会想着"造反"的事情。这就达到头狼需要的"心服口服"。

狼族在进化过程中，选择继承了这种软硬兼施的"管理措施"。这种措施，有助于狼族的延续，但其实施过程也非常讲究一个"度"。头狼在"软硬兼施"的管理过程中，就非常注重这个"度"。

头狼在对付"造反"分子时，武力、狼牙、搏斗必不可少，因为这是头狼征服它们的必要措施。但这个征服过程绝不能出现伤亡问题。因为狼群需要发展，需要资源、生命，活着的狼才是资源，死狼对于狼群没有任何益处。所以，头狼征服队友的同时，还要保证不能误杀对方。这就是硬性措施的"度"。软性措施中，照样有这种"度"的表现。比如头狼在施舍猎物的时候，一般都会让出一部分，给身体羸弱的狼享用，这是关爱，为狼族延续所必须，同时，头狼也不会让那些凶猛狼无限制地侵吞弱狼的猎物，以免它们发展到威胁自己的地步。权衡好这个"度"，头狼的地位就能够长坐久安。

将狼族社会类比到人类社会，人类社会的企业、公司，同样需要这样软硬兼施的管理模式。硬性措施就是领导必须懂得"扮黑脸"，任务没有完成，工作效率低下，公司业绩滑落，领导者就必须拿出硬性措施，"扮出黑脸"，督促员工，共勉共奋，及早提高公司业绩、提高效率。与此同时，公司取得业绩，是所有员工共同努力的结果，领导绝不可将功劳扛在自己身上，应该懂得论功行赏。行赏就是软性措施，就是"施舍"，这种"施舍"能够证明领导的能力、心怀，领导仁慈、宽宏大量，员工自然会心悦诚服地跟随。

唐太宗李世民是一代明君，他身边有不少能人异士，帮助他打天下、坐天下；魏征就是其中之一。魏征是贞观年间最有名的谏臣。不过，在他为李世民效力之前,和李世民还有一段仇怨。魏征原效忠于李世民大哥李建成,玄武门之变前,他曾建议李建成趁早杀掉李世民,不过李建成没有听从魏征的建议。李世民早就听说过魏征的才华,一直想要留作己用。只是魏征一直忠心于李建成。玄武门之变后,李世民将魏征关进监狱。魏征非常清楚李世民早已知道自己向李建成献计杀死李世民的事情,心有余悸。李世民登基之后,提审魏征,众人都为魏征捏一把冷汗;不料,太宗却把他当做座上宾,礼遇有加。魏征从此被李世民的宽宏仁爱所折服,一心一意效忠于李世民。李世民是唐代明主,用人做事,非常讲究方法。玄武门之变后,不问青红皂白,直接将魏征关进监狱,这是硬性措施,对待自己的敌人必须如此;魏征自知命不长久,十分惶恐。待到李世民即位之后,立刻释放魏征,还把将其奉为座上宾,这是软措施,使其惶恐之心,当即被折服。

用人、做企业都是如此,和头狼管理团队一样,需要软硬兼施。不过,不论什么措施,都应该有"度",没有"度"就会造成相反的结果。

秦始皇统一六国,建立中华一统的庞大国家,却在国家里施以暴政,残酷的硬性措施施加到老百姓的头上,没人能够忍受,不久大一统的秦国便发生暴乱,很快灭亡。这是硬性措施无"度"造成的。和珅是大清朝第一大贪官,乾隆帝驾崩以后,嘉庆帝从和珅家里查封的财产,相当于嘉庆帝时15年的国库收入。这是多么大一笔,然而,财富越大,越说明和珅祸国殃民。和珅为什么能够成为大清国第一大贪官?归根结底,还是乾隆帝对和珅太过袒护,和珅作为国家栋梁,皇帝恩宠是应该的,可是却不能恩宠到危害国家财政的地步。乾隆帝的软性措施没有掌握好"度",软性太过,以至于和珅敢明目张胆地贪污受贿。这是软性错误无"度"的后果。

由此可见,人类社会和狼族社会一样,需要软硬兼施,而且软硬措施必须掌握一个"度",恰到好处,才能收获最大、最好的结果。

对待难缠的队员要杀一儆百

在最典型的狼群中,肯定有一对大狼和一群小狼。公狼充当着整个狼群的首领,母狼位于其次,幼狼从属于大狼,且幼狼中也有相应的"等级制度"来决定它们的身份。

游戏时相互打斗，这成为决定幼狼"社会地位"的主要因素。生长到一个月左右的幼狼，虽然看上去像个玩具熊，但天生好斗的本性已经彰显出来。不论什么时候，只要幼狼之间相互碰面，打斗就在所难免，它们用乳牙和爪子互相攻击，几个回合过后，胜利方通常会脚踏在败者的身上，并翘起尾巴，非常骄傲；这时败者则躺在地上，一边摇尾一边喘气地乞求"宽恕"，样子显得十分可怜。将近两个星期左右，小狼中的"社会地位"已经确立了。打斗中的最强者，成为下一代的头号狼，亚军为二号狼，依照这样的顺序类推。

这样的秩序制定并不能让所有狼都信服，总有个别的狼会发起反击，不过任何企图通过叛逆改变"社会地位"的狼，势必会遭到所有成员的攻击。最终打得它伤痕累累，从此远离狼群，成为独狼。

独狼是狼群中的底层"贱民"，被所有成员所不齿，在食物短缺的日子里，独狼会偷偷地进入狼群的领地猎食，狼群发现后绝对不会念旧情，它们会毫不留情地猎杀独狼，并且将它吃掉。

独狼不仅仅存在于狼群中，它同样存在于人类社会。面对独狼，狼王会下令狼群将其除掉，方式虽十分残忍，但维护了众多成员的利益。而在人的组织和团队里，面对这样危害集体利益的独狼，残忍的砍杀战术同样可行。

在春秋时期，齐景公指派田穰苴为将，带领军队攻打晋、燕联军，并命令宠臣庄贾为监军。穰苴与庄贾事先计划好，次日中午去营门集合。第二天，穰苴很早到了营中，命令部下调好计时器的标杆和滴漏盘。相约的时间一到，穰苴就在军营开始宣布军令，整顿部队。可是庄贾怎么等都不到，穰苴多次派人催促，终于在黄昏时分，庄贾带着醉容到达营门。穰苴盘问他为何不准时到军营来，庄贾不以为然，只应付说亲戚朋友都来为他设宴饯行，所以脱不开身，只好迟来些。听到这样的回答，穰苴顿时火冒三丈，斥责他玩忽职守，置国家大事不顾。庄贾却认为这是小题大做，依仗自己是国王的宠臣，对穰苴的话依旧满不在乎。

当着全军将士的面，穰苴叫来军法官，问："无故误了时间，按照军法应当如何处理？"军法官答道："该斩！"穰苴随即便命令斩首庄贾。庄贾被吓得浑身发抖，他的侍卫急忙向齐景公报告情况，请景公派人救命。不过，当景公的人赶到时，庄贾已被穰苴斩首示众。主将杀违犯军令的大臣，这样的场面吓得全军将士瑟瑟发抖，没人再敢不遵将令。此刻，景公派来的使臣命令穰苴放了庄贾。穰苴冷静地回应说："将在外，君命有所不受。"穰苴见来人骄狂，又问军法官说："乱在军营跑马，按军法应当如何处理？"军法官答道："该斩。"听到此话使者吓得面如土色。穰苴淡定自若地说："君王派来的使者，可以不杀。"随后命令杀了他的随从和三驾车的左马，砍断马车左边的木柱，并让使者回去报告。军纪严明的穰苴，军队战斗力十分旺盛，后来，果然打了很多胜仗。

以军法处置君主的宠臣庄贾，穰苴显然严重冒犯了景公，很可能性命难保，但同样作为领导，穰苴不顾个人荣辱，选择坚决维护军纪，并且连带斩掉了景公使者的随从，严明了纪律，在每一个士兵的心底树立了是非的标准。倘若，穰苴迫于景公的压力，放弃追究庄贾迟到一事，随后庄贾身边的人必定纷纷效仿，更加视军纪如无物，到时军纪没有了约束力，队伍就如同一团棉花，在瞬息万变的战场上拿不出勇气，都是逃跑的借口，那么国家就有可能灭亡，这里穰苴是明智的，因其懂得要将不良的苗头及时扼杀在摇篮中。

战争年代，有一名A国的将军，被众人称为"猛兽"。他手里握有重兵，并且十分喜欢打打杀杀，整天四处惹是生非。猖狂程度十分了得，他从不把国君的弟弟放在眼里，私自率军攻打其他势力集团，专断蛮横，几次有明显的叛逆意图。

有一次，他给君主出谋划策，劝君主杀了自己的弟弟，那样便可以确保自己君主地位的稳固。君主听后十分生气，但只是口头批评其胡言乱语，不成体统，命令他离开。临走时，君主还告诉他，一定会把王位让给他弟弟。A将军通过此事探知到君主的软弱和胆怯，即使大胆冒犯君主也不敢拿自己如何，过了一段时日，A将军果真造反，一举推翻了之前的君主，并杀光了他所有的家人和亲信，开辟了自己的统治。

故事中的君主，面对无理取闹的将军一再容忍，不采取任何措施，以为这样可以换来息事宁人，事实上只能获得变本加厉的暴行，让小人最终有机可乘，将放肆行为发展成直接造反，彻底推翻了君主的统治。如果在将军有不良意图时就能加以严惩，后面的悲剧就没有发生的机会，君主没有将这样坏的苗头解决在萌芽阶段，而是任其自生自灭，终归酿成了大祸。

宽容是需要度量的，过分的宽容就等于纵容。在关乎利害底线和生死存亡问题上，应给予犀利、严酷的打击，要知道，慈悲与威严同在才是真正的天理！

"治乱世，用重典；治乱军，用严刑。"对于那些不见棺材不掉泪的部下，严刑便是最好的对策。不论什么样的团队，长期发展的过程中都会遇到"寄生虫"式的员工，"食之无味，弃之可惜"异常难缠，怀柔开导的政策只能是隔靴搔痒，外科手术刀才是康复团队活力的根本之法。

团队之中，对待独狼残忍便是对狼群自身的仁慈，成功领导与失败领导的区别就在于选择仁慈与残忍的时机，何时该仁慈，何时该残忍，无效的仁慈会让团队停滞不前，军心大乱；有效的残忍可以让团队实力倍增，一片坦途。

狼｜性｜法｜则 ▶

制度是企业的生命力，企业没有明确的赏罚制度，最终会成为一盘散沙。赏罚结合、令行禁止，才能够打造最具生命力的团队，企业才能够具有强大的竞争力。

乱世用重典，管理者在管理的过程中要懂得运用红与黑的艺术，恩威并重，软硬兼施，对待违反纪律、不遵守制度的员工绝不能讲情面，严加惩罚，杀一儆百。

软硬兼施，必须掌握一个"度"，做得恰到好处，才能收获最大、最好的激励效果。

第二十一章　巧于激励，有效沟通

在自然界，我们是最善于交流的动物之一。我们之间复杂精细的交流系统使我们可以不断地调整战略战术，最后获得成功。我们交流沟通的方式十分多元化，我们的表情非常多样，甚至嘴唇、眼睛以及尾巴都能表达我们的情感；在狼群的行动中，不同的动作也表明了我们的喜怒哀乐。我们的沟通语言虽不及人类语言丰富多彩，但可以通过特定的交流方式传达彼此的想法，使得大家相互间能够明了伙伴内心的想法，有效地减少彼此间的冲突。

——狼的自述

洞悉员工心思才能对症下药

在这个包罗万象的大自然中，狼是最善于交际的食肉动物之一。狼会用身体的任何部分进行交流，它们用嗥叫、用鼻尖相互挨擦、用舌头舔、采取支配或从属的身体姿态，使用包括唇、眼、面部表情以及尾巴位置在内的复杂精细的身体语言或利用气味来传递信息。

它们并不仅仅依赖某种单一的交流方式，而是随意使用各种方法。在黑暗中闪闪发着绿光的眼睛是狼最敏感的交流工具。狼的眼部肌肉系统极其微小的运动以及瞳孔大小的变化都是在表达惊奇、恐惧、快乐、认出同伴及其他各类情感。如果狼向下盯着或把目光移开，这是它发出的友好和坦诚的信号。动物学家说，狼共有60多种不同的面部表情，狼之所以有这么多的面部表情，是因为狼群不断面临生死攸关的场面，所以有效的交流对它们的生存至关重要。进攻的时候，形势瞬间万变，狼与狼之间复杂精细的交流系统使它们得以不断调整战略和战术以获得成功。

对于狼来说，交流的艺术在于密切注视各种各样的交流方式，特别是身体语言。它们的观察力被磨砺得如此敏锐，以至于它们甚至可以注意到同伴行为中最微妙的变化。

狼是善于沟通的，那余波绵长、婉转清脆、回荡天际的狼嚎，虽不及人类语言的源远流长，但狼通过这样一种方式彼此沟通、交流着，使得它们能够明了伙伴内心的想法，有效地减少彼此的冲突。

一个企业相当于一个狼群，对于企业，有效的沟通，才能把内部的矛盾化解为零，把上下、左右的关系调整到最佳状态。如果想在残酷的竞争中立于不败之地，有效的沟通和交流是关键因素之一。

沟通对于企业的管理起到至关重要的作用。只有管理者了解员工的心声，才能有利于管理，针对员工的想法对症下药，才能提升员工的工作效率。所以，这就要求管理者必须掌握有效的沟通技巧。那么如何通过有效的沟通才能提高企业效率呢？

1. 摸透下属的心思

一个团体或单位会聚了来自五湖四海的人，这些性情各异的人为什么会聚集在你的周围听你的指挥，为企业服务？俗话说得好："浇树要浇根，交人要交心。"不同的员工对这些需要和愿望的侧重也有所不同。作为企业领导人，应该认识到这类人的需要。对这位员工来讲，晋升的机会可能是最重要的，但对另一位来说，工作保障可能是最重要的。领导者必须摸清下属的内心愿望和需求，并给予适当的满足，才可能让众人追随你。

2. 让下级发泄出自己的不满

一般说来，身为上级假如具有较敏锐的直觉，在听取下级的牢骚或辩白时，往往就会对问题的所在一目了然。但即使如此，切莫在下级刚开口时就泼冷水，也切不可在他尚未提出意见时加以反驳。因为如此一来，只能使他们原来低落的情绪更加低落。有时，对方的说法也许有偏差，或存有先入为主的观念，这可能是他重要的人生观之一，若在谈话中断然予以否定，则会有损对方的尊严，日后他便再也不敢打开心扉向你倾诉了。假如上级耐心地将对方的话听完，对方拘谨的心就会渐渐舒展开来，心中必然会这样认为："你既然能够把我的话听完，我也愿意听听你的意见。"于是当对方认真聆听你的意见之时，不妨趁此大好时机，提出你的意见。

3. 对下级倾注真情

首选用言语鼓励。言语是进行感情投资的重要方式之一，不但简便易行，而且效果奇特。这主要是因为领导与下属分别处于不同的位置，而且下属人数众多，假如某位下属能够受到领导的言语鼓励，就会在感情上掀起波澜，在心灵上产生振动。

4. 乐于听取抱怨

作为领导者，抚慰、礼遇下属就必须舍得花时间听一听他们的怨声，不满并不意味着不忠。实际上，正是这种抱怨的不满，才使你意识到公司里可能还有其他人在默默忍受着同样的不满。表面上一团和气，但会严重影响工作的效率，进而危及企业的生存和发展。不要认为如果你对发出的抱怨不加理睬，它就会自行消失。不要误以为如果你对员工奉承几句，他就会忘却不满，会过得快快乐乐。事情绝不可能这样简单，没有得到解决的不满将会在雇员心中不断发热，直至沸点——这就是你遇到麻烦的时候——你忽视小问题，结果最后恶化成大问题。

5. 用心倾听

"口吐莲花，伶牙俐齿"对一名领导者来说自然是一件好事，不过千万不要把这一本事用过了头，时时处处指手画脚。常言说得好，"会说的不如会听的"，当你与下属交往的时候，管住自己的嘴巴，竖起自己的耳朵，少说多听，这才是明智之举。

现代的领导观更加强调倾听的重要性，第一可以给人留下深藏不露、稳重含蓄和权威印象；第二可以充分了解下级，掌握大量事实材料；第三还可以建立一个好人缘。

6. 尽量把冲突消灭在萌芽状态

社会学家这样认为，一个群体间的矛盾就像是一个大气球，必然是越来越大。所以必须在达到爆炸的极限前，适当放一些气，以避免矛盾的进一步激化。

从现实生活中的许多冲突事例中我们就可以看出，矛盾不断激化的一个重要原因，是群众不满意的地方太多，又压着不讨论，问题长期得不到解决，就像高压锅一样，持续高温又没有出气的地方，到一定程度非爆炸不可，所以必须把冲突消灭在萌芽状态。

张经理以前曾是某跨国公司的职业经理人，负责南大区的运作，职位已经非常高了，但总是感觉有"玻璃天花板"，才能没有充分发挥出来，很苦恼。正好有个机会结识了民营企业家王总，经过"甜蜜的恋爱"之后，被重金聘为销售部经理。

但是，刚上任三个月，销售代表小李，被客户投诉贪污返利，审计部去查，事实果真如此，返利单据上面还有张经理的签名。这件事，惹得王总大为恼火，于是他亲自到销售部质问此事。

"我不知道你究竟是怎么当经理的，"王总对张经理说，"你手下的销售代表，竟然胆敢贪污客户的返利，这么长时间了，你居然都不知道？要等到客户投诉到我这里，才知道。唉，真不知道你是怎么做管理的。"

"你也知道这件事，"张经理辩解道，"按照流程，小李是把返利单报到我的助理那里，她审一下，整理好，给我签字，我的工作也多，可能是没有看清楚。"

"难道是没有看清楚那么简单吗？你的工作比我多吗？"王总怀疑地看着张经理。

张经理无奈地说道："都是我工作的疏忽，回头我会和助理商量改进工作流程的，并要求公司处理她，也请处理我。"

"处理助理能补回公司的损失吗？这件事应该负全责的是你！"王总对于张经理这种模糊的态度很是气愤。

"是这样的，"张经理继续辩解道，"王总，你也知道我刚来，销售部很多关系都还没有理顺，我们都知道，这个助理很能干，在工作上是一把好手。但她和我的关系，我总感觉存在问题，没有理得很顺，甚至有时，我要顺着她的意思来签署一些文件。毕竟我是新来的，总要有适应的阶段，我保证从今以后，这样的事情，一定不会再发生了，你再给我一次机会吧。"

"本来我过来，只是了解一下事情的原因，并不是要处理你，"王总说道，"不过现在看来是得考虑一下，关于你的能力问题了。"

沟通的重要性不言而喻，然而正是这种大家都知道的事情，却又常常被人们忽视。如果一个企业不重视沟通管理，大家都消极地对待沟通，那么最后造成的是企业的损失。要想提高企业的经营业绩，提高所有员工的工作满意度，就应该在管理者与部属之间建立适当的沟通平衡点。

在国内外的不少企业当中,强化职工参与,提合理化建议往往只是流于形式,并不能得到真正的贯彻与实施。通过沟通,管理者才能了解员工的内心,只有这样才能采取有效的手段,让员工乐意为企业服务,从而提高企业的效率。

不忽视任何一个队员

狼群是最完美的团队,具有高度的凝聚力。凝聚力是团队的外在表现,却体现着内在的灵魂气息。这灵魂气息和狼群中的每个成员都息息相关。

狼群是一个没有"白食者"的集合体,在团队中每只狼都有自己的职责,有其应尽的本分。这些本职工作,是在狼出生后,通过角斗的方式确定其在狼群中的地位,进而确定下来的。围捕猎物时,狼群会集体出动。头狼作为领导者,指明围捕的行动方向和目标,下面的狼族成员,很快会按照往常的行动部署,投入战斗中。在战斗中每只狼都会尽其所能,完成本职行动,有的狼追,有的狼围,有的狼专门负责堵,还有的狼专门负责截。围、追、堵、截,构成狼群围猎行动的基本环节,更是每只狼不同分工的具体体现。体力好的用于追,体力稍差的用于围和堵,凶猛的强狼,则负责截和扑杀。

狼性的这种本能,源自它们对猎物本能的需求性。这种嗜杀行为直接为其创造食物,如果不围捕猎物,狼族就会灭亡。所以,在狼族进化过程中,自然而然地形成了这种猎杀行为。完成捕猎后,狼群会平分猎物,以作为捕猎行为的奖赏。如果狼群中出现了"白食者",它不能够完成本职工作,很快就会被狼群淘汰,成为独狼,也就是"贱民"。它没有资格参加狼群的捕猎行动,被排除在狼群之外。形单影只。它的生死和狼群再没有关系。

狼群的这种制度,虽然挺残酷,却是狼族优胜劣汰的具体表现,更是狼群成员实施围捕行动时的一种自我激励和压力的有效手段。因此,狼群才能够成为最完美的团队。

在人类社会里,几乎找不到任何一个能够像狼群那样完美的团队,人尽其职、各尽所能。人类的团队,就好像一个巨大的正在沸腾的肉锅,锅里的肉质参差不齐,肯定有品质优良的精肉,必然也有腐烂恶臭的坏肉。如果坏肉的品质极其恶劣，达到影响整锅肉味的地步，那就是一块烂肉坏了满锅汤。其实，人类的团队成员，无外乎表现出两种极端的形式，一种是过于追求个人利益，忽视整体利益，另一种是只注重集体利益，牺牲个人利益。狼群团队的完美之处，就在于很好地平衡了个人利益和集体利益的关系，使个人利益成为集体利益的组成部分。没有团队利益也根本无从说起个人利益。所以，狼群成员能够自觉自励地履行职责。

个体是团队的组成单位。个体相对于团队来说，十分重要。绝不能因为团队利益，忽略个人利益，这样个体就会在团队中失去上进心，没有动力。被忽略利益的个体，很可能因此成为"坏掉满锅汤"的烂肉。他对于集体来说，非常危险。要知道，忽略个人利益，不可能只牺牲掉一个人的利益，往往是一批人。这批人的言行、牢骚，完全会影响到其他人的心情和行动。

因此，绝不能忽视团队中的任何一个成员，以及他们的利益。团队中的他之所以能够成为团队的一部分，是因为他肯定在某方面有过人之处。即便他是个普通人，作为"头狼"的领导者，必须能够发现成员的"过人之处"。以便发挥成员的长处，使其能够在其所长之处，为团队作贡献。

战国时期，齐国的孟尝君是位非常明智的领导者。他富可敌国，喜欢招贤纳士，甚至连一些只会学鸡叫爬狗洞偷窃的小人都奉为座上宾。孟尝君的大度和声名传到秦国，他受秦昭王邀请，出使秦国。秦昭王见到孟尝君后，立刻产生招抚孟尝君的想法。孟尝君深受齐王恩宠，不想背叛齐王，结果被秦王软禁起来。不久，秦王认识到，孟尝君身为齐人，而且在齐国还有家事房产，肯定不会心甘情愿地留下来帮助自己。于是，产生了杀掉孟尝君的想法。孟尝君得知后，向秦昭王最喜爱的妃子求救。妃子答应替孟尝君向秦王求情，条件是以"狐白裘"作为交换。可惜，孟尝君不久前，刚刚把狐白裘作为礼物献给秦昭王。这时，他想起手下有位擅长偷盗的侠士。这位侠士感激孟尝君的知遇之恩，钻狗洞，偷偷进入秦昭王寝室，偷回了狐白裘。妃子得到狐白裘后，向秦昭王求情。秦昭王非常喜爱这位妃子，于是，同意放孟尝君回齐国。孟尝君得到秦昭王的懿旨后，生怕秦昭王改变主意，一早就离开住地准备出城。岂料，城门还没有打开。这时，秦昭王果然改变了主意，下令追拿孟尝君。危在旦夕，孟尝君命令擅长学鸡叫的能人，模仿了三声鸡鸣。全城的公鸡跟着叫起来。守城兵士以为天亮了，于是打开城门。孟尝君因此顺利地逃离了秦地。

在现代人看来，"鸡鸣狗盗"之徒，不足为道，甚至有些人还以孟尝君为耻，认为他和鸡鸣狗盗之徒为伍，不是个优秀的领导者。然而，今天我们单单从团队人员各尽所能这一点上来看孟尝君，他确实能够充分地发挥团队每个人的效用，以便团队能够发挥出百分之百的力量。

管理艺术，也是如此，绝不可忽视团队中的每一个人。每个人都应该是团队不可或缺的一部分，这就需要尽可能地发挥队员、职员的功用。同时，团队如果想要到达百分之百的健康，发挥出百分之百的效率，就必须充分调动成员的积极性。用先进的奖惩制度，带动人们的积极性。团队、企业就好像是一部机器，人员、职工就是这部机器的零部件，零件虽小，却是机器正常运转不可或缺的部分。如果缺失了部分零件，机器运转不了多长时间，就会出问题。与其拖拖拉拉地维持着低效率的病态，不如关爱、激发团队中的每一个成员，让他们各尽所能，打造一个健康的，能够发挥百分之百效率的优秀团队。

信任是对下属最好的激励

头狼是狼群的领导者，是狼群的核心"人物"，在狼群中占据着重要地位，起着召唤、聚集、指挥狼群，实施并指导捕猎行为的作用。头狼作为一个个体，具有超强的管理才能。其管理才能的精妙之处，就是对部下有着百分之百的信任，作出决定，交付给部下后，从不怀疑部下的执行力。"臣狼"从头狼那里得到执行任务的最大权限，进而充分发挥自己的"才智"，尽其所能完成头狼布置的任务。

信任在狼群部落里起着举足轻重的作用。头狼对"臣狼"绝对的信任，使得"臣狼"更加忠诚，能够几倍于"不信任"的效率完成任务。从管理的角度讲，头狼是个体，它不可能承担狼群围捕行动中所有的角色，所以，它必须信任部属。这是尽可能地发挥部属作用的一种高效机制。从反面讲，没有信任，狼群就是一片散沙，"狼心"涣散，自私自利，唯利是图，那样狼群的发展趋势，就像人类社会差不多，可能成为一种小型的家族制，仅限于母狼带着三两只小狼的家族制。因为狼与狼之间，没有信任，它们只知道相互利用，谋取个体利益。狼与狼见了面,也会相互残杀,相互蚕食。不过,现实是狼群发展成为一个完美的团队体制。这种结果的决定因素之一,就是信任。

信任的作用就是能够极大地发挥"臣狼"的"工作"效率,调动它们的积极性。"臣狼"得到头狼的绝对信任,它们会以绝对的忠诚,执行"任务",因为它们必须生存。生存的唯一活路,就是依靠集体的力量,共同围捕猎物。所以,头狼根本不需要担心"臣狼"的忠诚度。因此,狼群的这种"信任"机制,使头狼能够用最小的精力投入"管理",然后得到最大的"收益"。

人类社会同样可以应用这种"信任"机制。领导者给部属绝对的信任,部属会在自己能力范围之内,非常灵便地发挥自己的才能,尽己所能完成任务。当然,在人类社会里,领导者必须考虑部属的忠诚度。因为人们的生存方式受到各种各样因素的影响。什么样的环境下,人们都能够生存。而且人人都希望能够进入更加有利于自己发展的环境中,得到更多的利益。所以,领导者在建立一个"绝对信任"机制的同时,必须考虑到部下的忠诚度。但,这种考虑绝对不影响"信任"机制的建立。因为建立了信任机制,人员、团队的积极性就会被完全调动起来。对于一个小环境来说,目光短浅的人,很可能觉得目前待遇不高,远走他乡、跳槽等,离开这种"信任"机制。但是,对于大环境的社会来讲,对于"信任"机制内和"信任"机制外的人来讲,走了一个人,是人员流失,但肯定会有另一个人补充到这种优秀的机制里。"流失"的人进入一个新的机制,会发现处处掣肘,根本没办法发挥自己的才能。从这一点就能够看到信任部下,建立相应的信任机制,具有极好的优越性。

中国第一村——华西村,年产值超过500亿,每户农民存款最低600万。吴仁宝从20世纪60年代开始就担任村党支部书记,他之所以能够成为中国第一村支书,和江淮市委以及党中央的信任分不开。华西村是中国无数个共产主义示范村之一,吴仁宝得到党中央和江淮市委的充分信任,并且拥有"绝对"的自由,充分利用华西村的位置优势,发展该村的经济,招商引资,共有和私有等多种所有制包容在同一体制内,大刀阔斧地进行改革和发展,短短十几年之内,将华西村建设成为中国第一村,不能不说是一个奇迹。在吴仁宝和党中央及江淮市委之间,拥有着绝对的信任和绝对的忠诚,所以吴仁宝拥有足够大的权力机制，自主地发展该村经济建设。从华西村的发展层面上，完全可以看到信任的作用。吴仁宝和村民之间同样有一种"信任机制"，他充分相信自己的村民，极大地发挥村民的机动性，让村民能够尽其所能地为村庄建设作贡献。所以，吴仁宝能够通过个人的努力，发挥大众群体的力量，带着华西村走向共同富裕。如果吴仁宝对于村民没有足够的信任，不相信村民能够做好自己分内的工作，事事都要过问，那么现在的华西村也不可能是中国第一村。

狼群的信任机制，使得狼群在围捕猎物时发挥最大的效率。这种机制在狼群可能不算是激励制度，因为狼族围捕猎物行动的动力来源于它们共同获取猎物的习性。但是，这种信任机制在于人类社会，却是一种非常行之有效的激励制度。人在一个团队里，重要的是获取生活需求和满足自身价值。生活需求在任何地方都能够得到，只要有才能，不懒散，就能够活下去。但满足自身价值，却不是任何地方、任何企业单位都能够实现的。信任机制，换句话说，就是权力下放。对部下拥有高度的信任，用人不疑，疑人不用，部下就会带着感恩之心，以高度的忠诚，灵活地发挥自己的主动性，尽其所能地为团队、企业作贡献。

责备远没有激励更有效

不考虑"独狼"的存在，狼群体制里不存在责备机制。每只狼的积极性、主动性是靠固有的分配体制和奖励制度调动的。群狼在猎取食物之后，会按照一定的分配体制，分配食物。每只狼在得到其应得的食物后，会激发其内在的主动性，在下一次围捕行动中表现得更加积极主动。因为这样可以获得和上次一样的封赏。狼的生活习性中，还没有发现头狼对部下、臣属发脾气，责备它捕猎环节中哪里做得不好，必须改进的现象。这不是因为狼不会说话，所以没有表现出"责备"，而是因为责备体制带动个体的积极性远不如激励更有效。

在人类社会中，责备机制常常会有体现，比如父母教育孩子、老师训斥学生、领导责备员工……这种责备现象随处可见，责备带来的效果，无外乎有三种，一是激励被责备人，二是引起反感，三是被责备人无动于衷。三种效果，最好的莫过于第一种，最坏的就是第三种，如果产生第二种效果，还不如不责备。责备在人类社会体制中，在被责备人能够承受的前提下，是一种激励，能够带动人的积极性和主动性。但是这种积极性和主动性的提升，远不如激励制度来得迅速。责备只是命令改变不应该做的，激励则是诱导继续执行正确的行为。改变的性质，就好像是逆水行舟，需要耗费很大的劲力；激励则仿佛是推波助澜，鼓励人们继续某些行为。所以，激励更具有调动积极性和主动性的效果。从被责备人不能够接受责备，引发的责备的两种效果来看，被责备人面对责备，只有麻木、无动于衷，这样的效果，不是责备人想要的；当被责备人对责备产生反感，甚至诱发一些危害团体、企业的行为，更加是责备人不愿看到的。从责备引发的三种结果，不难发现，责备对于团队、集体管理的效果，并不明显。

　　从狼族进化的历程来看，经过500多万年优胜劣汰的自然选择，狼族都是为了延续种族的优秀机制。这些机制中没有责备机制。这说明责备机制对于自然万物的生长和延续，并非是一个完备的体制，所以，狼族体制中并没有体现。人类虽然存在了几千万年，同样经历了大自然优胜劣汰的选择进程；但是，人类脱离自然属性已经有五千多年的历史。人类可以不像狼、虎、狮子、山羊、骆驼……完全依靠自然属性来生存，所以，人类依靠自己的聪明才智，战胜了大自然的无情；但在近几千年的历史进程中，形成了许多不利于物种延续的东西。比如人类进程中出现许多白痴，但是在人类社会里，白痴不会被淘汰，他们能够依靠社会的力量完成自身的生命进程。这相对于动物的自然属性来说，是一种退化。这种机制在动物社会，尤其在狼族中是不可能存在的。一只"弱智"狼，不可能得到狼群的救助，它不可能完成自己的生命进程，更不可能有后代。

　　责备机制也是一样。责备是人类在社会进程中，为了能够达到自身或者集体某种利益，而向他人施加压力或者表现在语言上的责备机制。这种机制最有可能的结果，就是引发冲突。狼族还附带着完全的大自然属性，它不能够脱离自然属性而单独存在于自然界，所以狼族中不会表现出这种劣质的体制。

　　不同的父母在对待孩子的顽皮、捣蛋特征时，具有不同的方式。有的父母选择责备的方式，他们会非常严厉地训斥孩子："你怎么这么顽皮，太不像话，你看看你，这么高的楼梯，万一不小心，掉下去摔死你！"有的父母则用激励和诱导的方式，非常温顺、和蔼地对孩子说："乖，看我们儿子都能自己爬楼梯了，果然长大了，不用爸妈帮助了，不过，儿子你可得小心点啊。好好地扶着栏杆，可不能下得太猛、太快，要慢着点。注意安全！"同样的事情，不一样的效果。第一种方式，教育的结果肯定是孩子认为楼梯是种危险的事物，对楼梯产生阴影；第二种方式的结果是，孩子更加有自信地应付楼梯，同样还能够达到父母的要求，下楼梯要稳要慢。责备与激励、诱导同样达到了告诫孩子注意安全的目的，但是在孩子内心却产生了不同的结果，第一个孩子惧怕楼梯，第二个孩子面对楼梯非常自信。一比便知，责备并不是一种非常优秀的管理体制。这种管理体制远没有激励有效。

责备是人类社会独有的一种管理体制，是人类社会发展进程中，出现私有制和阶级之后的产物。这个时候，人类已经完全脱离了自然属性，能够独立的生存，所以这种体制的出现并不会影响人类的延续。这种体制在集体、企业、团队里，在一定程度内起到一定的积极作用，能够带动人的积极性；不能排除消极结果的出现。

同一个领导，对于不同的员工，采取同样的责备口吻，"这件事你太不应该了，你也是位老员工，你的绩效怎么能够落在新员工的后面呢？你要是再这样下去，我也没办法，只能杀一儆百。开除你，我也不愿意，可是制度就是这样。谁都必须尊崇。"有羞耻心的员工，听到这样的责备后，非常担心自己的处境，想方设法地提高工作绩效；自卑、嫉妒心强的员工，不但不会感觉到警惕，反而会厌恶那些比他做得好的员工，甚至因此处处与他们为难，在他与领导之间，也会产生芥蒂。这个员工极有可能成为企业里的"害群之马"。其实，同样的事情，采取一种激励方式，能够产生比责备更好的效果。

责备，虽然作为一种管理体制，存在于人类社会和团队中，在一定程度上激励着员工为团队、企业勤奋工作，但是相对于激励体制来说，还是欠缺很多。

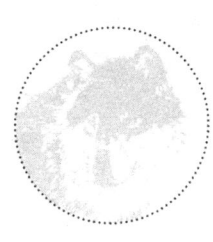

狼|性|法|则 ▶

有效的沟通，可以保持企业内信息的畅通，有效地减少冲突，把内部的矛盾化解为零，把上下、左右的关系调整到最佳状态，增强企业的凝聚力和创造力。

管理者与员工之间的沟通要建立在平等尊重的基础上，让员工心甘情愿地接受你的建议。

一味地责备员工的管理者不是一个好的管理者，聪明的管理者都善于运用激励艺术来激发员工的干劲，激励比责备有效得多。

第七篇

众志成城，无坚不摧

无法撼动的狼阵团队精神

在严酷恶劣的自然环境中，狼把团队的荣誉视为自己的生命，任何有损它们团队的语言和行为都是绝对不允许的。为了共同的事业，共同的斗争，狼可以拥有忍受一切的力量，并最终组建成一支无法撼动的团队，团队中的成员，对于狼王的指示都会不找借口地100%执行。也因此,在丛林中、荒原上,它们就是神。

第二十二章 一人难成事，1+1可以大于2

同其他动物相比，我们没有什么特别的个体优势，所以，在这个生存、竞争、发展的动物世界里，我们懂得了团队的重要性，将团队精神发挥得淋漓尽致，久而久之，我们也就成了"打群架"的高手。我们总是协同作战，正是因为如此，虽单打独斗狼不敌虎、狮、豹，但我们却可以轻易地杀死它们，或将它们驱逐。我们懂得1+1大于2的道理，只要我们在一起，就是一股坚不可摧的力量，这就是我们狼的策略，狼的智慧所在。

——狼的自述

独木难成林，孤胆英雄难立足

经过多年严峻环境历练的狼族都知道单枪匹马的代价，所以它们不会傻到独自面对比自己强大很多倍的老虎、凶猛无比的狮子、力气大得很的野牛，以及奔跑速度如闪电的黄羊。它们为了生存，总是成群结队，没有一只狼愿意做孤胆英雄。就算有这么一只狼想尝试，经历过一番你死我活的斗争后，仍旧会回到狼群，或者自己组织一支团队。

在草原上，就有这么一只不怕死的狼，它想做个孤胆英雄。

一只想挑战狼群最高的权威——狼王的小狼在挑战失败后离开了狼群，单枪匹马、独自一个，漫无目的地在广阔的大草原上游走。它并不知道自己要到什么地方去，它只是认为应该远离狼群，找个什么地方重新开始。

它走到了一个沙漠的边缘，这里离狼群应该已经很远了。这里的环境要比草原上恶劣得多。草原上满眼都是的绿色在这里却是一种奢侈的颜色，草原上随处可得的小水塘在这里需要长途的奔跑才能看得见。白天头上是火辣的太阳，脚下是东一簇西一簇的荆棘和被太阳照得滚烫的沙土；在夜晚则有漫卷过沙丘夹杂着沙粒的冷风吹透它的皮毛，直刺身体的深处。它决定不再向前走了，因为纯粹的沙漠并不适合像它这样的动物。它准备奋斗一番，可也并不想跨过大自然给它定下的界线。

太阳那个大火球把它的双眼烤得又干又涩，把它的嘴唇晒成了一块硬痂，它的毛发在炎热的空气中变得弯曲，炎热的大地使得最平常的动作都变成了一种痛苦。它饥饿、它干渴，为了生存，它必须捕捉到猎物，它要吸它们的血、吃它们的肉、啃它们的骨头，再从它们的骨头中榨出油来。在生存和死亡之间没有任何的过渡，有时一丝一毫的犹豫和错误都会叫它丧命。

在孤独的奔跑中，它终于体会到了为什么大多数的物种都自发地选择"群居"这种方式来生活。单枪匹马的代价是很高的。

一只狼的狩猎要比一群狼狩猎困难得多，一只狼的生存成本要远高于一群狼的平均生存成本。大家都是为了生存，才保持了这种狼与狼的关系。在没有尽头的大地上，它根本没有方法采用狼群最经常采用的包围战术，它只能进行一对一的追击。凡是被它相中的猎物跑得快一些的得以活命，慢一些的就变成了它的口中餐。

它狩猎的成功率变得很低。为了活命，它的食谱开始变得非常的庞杂。它和飞奔的兔子比速度，它和狡猾的狐狸比狡猾，它躲在沙丘的后面偷袭落单的野狗……生存的现实让它忘记了作为一个食肉者的尊严，它有时甚至会像一个草食性动物那样啃吃青草、蘑菇，凡是能吃下去的东西它都尝试过。可是饥饿、干渴还是在时时刻刻威胁着它的生命。

一只狼的生活变得很艰苦，在生与死的挣扎之中，它痛苦地成长着，它越来越怀念在狼群里的生活。但是对于它来说，痛苦已成为生存的一部分，在巨大的煎熬之中它也获得了巨大的收获，成立了自己的狼群，它成了拥有至高无上权威的狼王。

一只狼再强大也经受不起残酷现实的打击，因为它要生存，就要捕猎，但捕猎是需要技巧的，一只狼很难在这个日益恶劣的环境中捕获猎物，维持生命。所以狼是有智慧的动物，它们总是成群结队攻击猎物，它们相信团队的力量是巨大的，要想长久地生活在世界上就需要团结起来，共同奋斗。

每一个狼群都有一个狼王，带领着自己的队伍成就丰功伟绩，狼都知道荣誉是属于每一只狼的，因为它们是一个团队。其实，人也如此，要想获得成功，就需要一个完美的团队，这个世界不允许一个人创造辉煌。尤其在足球场上，想获得胜利，只凭一个人的力量是赢不了的。

在瑞典VS俄罗斯的对决中，看着伊布一个人在前场孤立无援的时候，我们终于感受到了孤胆英雄的落寞；当下半场刚开始俄罗斯以2：0领先的时候，我们只能庆幸伊布可以回家好好养伤了。

赛前被看做即使没有"火星撞地球"的气势也应该有火星四射、激情碰撞的豪气的生死大战，最终变成了一边儿倒的表演。俄罗斯人一次次表演着自己的进攻，瑞典人更像是在疲于防守。看着这场比赛，有种似曾相识的感觉，没错，就是这个小组首轮西班牙踩蹦俄罗斯的那场，只是这次的俄罗斯不再是任人刀俎的"鱼肉"，而是变成了手拿红布的"斗牛士"。

当里贝里难以在边路形成突击，当老拉尔森不复当年之勇，当伊布被伤病困扰，向来以"耐心、团队配合和勤奋"著称的瑞典队竟然变得一无是处。他们此时的表现更是难符"北欧海盗"之名，全场表现低靡，丝毫没有赢球的欲望。是赛前的准备不足轻敌所致，还没有从上一场对阵西班牙的恶战中恢复？我们不得而知，瑞典人全场近乎只有伊布一个人在不懈地努力着，怎奈"双拳难敌四手"，况且还是有伤在身的伊布拉希莫维奇。瑞典"海盗"着实让伊布"化身""海"上的孤"岛"。

这场激烈的球赛以瑞典失败告终，孤胆英雄难成大事，一个超人伊布拉希莫维奇救不了瑞典。无论是狼在捕猎场上，还是激烈的足球场上，抑或职场上，孤胆英雄难立足。正所谓是独木难支。当你想要有所作为的时候，只有与其他人亲密合作，才能既快又稳攀上山顶的最高点，感受"会当凌绝顶，一览众山小"的豪情。

一个人的力量即使再大，也是有一定限度的，只有与他人合作才能凝聚更大的力量，创造更大的价值，在生活中，可以说合作无处不在。乔汉马修阿丹曾说过："帮助别人往上爬的人，往往会爬得更高一些。一个能与同伴合作的人，将会飞得更高、更远，而且更快。"这句话充分说明了合作的可贵之处在于，它可以使合作双方不停地向目标前进而不至于跌入失败之中。

那么合作是什么呢？简单地说，合作指的就是两个或两个以上的人或群体，为了实现一个共同的目标，在某项活动当中联合协作的行为。中国有句俗话："三人同心，其利断金。"说的就是，一个人的能力再大，也只是单枪匹马，只有众志成城才能移山填海，获得最终的胜利。在我们的工作和学习当中，每一个人都有长处和短处，然而作为一个集体，是根本不会拒绝每一份力量的，因为它那巨大的能量来自于每一份点滴之力的积累。

在美国唐人街曾流传着这样一句话："日本人做事像在'下围棋'，美国人做事像在'打桥牌'，中国人做事像是'玩麻将'。""下围棋"是从全局出发，为了整体的利益和最终的胜利可以牺牲局部棋子。"打桥牌"的风格则是与对方紧密合作，针对另外两家组成的联盟，进行激烈竞争。"打麻将"则是孤军作战，看住上家，防住下家，自己和不了，也不能让别人和。这种做派显然是不好的，尤其是自己做不出成绩，也不让别人出成绩，更是严重影响发展。

因此，我们倡导合作，只有社会中的人们善于与别人合作，才能够使得社会快速、健康地向前发展。

以狼成群才能所向披靡

在朗朗乾坤中，狼之所以得以长久地生存，被称为伟大的动物，就是因为它们有属于狼的取胜之道——群攻。经历过严峻环境考验的狼都知道以狼成群才能战胜敌人，猎取食物，才能所向披靡。

其实，狼的这种成群结队的生存方式，就是一种团队精神。当狼群在围猎时，有着严格的战术与作战纪律。每只狼都有自己的作战任务，任何狼都不能擅离职守。有的狼要做先锋，去诱引猎物；跑得快的狼去围追或者到前面堵截；强壮的狼去猎杀强壮的猎物；弱小的狼去猎杀相对弱小的猎物。当它们遇到比自己强大的猎物时，一般都采取群攻战略，群攻可谓是狼群取胜的一条重要智慧。

团队精神不仅对于狼来说至关重要，对于我们人类来说也非常重要。在现代的这个社会里，靠一个人单打独斗去建功立业已经不可能了。俗话说，一个人是一条虫，两个人才是一条龙。因此，我们只有在利人利己的前提下团结互助，真诚合作，才能够创造出生命的最大辉煌。

群狼的力量是巨大的，它们能猎杀比它们大得多的野牛，能战胜森林之王老虎，让它们在严酷的生存环境中所向披靡。所谓"团结就是力量"，讲的就是这个道理。

团队之间相互合作才能够使得个人和事业都有所发展，而且还会提供出更多无限的机会。在与团队合作的过程中，每个人都能分享到他人好的一面，并将这些"好的一面"汇集成一股"团队力量"，最终保证团队目标的实现。

一个组织要想实现自己的目标，取得事业的成功，首先必须使组织中每个成员的意志力形成一个共同的意志力，即"结合的意志力"，如果每个成员"各吹各的号，各唱各的调"，你东我西，各行其是，这样是绝对不可能获得成功的。

麦当劳创始人 Ray Kroc 曾说过："一个团队的力量永远大于一个人的力量。"可见在餐厅的运作中，团队精神十分重要。给顾客提供优质服务是麦当劳的追求，要提供好的服务，员工必须懂得如何做好沟通。尤以麦当劳的员工年龄跨度较大，从18岁到45岁，员工只有学会互相信任，互相配合，融洽相处并团结一致，才能更好地完成工作。

麦当劳团队讲究的是集体协作，互相配合。每个人都有弱项，团队精神恰好可以将不同人的长处及短处互相弥补，发挥众人拾柴火焰高的效果。

有一个装扮像魔术师的人来到一个村庄，他向迎面而来的妇人说："我有一颗汤石，如果将它放入烧开的水中，会立刻变出美味的汤来，我现在就煮给大家喝。"

这时，有人就找了一个大锅子，也有人提了一桶水，并且架上炉子和木材，就在广场煮了起来。

这个陌生人很小心地把汤石放入滚烫的锅中，然后用汤匙尝了一口，很兴奋地说："太美味了，如果再加入一点洋葱就更好了。"立刻有人冲回家拿了一堆洋葱。

陌生人又尝一口："太棒了，如果再放些肉片就更香了。"又一个妇人快速回家端了一盘肉来。

"再有一些蔬菜就完美无缺了。"陌生人又建议道。

在陌生人的指挥下，有人拿了盐，有人拿了酱油，也有人捧了其他材料，当大家一人一碗蹲在那里享用时，他们发现这真是天底下最美味的汤。

其实，那不过是陌生人在路边随手捡到的一颗石头。其实只要我们愿意，每个人都可以煮出一锅如此美味的汤。当你贡献自己的一份力量时，众志成城，汤石就在每个人的心中。

每个人都有着有限的能力，相比集体的力量，个人之力就如同大海中的一滴微不足道的水。我们都知道白蚁的身形很微小，可是一旦它们团结起来，就能把一栋木造屋变成废墟。

而作为一名团体组织的成员，如果每个人都能把团队的重要性认清了，继而相互合作，使组织更具充分的活力。最后结出的成果必然是丰硕的，这就是"团结力量大"的道理，只有相互协助，运用大家的智慧，才能使团队的力量得以充分发挥。让组织成员共同努力，组成一支强而有力的进攻部队。

因此，当两个以上的人同心协力，互相交流时，团体中的每一个成员都能够在潜意识之中汲取其他成员的学识和能力。这种效果立即可见，它能够激发出更多的智慧，更大的力量，更丰富的想象力和第六感。通过第六感，新的灵感就会浮现出来，自然而又快速地与你思考的主题结合起来。如果合作的整个团体，专注地探讨共同的主题，灵感就会源源而来，好像有一种外在的助力。大家的心就会像磁石一样，就能够吸引新的观念与思想，从而激发出新的智慧和新的力量，由此产生出最大的意志力与凝结力。

团队精神是21世纪一个重要的成功策略，在科技进步，专业分工日趋细微的当今社会中，任何一个天才都难包打天下，任何一项重大的成功都离不开集体的智慧，未来学告诉我们，对于如今21世纪的失败已经不再是败于大脑的智慧，而是败于人际交往上。

这个时代已不再是"小作坊"的天下，团队精神是发展的根本需要，在21世纪，孤单力薄的个体如何能与现代化的"舰队"竞争呢？团结起来，组织现代化的"联合舰队"参与时代的"马拉松竞赛"。这是一种当今社会生存竞争的根本需要，同时也是人类发展竞争的需要。

狼要生存繁衍下去，猎捕到足够自己生存的食物，就必须依靠和其他狼之间的精诚协作。同样，一个人的成功也是与别人的合作分不开的，每一位成功者最爱说的一句话是："我能有今天，离不开大家的支持，成绩应归功于大家。"这虽是一句自谦之词，但也深刻地道出了成功的一条秘诀，"团结就是力量"。

没有人是无所不能的

在狼群中，所有的狼都听命于狼王，但就算狼王，也有累的时候，它不可能凭借一个人的力量让整个狼群都能吃上肉，它必须借助团队整体的力量。没有人是无所不能的，也没有一只狼能做完整个狼群才能做成的事。

狼的这种精神也得到了那些成功人士的认同，企业家王石曾说过："我给外界的错觉是因为个人能量非常大而成就了万科的今天，其实不是这样。我曾给万科带来了什么？首先，选择了一个行业；其次，建立了一个制度，就是现代企业制度；其三，培养了一个团队，这是我的作用。"王石的成功不是他一个人的功劳，而是整个团队努力的结果。

在成长的道路上，每一个人都想拥有成功，并努力地追求成功。但是只有真正成功的人才知道，只依靠自己是很难得到成功的。一个人的力量是有限的，只有合作团结才能最终取得成功。正所谓：一个篱笆三个桩，一个好汉三个帮。

春秋时期，管仲与鲍叔牙在一起商议说："国君昏乱极了，必然会失去政权。齐国的各位公子中值得辅佐的，不是公子纠，就是小白了。对他们两个我和您每人侍奉一个，先得志的就招揽另一人。"于是管仲就跟从公子纠，鲍叔牙就跟从小白。后来齐国人作乱杀死齐襄公。小白公子先进入齐国当了君主，鲁国人便抓住管仲把他献给齐桓公小白，鲍叔牙依前言招揽了管仲。

所以俗话说："巫咸虽然善于祈祷，但不能用祈祷使自己解除灾祸；秦国医生虽然善于除病，但不能用石针来针刺自己。"这则故事充分地说明了一个人单独做事是很难成功的，因为这个社会是一个人必须依靠众人的现代社会。所以，一个人处事，一定要学会与人合作，众人拾柴火焰高，只有懂得发挥团队的力量，我们才能获得成功。

在张朝阳、王志东、邵亦波等在中国互联网行业大展宏图的时候，李彦宏在美国刚起步。1997年李彦宏离开了华尔街，来到Infoseek搜索引擎公司，担任首席架构师。经过一段时间之后，李彦宏不想再这样生活下去，他要做点什么。于是在硅谷的一些创业人的影响下，李彦宏的创业思想开始萌芽了。

第七篇 众志成城，无坚不摧

1999年10月，在中华人民共和国建国50周年庆典上，李彦宏出现了。这次回国，目光敏锐的李彦宏捕捉到了属于他的机会。上网已经成为人们日常生活中的一种习惯，E-mail、互联网已经走进了人们的生活。

李彦宏与徐勇一起筹建公司，开始为公司搭建技术研发团队。刘建国是北大系主任，和李彦宏相识于1998年夏天。李彦宏记住了这个热爱互联网的牛人，所以他回国后，第一个就联系刘建国。当时，刘建国对李彦宏十分欣赏，觉得他是一个值得信赖、真正想做一番事业、有长远眼光的人，找合作伙伴就要找这样的人，因此刘建国辞职加入了百度。

将军、军师都就位了，下一步是招兵买马。李彦宏与刘建国都是做技术出身，因此希望招一些纯粹的技术人才来做搜索引擎，于是他们把目光放到了附近的高校。

当时，百度刚刚在北大资源宾馆租了1414与1417两间套房作为办公室。办公室装修好的时候，还没有等到油漆味散尽，李彦宏和徐勇就召开了百度历史上第一次全体员工会议。此时的百度，一共有李彦宏、徐勇、刘建国、郭眈、雷鸣、王啸、崔珊珊七个人。参加会议的七个人，后来被称为百度"七剑客"。

李彦宏百度CEO的创业故事并没有多么的传奇，但是，从中我们能看见他的成功之道：他之所以成功，只因为他慧眼识英雄，并且把人才揽入怀中，在这些精英的努力下，李彦宏走上了世界舞台。

如果他是那种只想凭借自己的能力实现他的理想的单干家，也许他现在便只是一个戴着"海归"帽子的"海带"了。李彦宏不仅仅是个有才华有理想的人，还是个懂得感恩的人。在经历了诸多艰难、压力与风险的同时，还收获了许多成功、愉悦和激动。如今百度员工已超过7000人，平均年龄28岁。"百度"这个名字成了拥有自主知识产权的民族品牌的象征。可能李彦宏创业的时候都没有想到，短短10年时间，百度就缔造了一个神话。

但是李彦宏知道，这个神话不是他一个人创造的，而是百度所有员工一起创造的。从李彦宏的身上，我们看到了集体的力量。

社会上的每一个人，都是沙漠里一粒小小的沙子，只有众多的沙子聚集在一起，才能成为广阔无垠的沙漠。

狼|性|法|则 ▶

一只狼可以捕获一只羊，一百只狼却可以屠杀一万只羊。双拳难敌四手，恶虎敌不过群狼。众狼一心，才能所向披靡。

一滴水只有放入大海中才不会干涸，一个人只有融入团队中才能获得充分的成长。

没有完美的个人，只有完美的团队。个人的力量再大都是有限的，只有依靠团队的力量，才能实现自己的能力和精力不能完成的目标。

企业强大的竞争优势不光体现在员工个人能力的卓越上，更重要的是体现在团队合作力量的强大上。

第七篇 众志成城，无坚不摧

第二十三章 分工合作，各司其职

我们狼群中每一匹狼都在扮演着至关重要的角色。攻击目标一旦确定，就会群狼起而攻之。头狼号令之前，群狼各就各位，各司其职，每头狼都有自己的任务，任何狼都不能擅离职守。有些狼适合做先锋，去骚扰猎物；跑得快的狼适合围追或者到前面堵截猎物；强壮的狼适合猎杀强壮的猎物；弱小的狼也有其用处，它们可以去猎杀相对弱小的猎物。严密的分工、各守其职，使得我们在捕杀猎物时总能无往不胜。

——狼的自述

分工合作是最科学的合作模式

狼群知道自己是谁，它们为了活着而相互依赖，虽然都是食肉者，狼也很想当兽中之王，但它们知道自己是狼，而不是虎。如果不得不攻击比自己强大的猎物，狼必群起而攻之。狼知道如何用最小的代价，换取最大的回报。也正是因为它们的这个特点，使得成功一定会到来。因此，狼群的团队精神成为它们存亡的决定性因素。

有一位猎人非常幸运地目睹了狼群捕食这一活生生的场面，这个生死攸关的时刻被认为是言语无法描述的。就在几分钟前，狼群好像还在漫无目的地尾随着猎物，突然，这群看似懒洋洋的狼组成一个目标明确的队伍开始行动。四匹狼突然开始联合攻击一群犀牛，把它们往一个缓坡上赶。犀牛上到坡顶时，面对它们的是两匹纹丝不动的狼。这两匹狼挡住犀牛的去路，面无表情，一动不动地站在那儿。

犀牛惊慌失措，四处逃窜，于是也就失掉了群体提供给它们的保护。犀牛群在慌乱中狂奔的时候，六匹狼都向一头年老、有些虚弱，再也得不到群体保护的犀牛包抄过去。一匹狼咬住这只犀牛的下颌，另一只咬住它的前额，把它掀翻在地。另外四匹狼活生生地把它的四条腿撕下来。战斗很快就结束了。

与犀牛群相比，狼群显得很小，但它们有战略、有配合，并将其灵巧熟练地实施，最终赢得了胜利。

传统的组织管理模式和团队协作模式最大的区别在于，团队里更加强调团队中个人的创造性发挥和团队整体的协同工作。在团队协作模式中，分工合作显得尤为重要。

狼群在一对头狼夫妇的带领下，狼群中每一匹狼都要为了群体的幸福承担一份责任。比如在母头狼产下一窝幼崽后，通常会有一位"叔叔"担当起"总保姆"的工作，这样母头狼就可以暂时摆脱当妈妈的责任，和公头狼去进行"蜜月狩猎"。狼群中每个成员都不希望成为光说不干的"老板"——倒是有的狼更喜欢做固定的猎手、保姆或哨兵——不过，每一匹狼都在扮演着至关重要的角色。

早在与成年狼嬉闹玩耍时，狼崽们就被耐心地训练承担领导狼群的重担。它们这样做是因为生活本该是这样。

成功的团体和幸福的家庭也是如此。每位成员不仅要承担自己的义务，还要准备随时承担起更大的领导责任。一个团体的生命力很可能就维系于此。

德国皇帝刚统一德国时，势力正值巅峰，他自认是世界霸主，因此态度高傲、不可一世。

一天，土耳其国王派使者前来谒见德国皇帝，皇帝的心中感到有些疑惑，他纳闷地想："土耳其也是强国，他的使者是为了什么而来呢？他们是想与我结盟，还是想对我称臣呢？"皇帝进入大厅后，只见土耳其使者笑容满面，坐在厅里等候他。

由于这名使者身材矮小，没有佩带武器，穿着也十分普通，皇帝便盛气凌人地问道："你来到我的土地，觉得我们德国如何啊？"使者很恭敬地回答："一路上，我看到了许多坚固的城堡，想必贵国有很多豪杰。"皇帝得意地说："我们德国一共有24个诸侯，他们都各自拥有10个英雄豪杰，每个英雄豪杰也都有城邑。这些英雄豪杰都有一人独战整个军团的实力。"

第七篇　众志成城，无坚不摧

土耳其使者依然笑容可掬地说："我在穿越贵国森林时，看到了一条恐怖的九头巨龙，陛下有没有兴趣听我说说这头巨龙的事情呢？"

"有这种事？说来听听。"皇帝从来不曾听说国内有什么九头巨龙，因此感到十分好奇。

使者说："那天我经过一片森林，遇到了一条九头怪龙。龙向我冲来，我立刻吓得昏了过去，醒来后发现自己还活着，我本来以为自己死定了，抬头一看，原来那巨龙的九个头为了应由谁来吃我，正吵得不可开交，最后甚至互相咬了起来。看到这种情形，我的恐惧感早已消失得无影无踪，于是看着那互相噬咬的九头巨龙，慢慢地走出了森林。"

"陛下，有九个头的龙都会为一个小小的我而互相争斗，那么有24个头的龙，会不会为了抓只小羊而争斗不休呢？尊敬的皇帝陛下，相信您一定知道这里潜藏的危机了吧！"

使者说完，微笑地向皇帝告辞，留下一脸愕然的皇帝，怔怔地坐在豪华的宫殿里，盘算着该如何解除这场危机。

这则故事告诉我们，如果不重视分工与合作的作用，那么一个国家再强，也会因为成员之间无法继续合作下去而使国家灭亡。国家就相当于一个团队，要想团队战斗力强，就需要队员之间相互合作，发挥每个队员的优势，分工合作，才能建设一支完美的生命力强的团队。

在一间房子里，住了瞎子、哑巴与跛子三人。在一天，房子忽然失火了，在这情急之下，瞎子请哑巴驮着跛子，由跛子指引哑巴找到出口，瞎子跟随在后，三人终于"合作无间"地顺利逃出火宅。

这个故事，即在说明人只要肯合作，就没什么办不了的事情，就没有成就不了的事。

偌大的宇宙之中，地水火风，因缘而合，才能使万物生长；土木瓦石，条件俱全，才能兴建房子。矿物经过分子合作，才能成石油、树脂、纤维等物品；音乐表演要透过合奏、合音、合唱，才能发挥音域的宽广和谐之美。

商业经营，也有所谓的合股、合资、合伙、合作。小沙石要"集合"才能堆砌成山丘；小水滴要"合流"才能聚成江河大海。合，才能大；合，才能高；合，才能好；合，才能成。

合作固然重要，但是一定要懂得分工合作，各司其职，才能够分层负责。在一个团体之中，主管要懂得授权，授权就是分工；部属要懂得团结，团结就能够合作。分工与合作考验彼此的默契，就像"两人三脚"，必须默契十足，使之动作一致，如此才能在缺陷中充分地发挥互补的功能。

狼是一种社会性的动物，它们都在本能地寻找与自己相匹配的同伴。因为团队的优势是个人所无法比拟的。这个世界上总是有一些事情是单一个体无法完成的，一个再强大的个体也会有能力的极限。如果它想在自己能力的基础之上再做出一些进一步的突破，就必然要借助群体的力量。分工与协作将会使效率成倍地提高，很多单一个体无法完成的行为，在一个群体中会轻易地得到实现。在相当多的情况下，一加一的结果大于二。

恪尽职守，不拖拉，不推卸，不疏忽

在狼的世界中，最值得它们骄傲的就是它们那无坚不摧的团队，正是这种团队精神带领着狼族在这个"物竞天择，适者生存"的自然界中得以生存，从遥远的过去一直走到了今天。

那么狼的团队为什么会无坚不摧呢？不仅是它们有着分工合作的模式，而且更重要的是它们在各自的岗位上能恪尽职守，在行动上从不拖拉时间，在意识上从不推卸责任，在思想上从不疏忽细节。狼群的社会秩序非常牢固，每个成员都明白自己的作用和地位。这样的团队才是最有生命力的团队。

人同样具有团队精神，尽自己最大的努力严守自己的工作或职业岗位，在团队中需要我们付出的时候不拖拉时间，不推卸责任，不疏忽细节。张慧勇就是一个对工作恪尽职守，认真履职的好榜样。

张慧勇是1600余名河北高速交警中的一员，一直默默无闻地工作在执法工作一线，执法严格，服务热情，在平凡的岗位上尽职尽责。如果不是发生在11月1日的那起恶意闯卡撞伤执勤民警的案件，我们可能不会过多地注意到他。

在收集整理张慧勇同志先进事迹材料时，我们才发现从警15年来，在这

位高速交警身上发生过许许多多的故事,一些被媒体所记录和刊登,还有许多只有他和他的同事知道。这里摘编的几个故事仅仅是张慧勇执勤执法过程中普普通通的几件,并不能完全展现他的工作情况,但是我们依然能够从这些点点滴滴中看到一名新时期人民警察忠诚可靠、秉公执法的职业精神和一名共产党员牢记宗旨、一心为民的公仆情怀。

自从选择了高速交警这个职业,张慧勇始终身怀着对党、对组织、对群众的感恩情怀,扎根基层,埋头苦干,恪尽职守,爱岗敬业,奋勇争先。自从穿上这身警服,张慧勇同志就把全部心思和精力都用在了工作上,面对日常繁重的执勤任务和大队有限的警力,始终战斗在高速公路交管工作一线。有种奉献叫无闻。张慧勇家里的生活并不宽裕,妻子待业在家,照顾五岁的儿子,父母在老家务农,没有额外的经济收入,但这些困难他从没有向组织提过一次,在很多的时候他还会自掏腰包去帮助那些受困的司乘人员。

也许这样的故事还有很多,而我们只记录了点滴;也许不会有太多的人注意到他,但那些受到过张慧勇帮助的人一定会知道他的名字;也许那些曾经受到过处罚的驾驶员还有过怨言,但相信你们一定会从中理解一名高速交警严格执法的良苦用心。

这种精神值得我们每一个人学习,就是说:做一个人,我们要行使自己的权利;做一个公民,我们要恪尽职守。

在工作中如何做到恪尽职守,不拖拉,不推卸,不疏忽呢?

1. 加强业务学习,用心工作,提高工作能力,适应现在的工作要求,并为将来的工作做好准备。

2. 细致认真工作,提升基础工作水平,确保每个工作细节都不疏忽、不应付,确保基础工作水平得到提高。

3. 提升个人修养,热情服务,牢固树立为基层服务的思想,并时刻将这一理念贯穿落实到实际行动中。工作中做到不刁难、不苛刻,做到与人为善,和谐相处,不让基层来办事的人进门遇到一张冷冰冰的面孔,同时确保各项业务在手续完备后不积压、不拖拉。

4. 坚持原则客观公正、规范行为依法办事。在实际工作中,本人本着客观、严谨、细致的原则,在工作中做到实事求是、细心审核、加强监督,严格执行团队纪律。

5. 及时梳理各项工作、有序工作，努力提高工作效率，确保手中处理完的凭证及时移交不拖拉。

6. 加强协调合作，确保工作整体顺畅。

要想成为像狼一样有成就感的人，在面对工作的时候就要恪尽职守，养成不拖拉时间、不推卸责任、不疏忽细节的好习惯，这样你才能在团队中散发自己特有的光芒，才会像狼一样笑傲职场。

取长补短，不做团队中最短的那块木板

狼在教育幼子时，在它们有了独立生存能力的时候就会毫无留情地把幼子赶出家门，让它们自己在外求生存。因为狼知道，一个团队实力的大小，与每一只狼的能力大小有着非同寻常的关系。一个团队就像一个木桶，所以它们是不会让任何一个狼性成员成为团队木桶中最短的那一块木板的，而是要培养它们在队伍中找到自己正确的位置，为团队力量的壮大发光发热。

每只狼在狼群中都会找到自己的正确位置，那么我们现实中的人也应该在这个竞争日益激烈的社会中不能做木桶中最短的那个，这就需要我们在团队中找到属于自己的那个位置。我们都知道，一只木桶，最短的一片决定其容量；一条锁链，最脆弱的一环决定其强度；一个人，素质最差的一面决定其发展。

在如今的管理学当中存在着一个木桶原理：一个木桶由许多块木板组合而成，如果组成木桶的这些木板长短不一，那么这个木桶的最大容量不取决于长的木板，而取决于最短的那块木板。

其实，一个大的企业就好比一个大的木桶，那么在企业中的每一个员工是组成这个大木桶不可或缺的一块木板。然而企业的最大竞争力往往取决于整体状况的强弱，而不是取决于某几个人能力的超群与突出。

企业中，员工本身就相当于木桶的桶底，因为这个桶底可以看出员工的人文素养及他所掌握的各项专业知识和技能的高低。如果桶底不是坚固无缺的，那么当木桶的容量随着木板的加长而增大到一定程度时，桶底也就在这个时候开始漏了。严重的时候这个桶底就有可能会裂开甚至会脱落，到最后终于使得这个木桶完全崩溃。

众所周知，一只木桶能够盛多少水，并不是取决于桶壁上最高的那块木板，刚好是由最短的那块木板来决定的。

一个木桶就好比一个团队，一个团队的强弱，是由每一个队员决定的，因为团队是组织和个人共同努力的结果，团队建设过程就是组织和个人互动的过程。

在一个团队当中，判断团队战斗力强弱的一个最为根本的标准就是那个能力最弱、表现最差的落后者。因为，最短的木板在对最长的木板起着限制与制约性的作用，决定了整个团队的战斗力，影响了整个团队的综合实力。因此，也就是说，只有想方设法让最短的那个木板达到长木板的高度，还有一种方法是让所有的木板都维持"足够高"的相等高度，才能够充分地发挥出团队的作用。

木桶定律可以让我们想到构成系统的各个要素的思考，就像是一个生产流程、一种商业运作模式、一个组织系统中的各个要素。这些都能够想象，如果在生产中少了一个流程或是某个流程不合格，那么生产出来的也只会是废品一个。就算是一道好菜，各种作料也是必不可少的，否则这道菜烧出来可能也就不会那么可口了。

众多领导者在这个定律当中，也可以说他们在管理过程中要下工夫狠抓公司的薄弱环节，如果不是这样的话，公司的整体工作也就会因此受到影响，人们常说"取长补短"，即取长的目的是为了补短，只取长而不补短，就很难提高工作的整体效应。

惠普公司内部有一项关于管理规范的教育项目，仅这个培训项目，每年研究经费就高达数百万美元。他们不仅仅研究教育内容，而且还研究哪一种教育方式更容易被人们所接受。企业教育是一项有意义而又实实在在的工作，优秀企业的员工，都很乐意接受教育和培训，这对于培养企业的团队精神大有裨益。

随着知识型员工的增多，以及工作内容中智力成分的增加，越来越多的工作需要团队合作来完成。

传统的组织管理模式和团队协作模式最大的区别在于，团队更加强调团队中个人的创造性发挥，以及团队整体的协同工作。如何协调个人成长与团队成长的关系，使他们能够相互作用、共同发展是一个值得讨论的话题。团队协作模式对个人的素质有较高的要求，成员除了应具备优秀的专业知识外，还应该有优秀的团队合作能力，这种合作能力，有时甚至比成员的专业知识更加重要。

而且在团队当中，可以说任何人都不会喜欢骄傲自大的人，这种人在团队合作中也不会被大家认可。你可能会觉得自己在某个方面比其他人强，但你更应该将自己的注意力放在他人的强项上，只有这样，你才能看到自己的肤浅和无知。因为，团队中的任何一位成员都可能是某个领域的专家，所以你必须保持足够的谦虚。谦虚会让你看到自己的短处，这种压力会促使你在团队中不断地进步。

在狼族，没有狼能容忍自己的族群里出现"无用"的狼，它们将自己的幼狼"逐出家门"也是为了避免自己的孩子以后成为整个狼群"最短的木板"。在人类的组织群体中也是同理，一个团队的能力最终取决于最差的那个成员，所以我们要学会吸取其他人的长处，学习他们的优点，取长补短，不要让自己成为团队中最短的那块木板。

同进同退，避免内耗

狼群在追捕猎物时，它们总是听从狼王的指挥，同进同退，绝不会因为内部的分歧让团队的利益受损，也不会把过多的体力浪费在兄弟之争上。因为狼知道，它们要生存，就必须团结，不能产生内耗，要保留体力与天斗、与地斗、与狼族以外的动物斗。

狼之所以会成功，就在于它们一心同进同退。在这竞争激烈的时代，企业的成功，也在于这个企业的员工是否一心。因此，作为企业中的员工，应该与其他员工团结一致，也只有这样，企业才会获胜，也只有这样才是一个好员工。

正所谓，一只狮子带一群绵羊——个个英勇善战；一头绵羊带一群狮子——个个软弱无能。异体同心万事兴，同体异心万事休。团结一切可以团结的力量，把人心凝聚在一起才能战胜一切。

但是，几乎所有企业都存在冲突的问题，也没有一个企业敢夸口说自己没有内耗。而企业内部冲突的根本，大都来自企业面对复杂环境下越来越重要的协同要求。一个企业要健康发展，需要多个部门、多种角色协同解决问题，而这，也往往是产生冲突的开始。不过良性的冲突能刺激员工的创造力，使其接纳新鲜事物，帮助企业提高绩效，但那些破坏性的冲突会对企业产生负面作用，甚至影响企业正常的生产经营活动。

2006年4月中旬，"史上最牛女秘书电邮风波"事件在全国范围内传得沸沸扬扬。几乎所有全国知名外企都在疯狂转发一封来自EMC（全球最大的网络信息存储商，总部在美国）北京总部的电子邮件：EMC大中华区总裁陆纯初和他的高级女秘书瑞贝卡因工作琐事发生激烈争吵，这起本该在企业内部"私了"的事件，却通过网络转载，于数天之内在全国范围内迅速传开，两人以邮件的方式演绎了争吵的全过程，最终后者被迫离职。

在企业内，冲突有多种表现形式，如上下级之间、员工之间、员工个人生活与工作的协调关系、各部门之间、管理者的不同角色之间等。例如新老员工之间的冲突，女上司与男下属的冲突，不同职能部门之间的冲突，来自管理者不同指令的冲突……

一旦冲突发生了，就得及时进行管理，不管是良性冲突还是破坏性冲突。对于良性冲突，可以允许它在一定范围内存在；而对于破坏性冲突，则要及时解决，避免冲突后果扩散。总之，运用科学的方法和策略来管理冲突，破坏性冲突也可"为我所用"，成为建设性冲突。

面对企业内部类似的冲突，管理者该如何应对呢？实际上，每个人都有一种被称为"统御功能"的潜意识，即喜欢受到尊重，不喜欢听人摆布，受人压制，这是人的天性。领导者多方面倾听意见，虚心接受批评，正是顺应了员工的天性，也能激发他们体内的巨大潜能，充分调动全体员工的智慧和经验。

利用员工的智慧是领导者的本职工作，但是往往有些人缺乏这种团队意识，他们不会也不能统领全局。有时候，某些老板可能在集中员工的智慧并加以利用时，企图找到和自己所处条件完全吻合的解决办法，这是一种苛刻和贪婪的想法。团队精神的核心是平等对待每一位员工，这种尊重包括对其立场的认可。所以说，作为领导，平等对待和尊重每一位员工才能让所有的员工都树立团队意识,发挥敬业精神,献计献策,贡献力量。

团结就是力量,这是一条永不过时的真理。要想成为一个优秀的员工,就应该团结一致,把自己融入企业中。只有每一个员工把自己融入企业中,才会发挥最大的力量。

各大基金管理公司都想在股市上有所收获。想获取利润就要求有新的、行之有效的赢利模式,而"组合投资、集中持股"这种方式正在成为越来越多基金的首选。

富国基金管理有限公司副总经理谢卫博士曾说,经过实战摸索,富国认为"组合投资、集中持股"这种模式更能增强赢利性。像最早使用分散投资模式的"泰和基金",虽然通过分散模式成功地规避了股市下跌的风险,但实际上"泰和基金"还是通过对"烟台万华"等个股的集中持有,才获取赢利的。富国旗下的汉兴、汉盛等基金最多曾持有上百只股票,每只个股中持仓量都较小,根本谈不上赢利,形成了较多的"无效仓"。富国基金正在加大对部分个股的持仓量,主要所选择的多是一些业绩稳定、流通盘较大、筹码流动性较好、易于兑现的个股,如中国联通。

谢卫谈道,富国基金公司正在加大各个基金经理的主动性。以前同一基金公司旗下的基金在操作时为避免内耗,都是同进同退,要么同时加仓、要么同时出货,但这种手法在2002年中效果较差。在"6·24"等行情中,因为基金公司判断滞后,最后导致旗下的各个基金都踏错了行情的节拍,业绩都较差。相对而言,华夏基金在2002年时加大了基金经理的自主性,旗下基金各有自己的持仓度,从而保证了旗下总会有基金把握住行情的主脉。从实战效果看,华夏基金在2002年度的赢利处于同业上游。基于目前的市场状况,富国基金公司也将采取类似的管理体制。

其实职场就像股市一样,总会在红与绿之间跌宕起伏,你要想在职场中一片红,就应该像狼一样具有绝对服从的精神,与团队中的每一个成员同进同退的意识,这样才能共创美好的未来。

第七篇　众志成城，无坚不摧

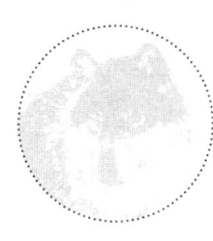

狼|性|法|则 ▶

每个人都有其优点，只有各尽所能、各尽其职，扬长避短，将每个人的优势互补、组合，才能建立一支战无不胜、无往不利的强大团队。

责任是人生的一大财富。员工承担应承担的责任，履行应履行的使命，尽职尽责地对待自己的本职工作，才能完美展现自身的能力和价值。

责任胜于能力，责任感的缺失比能力不足的后果更严重，能力可以让你胜利工作，责任却让你创造奇迹。

第二十四章 纪律是成功铁的保证

一时的忍耐是为了更广阔的自由,一时的纪律约束是为了更大的成功。我们知道,纪律是一切组织和团队的基石,我们的团队要长久生存,其重要的维系力就是团队纪律。在我们狼家族里,任何一只狼违反了纪律,都有可能被彻底赶出家族。我们之所以能成为动物界的强者,在于我们在任何时候都能做到步调一致,形成群体的战斗能力。我们可以自豪地说:狼,是群居动物中最有秩序、最有纪律的族群。

——狼的自述

没有纪律一切都是空谈

在大自然中,狼是群居动物中最有秩序、纪律的族群。狼群的纪律是最严明的,在行进中它们严格遵守铁一样的纪律。尤其是在狩猎的时候,它们会百分之百地执行狼王的命令,不会肆意而为,影响整个团体的作战计划,就算它们没有猎物强悍,无法战胜对方而惨遭失败,需要放弃原订计划,它们也会按照原来计划的撤退方案有条不紊地撤退,绝不会落荒而逃。

狼群有着严明的上下级关系,在狼王命令刚刚下达的时候,狼群就不顾一切地去执行,它们不是不担心危险,但它们更注重团队意识,会为了团队的利益,严格遵守纪律。狼知道,没有纪律,一切都是空谈。

俗话说,无规矩不成方圆,纪律作为一种行为规则,是伴随着人类社会的产生而产生,伴随着人类社会的发展而发展的,因此具有历史性的特点。在原始社会里,人们在共同生活中养成集体行动的习惯。他们总是成群结队地寻食打猎,如果没有一定的行为规则,就无法进行协同活动,甚至连抵御野兽的侵袭也不可能。所以,纪律就作为人们的习惯因此而产生。

随着生产力的发展,特别是随着大工业革命的到来,生产越社会化和现代化，分工越精密，协作越广泛，纪律就越重要、越发展。例如一个现代化大企业生产的一件产品，就有成千上万个零部件，这就需要许多人相互配合、进行协同作业，也就必须制定一套具有高度科学性的工艺规程和规章制度。

由此看出，纪律的演变标志着人类的进步，纪律是为维护集体利益并保证工作进行而要求成员必须遵守的规章、条文。纪律既然是维持人们一定关系的规则，那么就要求一定集体成员必须执行。

古语说："工欲善其事，必先利其器"，其实作为一个公司也是如此的。公司要想达到商业目的，就必须先构建一支像狼群一样有纪律的、团结有力的、无坚不摧的团队，团队要想完成任务，就必须磨砺团队中每个成员无比坚强的信念，同时要制定一套纪律来约束每一个成员。正如俄国哲学家赫尔岑所说："没有纪律，就既不会有平心静气的信念，也不能有服从，也不会有保护生命和预防危险的方法了。"下面我们就看一下海盗的纪律。

在著名的海盗罗伯茨的生涯中，他一共抢劫了400多条船，可以说他作为海盗是很成功的。他的人格内涵很复杂，他有着与其他海盗不同的行为，他只喝淡茶，从来不喝烈酒，他还是一个非常注重章程的人，有一份罗伯茨制定的船规是这样写的：

1. 对日常的所有事务每个人都有平等的表决权。
2. 偷取同伙财物的人要被遗弃到荒岛上。
3. 严格禁止在船上赌博。
4. 晚上8点准时熄灯。
5. 不许佩带不干净的武器，每个人都要时常擦洗自己的枪和刀。
6. 不许携带儿童上船，勾引妇女者死。
7. 临阵逃脱者死。
8. 严禁私斗，但可以在有公证人的情况下决斗，杀害同伴的人要和死者绑在一起扔到海里去（皇家海军也有类似规定）。
9. 战斗中残废的人可以不干活留在船上，并从"公共储蓄"里领800块西班牙银币。
10. 分战利品时，船长和舵手分双份，炮手、厨师、医生、水手长可分一又二分之一份，其他有职人员分一又四分之一份，普通水手每人得一份。

这样的船规别的海盗船也有，但是只有罗伯茨严格地执行了这些船规，因为这种行为和纪律，他获得了"黑色准男爵"的绰号，这份船规也被称为海盗的"十戒律"，用后世历史学家的话说洋溢着"原始的民主主义"的色彩。

恩格斯曾说过："在危险关头，要拯救大家的生命，所有的人就得立即绝对服从一个人的意志。"恩格斯一语道破了纪律的重要性，每一条纪律都不允许触犯。对企业和员工来说，敬业、服从、协作等精神永远都比其他东西更重要。但是服从纪律是需要过程的，因为每一个人都具有较强的自我意识，要想让他们服从一个人的意识是挺难的，所以，给他们进行培训和灌输显得特别重要，就像西点不断要求每一个学员的着装和仪表一样，最终要让所有的人都明白，"纪律只有一种，这就是完善的纪律"。

也就是说，纪律对于企业来说相当的重要，如果一个企业没有纪律相当于一个房子没有地基，就算房子盖得再高，终究会倒塌。所以说，一个企业没有纪律就会像一盘散沙，没有朝气，没有明天，那么就算领导者再怎么英明，也没有人去执行领导者的计划或者方案，那么企业早晚都会在商业界消失，可以说纪律比才华更重要，没有纪律才华就是空谈。因此，纪律是众多优秀企业的核心理念。

17世纪的拿破仑，无疑是一位战神，法国军队在他的带领下所向披靡。然而，在进攻开罗的过程中，他的军队却遭到了挫折。

原来，埃及的骑兵高大威猛，若是单打独斗，法国兵占不到丝毫的便宜——在那个短兵相接的冷兵器时代，块头大小在格斗中起到很大的作用。

看着漫山遍野倒下的士兵，拿破仑十分焦虑。他在细致观察后发现，两个法国士兵对一个埃及士兵，可以打个平手，三个以上的士兵同时围攻胜算就大得多。

于是，拿破仑下达了一项作战纪律：对阵埃及士兵，不得单打独斗，必须群起攻之。同时，他要求将士兵划分为小分队，几个人一队。

很快，法国军队取得了胜利。那些严格执行"群斗"纪律的士兵，基本上都活了下来，而不认真执行这条纪律的人，大多丧生于埃及军队的马蹄之下。

在战场上，作战纪律决定生死。正因为关乎生死，纪律才得到高度重视。在战场之外，纪律通常不至于关乎生死。既然死不了，很多人就不重视纪律。

但是，纪律依然是十分重要的，因为它关乎我们的前途。

如今，在一些企业中会有这样的现象：工作纪律性差的人，通常都是有一定才华的人，至少是智商比较高的人。同时也有很多颇有才华的人却也不成功，其境况甚至不如很多看起来有点笨的人。

有才华的人常常不谦虚，自以为了不起，不肯向他人学习，有时候错了，也不愿意承认自己的错误；有才华的人常常不踏实，夸夸其谈，好高骛远，不肯一步一步走下去，时时梦想着一步登天；有才华的人常常缺乏团队精神，瞧不起他人，不愿意与人合作，也不肯接受他人的配合，喜欢做个人英雄。

最致命的一点是，有才华的人常常纪律性差。他们觉得自己有本事就够了，不肯接受约束，更不愿意提升自律能力。没有纪律性，常常表现为服从意识差，领导叫他向东，他认为自己比领导聪明，偏要向西冲，结果往往把事情搞砸。

我们都知道《三国演义》有一段诸葛亮挥泪斩马谡的故事。

诸葛亮与司马懿在街亭对战之时，马谡自告奋勇要出兵去守街亭，诸葛亮心中虽然担心，但是马谡表示愿意立军令状，如果失败就处死全家，诸葛亮才勉强同意他出兵，并指派王平将军随行，并交代在安置完营寨后须立刻回报，有事要与王平商量，马谡都一一答应。可是军队到了街亭，马谡执意扎兵在山上，完全不听王平的建议，而且没有遵守约定将安营的阵图送回本部。等到司马懿派兵进攻街亭，围兵在山下切断粮食及水的供应，使得马谡兵败如山倒，重要据点街亭失守。事后诸葛亮为了维持军纪而挥泪斩马谡，并且自请处分降职三等。

马谡的确有才华，饱读兵书，去做一个研究兵法的书生尚可，带兵打仗方面，却难以胜任。结果被诸葛亮挥泪斩首，还落得个毁掉兴汉大业的恶名。王平呢？一个才能平平的人，因为严格遵守纪律，在街亭一战中，数度救出魏延等其他将领，一个普通的将领，因此流芳百世。

没有哪个领导喜欢不服从的人。很多有才华的人，因为服从意识差被打入冷宫，他们尚不自知，反倒认为自己不受重视、怀才不遇。对于执行力而言，才华常常没有服从重要。当你的服从意识差到伤害团队时，团队领导可能宁肯放弃你的才华。很多公司在用人时,总想找到最优秀的人才,例如才干100分的人才。但松下公司却有一个著名的用人理念,主张用70分的人才。这样的人,不笨,但又不会恃才狂傲,因而执行力强,做事认真踏实,纪律性强,易管理,易指挥,易培养,忠诚度也高。

有人说,我就纪律性差,天生的,改不了啊!实在没有人愿意给我工作,我就去当老板,做自由职业者!

做老板就不要纪律了吗?事实上,老板们的纪律意识是非常强的。作为老板,没有人给他们定纪律,他们的纪律都是自己定的。自律是守纪律的最高境界,就是在没有人要求的情况下,依然坚持着。一个朋友,开有数处家电商场,生意做得相当不错。他给自己定了一条纪律:每天跑步锻炼身体半小时。多年来,不论阴晴雨雪,他都每天坚持。有时候,实在因为生意太忙,奔波于旅途中,他都要找机会把车停到路边,跑上半小时,完成当天的指标。

成功的老板们都有超强的意志力和自制力,这些品质,是支撑他们遵守自己纪律的基础。如果你缺乏较强的纪律性,那么,就应该放下你所谓的才华了,从纪律性的提升做起,让自己成为一个给别人干受欢迎、给自己干能自律的人。

因此,纪律第一,没有纪律一切都是空谈,羊不可能在狼没有采取任何措施的情况下俯首投降。

纪律是一切成功的保证

在狼群中,当狼王确定以后,狼群中的每一个成员,都深刻地知道自己所担负的责任,并对自己的行为负责,这就是铁一般的纪律。

如果一个狼群没有严格的规章制度和严明的纪律,那么就好比一盘散沙。如果没有服从,狼群将会溃不成军,更谈不上竞争和生存。狼明白纪律是成功的基础。生活对于它们是残酷的,在面对比自己强大猎物的同时,还要警惕人类的捕杀。纪律是它们生存的保证,没有纪律只能成为其他动物的晚餐。

正如俄国著名的将领苏沃洛夫所说:"纪律是胜利之母。"也就是说,纪律可以促使一个人走上成功的道路。怡安管理顾问公司的陈怡安博士也曾经说过:"领导者的气势有多大,就看他纪律有多深。"一个好的领导者肯定是一个懂得自律的人，而且也一定是能坚持及带动整个团队遵守纪律的人。

可以说，纪律是对个人的约束。那么纪律如何能够成为个人成功的保证呢？

纪律包括他人要求的纪律和没有他人要求下自觉的纪律，两者有重叠的时候，可以称之为"他律"与"自律"。纪律的最高境界是自觉的纪律，即没有人给你制定纪律，没有人来约束你，你也能够严格要求自己。这是需要坚强的意志才能够做到的。

有一次，列宁到一个地方开会。走到会场门口，被卫兵挡住了，要检查他的证件。后边走来一个留小胡子的人，向卫兵说："这是列宁同志，快放他进去！"卫兵回答说："我没见过列宁同志。再说，不管是谁，都要检查，这是纪律。"列宁出示了自己的证件，卫兵一看果然是列宁，马上敬礼说："对不起，列宁同志，请您进会场吧！"列宁握着卫兵的手说："我们每个人都要遵守革命的法规，卫兵同志，你履行了自己的职责，做得很对。"

社会主义纪律也称为自觉的纪律，是最有力量的铁的纪律。列宁自觉遵守纪律的行为和卫兵一丝不苟的精神，都充分体现了社会主义纪律的高度自觉性。正如斯大林所说："铁的纪律不是排斥自觉自愿的服从，而是以此为前提的，因为只有自觉的纪律才能成为真正铁的纪律。"

贾平凹是当代著名作家。他在成为作家之前就给自己定了一套纪律，在他写小说的时候，总要把自己关在一个小屋子里，早上去时带把面条，中午饿了就在小屋里煮白水面，吃了继续工作。他一直遵守着这样的纪律，也真是这样的纪律，让他走上了成功之路，而且更值得我们佩服的是他在成功之后仍旧遵守着。今天的他不仅是一位多产的作家，也是成就最卓越的当代作家之一。

要想成为一个有成就的人，没有纪律是万万不能的，但是有人说了，我就想做一个平平凡凡的小人物，就没必要像他们那样严格要求自己。是这样的吗？难道做小人物就不要纪律了吗？

回答是否定的，不管你想成功还是不想成功，同样是需要纪律的。一个缺乏纪律意识的人，是很难被他人接纳的。团队有团队纪律，单位有单位纪律，社区有社区纪律，就连民间社团也都有自己的纪律。不遵守纪律的人，到哪去立足？我看到太多这样的员工：他们有才华，能力很强，但他们就是不遵守纪律，上司不喜欢，同事也不喜欢，忙忙碌碌几十年下来一无所成。

纪律虽然不能和成功画等号。但是，纪律一定是一个人成功的重要保证之一。纪律是所有制度的基础，组织与团队要想长久存在，那么最重要的维系力就是团队纪律。要建立团队的纪律最首要的一点是：领导者自己要做出表率维护纪律。因此，纪律还是企业成功的重要保证。

任何一家优秀企业，都曾经历从无纪律到有纪律、从纪律不完善到完善的过程。纪律是企业走向卓越的第一步。

1982年，四川有四兄弟辞去公职，来到了新津县，卖掉手表、自行车和黑白电视机，凑了1000元钱，开始创业。他们最初养殖鹌鹑。之后，他们先后尝试了养猪、种水果、种蔬菜，最后又回到养鹌鹑上来，到1986年，他们已经建成了年产鹌鹑15万只的"鹌鹑王国"。一个偶然的机会，他们看到一则国外饲料集团在中国销售猪饲料的广告。他们经过分析，发现了一个重大的机会，开始进入猪饲料行业，中国最大的民营企业就此迈开了步伐。

这四兄弟，就是刘永言、刘永行、刘永美、刘永好。

刘永好认识到，一个人在困难的时候要挺住，在鲜花、掌声、荣誉包围之下，更要保持头脑的清醒，看到自己的不足。虽然身家亿万，但不显富，不奢华，吃的总是回锅肉、麻婆豆腐、蚂蚁上树"老三样"，穿普通衣服，每天花费百来元，每天工作不少于12小时。正是领头人如此自律，给员工做出了极佳的榜样，才受到员工的拥护和敬重，进而使员工主动自律。

可以说，希望集团的每一步前进，都是以纪律制度的进一步完善为前提的。刚开始的时候，因为都是自家兄弟，没什么很细致的纪律条款，只是一些大致分工和分红约定，但大家还是能够拧成一股绳。但随着公司员工的增加，靠"自觉"来约束显然不行了，四兄弟开始制定纪律条款，并逐步发展为完善的管理制度。

纪律前进一小步，管理前进一大步，任何企业，都是在纪律的保驾护航之下，走向卓越的。

因此，无论是个人想要创造成功记，还是企业想要屹立商业之林，这一切的保证就是两个字——纪律。遵守纪律的成功将会最终归你所有，不久的将来，你同样也可以像狼一样成为"独霸天下"的王者！

维护纪律和提升效率不矛盾

在狼的世界有铁一般的纪律，在捕猎的时候严格的战术和作战纪律表现得最为明显。狼群在围猎时，每一只狼都有自己的任务，任何一只狼都不能擅离职守。因此它们的组织和纪律就是它们得到食物的最大保证，也是它们在自然界中立足的根本所在。它们明白，维护纪律和提升效率并不矛盾，因此它们视纪律为生命的保证。

可以说一个捕猎成功率高的狼群可以和一支精锐的军队相媲美，因为它们都有着铁一样的纪律，以服从为美德。只有这样的军队才能战无不胜，攻无不克。

迈瑞和史密斯两个人都爱好军事，他们的不同之处在于迈瑞推崇西点军校，而史密斯推崇海军陆战队，他们两个人常常表示如果有机会指挥千军万马的话，就是战死沙场，也在所不惜。

一条崎岖蜿蜒的山路从山谷中延伸出来，道路狭窄而不平，只能容一辆马车通过。在转过两个山头后，有一个关卡，通过关卡的方法，就是从这边爬上城楼，再从那边城楼下来。而且在城梯上写着提示：请一个接一个通过。

第一天，由迈瑞来作为指挥官指挥战斗。他的队伍有7000人，有骑马的，有拉车的，有步行的。迈瑞一路吆喝着大家前进。当队伍走到城楼下的时候，大家蜂拥而上，结果发生踩踏事件，还有好几辆马车被卡在楼梯上，最后整个队伍无法前行。后面不断有人拥来，想退也退不了。就在这时，敌人从城楼的另一边冲了过来，雨点般的炮弹落在迈瑞挤成一团的队伍中，10分钟不到的时间，死伤过半。

第二天，由史密斯来指挥相同的队伍作战。当他们到达城楼下时，史密斯命令队员停了下来，然后命令队员一个接着一个有秩序地通过城楼。在通过城楼的时候，他的队伍也遭到了敌人大部队的袭击，但是遇到敌人的时候，他的队伍已经有一半通过了城楼，当通过的这些人和敌人交上火的时候，后面的队员也不断地增援上来，最后成功地击退了敌人。

这只是一个游戏，一个模拟的战场，不是真的战场。游戏设置了通过城楼的时间，以及敌人到达的时间。如果这不是游戏，而是一场真正的战争，那么结果会跟这个差不多。遵守"一个接一个通过"原则的队伍，可以保证队伍行动有序，不至于拥堵在城楼下动弹不得，眼睁睁地看着敌人像收割韭菜一样屠戮自己的士兵。

通过这个游戏让我们明白了一个道理：维护纪律，与提升效率并不矛盾。在游戏当中，要想减少伤亡数量以及获得最后的胜利，快速通过城楼是必需条件。而一个接一个地通过，正是城楼为玩家设立的"纪律"。从表面上看，一个接一个的效率比起三五个一起通过的效率似乎低很多。但是，三五个人一起通过，有可能造成互相拥堵的情况，那么这样就一个人都过不去了，还有可能发生意外的互相伤害。

正如这句俗语所说，欲速则不达。但很多人却总是把这条忠告抛到脑后，而且把纪律常常视为"条条框框"的僵硬文字，所以每当遇到纪律束缚的时候，就会把提升效率作为第一要务摆到桌面，要求变通，实质上也就是将纪律作为第二位，让效率主宰纪律。

关于这个问题，经常开车的人会知道效率和纪律倒置会有怎样的结果。开车的人经常遇到被堵在高速公路上的痛苦经历。在高速公路边上有一条道，是紧急通道，每隔一段距离，还有紧急停车的位置。而紧急通道是不允许车辆随便通过的。但是，每当发生交通故障时，不仅行车道上排满了被堵塞的汽车，而且紧急通道上也塞满了汽车，甚至还有人逆行。然而交警接到报警后赶来处理，却心有余而力不足，因为交警无法到达事故现场，疏散人群指挥车辆。而那些抢紧急通道的人，就是"欲速"，但他们这样做的结果是，让大家都陷入"不达"的状态当中。这就是不遵守交通规则、妨碍效率的经典案例。

在被称为"中国式管理之父"的曾仕强老师的书中有这么一段对话：一个老外问马路上是几条车道，当地人回答说，这要看车的大小，如果车小，车道就多，车大，车道就少。那意思就是说，地上的车道线数根本就没有意义，能挤几排车，就是几条车道。这的确是很糟糕的事情。在道路上有很多车辆碰撞事故，都不是因为路太窄，而是因为开车的人无视交通规则造成的。

第七篇 众志成城，无坚不摧

经济学家茅于轼第八次访问美国后，对美国人遵守纪律的情况颇有感触。他说在美国警察数量很多，在路上随处可见巡逻的警车，一旦出了事故，警察就会在第一时间赶到事故发生现场，还有一点，就是在美国的街道上的红绿灯下不见一个警察。而且更值得我们深思的是，当某个十字路口信号灯坏了或停电时，两边过往的车辆会自觉停下来，等一会儿再通过。然而在我们国家呢？每当上下班高峰期，必须要交警在红绿灯下执勤。甚至有些司机在过路口时，看的不是红绿灯，而是看有没有安装摄像头，有摄像头就遵守交通规则，要是没有的话，就会猛踩油门闯红灯。即使有电子摄像头，"聪明"的司机们也有办法，"绿灯行、黄灯闯、红灯绕"是他们的交通规则，绿灯，加速冲，黄灯了，还是冲，红灯了就打着右转向灯，假装右转弯，转到一半时，又打开左转向灯，不就通过了吗？路面的混乱状况自然可想而知。纪律在他们眼中什么都不是，他们只要速度，但是他们没有想过一旦发生意外，时间耽误得更多，一些人的侥幸心理有时候会害了他们一生。

除了在战争中、交通上遵守纪律之外，在生活的其他方面同样需要纪律的约束，同样需要纪律来保证效率。俗话说，磨刀不误砍柴工。

在一家公司中，王瑞是部门经理，他的手下有一位会计，人非常聪明，唯一的缺点就是总不按规矩办事。王瑞经常告诉他，如果是做手工账的话，一定不能只图快，要一步一步演算，以免环节出错。还有就是在记账凭证汇总平衡之前，不要去登录总账；在总账汇总平衡之前，不要去做报表。可他左耳朵听右耳朵就冒了，完全把王瑞的话当成了耳旁风，还是喜欢不按纪律出牌，在做账的时候中间环节都省了，常常是直接把记账凭证简单相加，就把报表数字给凑出来了。他还常常自以为傲地说自己聪明懂得巧干，既省了时间，又心情愉快。之后随着核算量的增加，他的心情再也愉快不起来了，常常为了一分钱平不了账，把自己做的工作倒回去查好几天，也找不到原因在哪里。

这个会计的做事风格严重地违背了一步一步演算纪律，如果不守这个纪律就不配做一名会计，但是他违背了，自然要受到惩罚，品尝自己给自己造成的后果。

其实我们细心注意一下身边的一些事或者人，总会发现有那么一些人为了效率而忽视纪律，造成无法弥补的伤害。纪律的确是固定的，但如果你想把固定的纪律变通着来处理，是必然要付出代价的。小聪明固然有时可用，但常常在纪律面前一败涂地。

狼从来都不会违背纪律的规定，它们就算是战死沙场也要维护纪律，因为他们知道只有维护了纪律，才会获得更多的食物，否则可能被猎物所猎杀。其实对于我们人来说，纪律是动摇不得的，不要凭借感官直觉来判断纪律与效率的关系，只要记住维护纪律和提升效率不矛盾就可以了，成功与否掌握在你的手中。

狼|性|法|则 ▶

纪律是企业文化的灵魂，是团队精神的精髓。纪律为企业保驾护航，为团队聚合力量。

如果企业没有严格的规章制度，团队没有严明的纪律约束，那么就会人心涣散、各自为阵，谈不上秩序和效率，更谈不上竞争和生存。

没有纪律，便没有一切，只有拥有一支纪律严明的团队，才能保证不折不扣的执行力，才能在激烈的竞争中赢得最后的胜利。

第七篇　众志成城，无坚不摧

第二十五章　绝对服从，团队利益高于个人利益

一个狼群就是一支训练有素、纪律严明的部队，统一行动，绝对服从，我们的力量就来源于我们对强者的敬畏、毫不犹豫的服从。当我们狼群中的头狼确定下来后，其余的狼就必须无条件地服从它的领导，否则就会被我们淘汰。每次围猎，当头狼的命令下达后，我们不会找任何借口，除了服从，还是服从，即使明知必死，我们也不会惧怕，因为我们知道，我们的付出能给团队带来生存的希望。

——狼的自述

服从是狼队成员的天职

随着地球的不断进化，有很多生物灭绝了，狼之所以一直生存在现在，一定有它们生存下来的谋略，在所有的狼群家族中，当狼王确定以后，每一只狼都必须听从狼王的命令，这就是狼的纪律——服从。

狼群中的每一个成员以服从为天职，就是因为狼族有这样的素质才能一直延续到今天。共同的命运、共同的斗争、共同的纪律，让它们拥有忍受一切的力量。团队中的每一个成员，对于狼王的命令都会不找任何借口地执行。狼群中的每一个成员，都深刻地知道自己所担负的责任，并对自己的行为负责，这就是铁一般的纪律。

如果一个狼群，没有严格的规章制度和严明的纪律，那么就好比一盘散沙。如果没有服从，狼群将会溃不成军，更谈不上竞争和生存。一个狼群就相当于一个企业，如果没有服从，企业将会面临倒闭的危机。

企业中的每一位员工都必须服从上级的安排，就如同每一个军人都必须服从上司的指挥一样。大到一个国家、军队，小到一个企业、部门，他们的成败很大程度上都取决于是否完美地贯彻了服从的观念。

服从应该是行动的第一步，你处在服从者的位置上，就必须遵照指示做事。服从的人必须暂时放弃个人的独立自主，全心全意去遵循所属机构的价值观念。一个人在学习服从的过程之中，对所在机构的价值观念、运作方式，才会有更透彻的了解。

盘珪大师说禅时，不但有学禅的人谛听，包括各阶层，乃至其他各宗的人，也都欣然受教。他说法既不引经据典，亦不沉迷于学术的讨论；他的话是从心中直接说出，而直接诉之于听者之心。

他的听众愈来愈多，结果激怒了日莲宗的一位法师，原来，这位法师的信徒都跑到盘珪这儿来听禅了。这位法师是个以自我为中心的人，心里很不服气，决定到盘珪的寺院找他辩论，以便一决雌雄。

"嗨，禅师！"他叫道，"尊敬你的人自会敬服你的话，但一个像我这样的人就不服你。你能使我服从你吗？"

"到我旁边来，我可做给你看。"盘珪答道。

这位法师傲然推开大众，走向前去。

"到我左边来。"盘珪微笑着说道。

法师走到了他的左边。

"嗯，不对，"盘珪说道，"你到右边来，我们也许可以更好交谈。走到这边来。"

法师傲然地向前跨了一步，走到了他的右边。

"你看，"盘珪说道，"你已在服从我了，因此我想你是一位非常随和的人。现在，坐下来听法吧！"

从这个故事中，我们可以感悟到，服从是一种美德，一种跨越和操守。

我们都知道，军人的天职就是服从，军人的使命就是坚决服从命令，保卫祖国安全，维护世界和平。以下是关于以色列军方营救人质的故事。

1976年6月27日，巴勒斯坦游击队劫持了一架法国航空公司的大型飞机，并将机上105名以色列人扣押在乌干达恩德培机场的候机大厅。为了解救人质，以色列特种兵展开雷电行动，长途奔袭乌干达。

在争取营救行动之前，一名以色列士兵手持扩音器，用以色列人的母语希伯来语大声喊道："我们是以色列士兵，前来接你们回家，请你们立即就地卧倒，趴在地上别动！"以色列人质全都清清楚楚地听懂了这段希伯来语，并迅速地卧倒在地上，而巴勒斯坦士兵却一点也没听懂喊话的意思，他们仍然站立着，警惕地注视着对面。

这时，一颗颗子弹向所有站着的人飞去，以色列士兵以迅雷不及掩耳之势向大厅内发动攻击，站着的人一个个倒在地上。在这场战斗中，除勒巴勒斯坦士兵外，还有三个以色列人也丢掉了性命。有两个是年轻的以色列男子，他们在听到并完全明白自己方士兵的指令以后，凭着自己的胆量和勇气，想再等一等，看清楚发生了什么事情之后，再服从指令。

遗憾的是，他们已经没有服从指令的机会了。第三个遇难的人质也是一名男子，他在听到士兵的卧倒指令后，倒是毫不犹豫地服从了指令，但是在他看到以色列士兵冲进大厅后，忘记了刚刚那句趴在地上别动的指令，兴奋地站起身来准备冲向以色列战士，与他们拥抱，结果被士兵当做隐藏在人质中的敌人射杀了。

关于服从，巴顿将军曾说过，服从不只是一种品德，更是一种责任。如果你不懂得服从，或者打了折扣去服从，不仅会损害团队的利益，甚至会成为潜在的杀人者或自杀者。服从二字在民营企业中确实处于很尴尬的地位，很多员工经常在部门里或在私下里抱怨公司的高层或公司的制度和指令，执行指令时常会打折扣，或者是督促一下走一步，在工作中不肯付出哪怕多一点儿的努力，更谈不上去思考如何将工作做得更好。

企业中并不是所有上司的指令都正确，上司也会犯错误。但是，一个高效的企业必须有良好的服从观念，一名优秀的员工也必须有服从意识。因为上司的地位、责任使他有权发号施令；同时上司的权威、整体的利益，不允许部属抗令而行。一个团队，假如下属不能无条件地服从上司下达的命令，那么在达成共同目标时，就可能产生障碍；相反地，就能发挥出超强的执行能力，使团队胜人一筹。

因此，对于下级来讲，命令，首先是要服从，执行后才知道效果；还没有执行，就发挥自己的"聪明才智"，大谈见解和不可执行的理由，走到哪里都是不受欢迎的角色。对于有瑕疵的命令，首先还是服从，在服从后与领导交流意见，共同改进和提高，"先集中后民主"。

狼之所以能在百兽中称雄，就在于它们服从头狼，完美地执行头狼的命令，这才能让它们在猎捕的时候一次次地成功，要知道，再完美的计划也需要有完美的执行，所以，团队成员的服从对一个团队来说至关重要。现在有很多企业都倾向于军事化的管理，最重要的一点就是"服从"，只有"服从"才能造就一支高效率、富有战斗力和竞争力的队伍，才能使企业永远立于不败之地。

集体利益永远高于个人利益

在世界上，狼是社会性动物，拥有动物王国里最复杂而团结的队伍，它们借着团队合作来完成对猎物的降伏。面对狼群，最凶猛的猎豹也会退避三舍，这就是狼群在战场上的威力。当人类为个体的利益各自为阵、尔虞我诈的时候，狼却从来没有忘记相互依靠是族群延续生命的根本。

狼是世界上最具有团队精神的动物，为了家族的利益，它可以不惜牺牲自己的生命，表现出一种视死如归、赴汤蹈火的伟大气势。狼群的这种精神可谓是一种集体英雄主义精神，它是个体与群体在目标一致基础上的融合，是成员思想心态上的高度协调，是行动上的默契和互补，是相互之间的宽容和接纳。

关于狼的集体主义精神，在猎狼人卢嘉·布尔迪索的叙述中我们可以清楚地体会到。

有一次，他和艾迪（卢嘉·布尔迪索的好朋友）发现一群狼，有二三十只。当时，他们带了足够的弹药，至少能杀掉十只狼。那可真是一个不小的数目啊。艾迪先开枪杀掉了一只，狼群发现他们之后并没有乱，而是有序地向山谷的方向跑去。他们骑上马带着猎狗开始追击。跑了很长一段距离后，他们渐渐缩短了与狼群之间的距离。

正当他们再举枪准备射击时，有三只狼突然停下了，转回头来面对着他们。当时，他们一下子愣在了那里，不知道该怎么办。那三只狼停下的地方正是一个山脊，其他的狼翻过了山脊就不见了。过了几秒钟，他和艾迪连续开了几枪，打死了那三只狼。后来他们发现这三只都是非常强壮的狼，大概是狼群中的首领。这时，他们才明白它们是为了狼群能够逃脱，而牺牲了自己。

狼王在危急之中不是没有想到自己的利益，但是在集体利益面前它坚决地放弃了自己的利益，因为它懂得集体的长存才意味着自我的生存。这种精神也正是我们人类应该具备的，它会指引我们时刻以确保集体利益为首要目标，从而达到集体与个人利益的合二为一。

张明来到S集团的营销部上班没几天，部门就接到一个大任务，就是向某健身器材专卖店推销公司开发的新一代跑步机。

恰巧这个攻克专卖店老总的光荣任务就砸到了张明的身上，而且营销部的主管对他的信任，让张明压力巨大，不攻克这座堡垒怎么面对营销部的兄弟姐妹？

于是，张明千方百计地打听清楚了专卖店老总王先生的住址，又了解到了他有个热爱体育运动的儿子，便信心百倍地立刻和同事拉着一台跑步机去了王先生家。

此时正是暑假，王先生家只有他放假的儿子王沐阳在。张明进门后，凭着他的口才，轻易便将王沐阳说得动了心，立即就要试一试这个新产品。

于是王沐阳便让张明他们把跑步机抬进去。张明说只是免费试用，留下了联系方式便与同事离开了。

没过几天，张明接到了王先生的电话，他本以为王先生是要与他们谈购买跑步机的事情，没想到王先生的电话是投诉的，说他们的产品没用几天就出故障了。

张明赶紧道歉，并向王先生详细询问了故障的表现，便立刻回家拿了工具去了王先生家。原来张明在学校时是学机械的，平时便喜欢修修东西。

到了王先生家，他发现有几条线路连接得不是很顺畅，另外里面的电子管竟然有损坏的迹象。

他问跑步机有没有受过撞击，王沐阳这时承认昨天几个朋友来家里，大家争着玩跑步机，结果在争抢中把跑步机推倒了。张明调试了那几条线路，跑步机便又重新启动了。他对王先生家人说跑步机暂时可以使用，但里面的电子管因为受撞击已经损坏，明天他会来安装一个新的电子管。

第二天，张明自己买了一个新的电子管去王先生家安装在跑步机上，并诚恳地向王先生家人询问对产品的看法。王先生高兴地说产品一点问题都没有，同时还对张明公司的服务态度感到满意。张明趁机说出公司希望在他的专卖店销售跑步机的想法，王先生二话没说一口答应，结果张明顺利完成了任务。

在专卖店的研讨会上，王先生力排众议并作出担保，使张明公司的跑步机涉险过关。王先生还向张明的公司领导反映了他的所作所为，并对他大加赞扬。公司立刻对张明进行奖励，张明在高兴之余，也没忘提醒公司健身器内部构造上的缺陷，建议尽快进行改进。

张明自己花钱买了一个电子管，损失的是自己的利益，但是他没有怨言，因为他知道只有公司的利益得到了保障，他的个人利益才会得到保证。个人的利益是与集体的利益紧密联系在一起的，只有首先保障了集体利益，个人利益才能真正得到维护。要做到这一点需要我们将眼光放得长远些，考虑问题时从全局出发，充分认识到自己是集体的一员，只有集体发展了，自己才能有更好的明天。

具有长远眼光的人更知道任重道远，他清醒地意识到，光凭他一己之力太有限了，要想实现大目标，需要的是众志成城和齐心协力，需时刻注重集体的利益。

比尔·盖茨再三对微软人强调："如果有一个天才，但其团体精神比较差，这样的人微软坚决不要。微软需要的不是某个人鹤立鸡群，而是携手共进。"

微软 WindowsXP 的开发是 500 名工程师奋斗了两年的结果，有 5000 万行编码。为了软件开发的顺利就需要一个人来协调不同类型、不同性格的人员共同奋斗，缺乏领军型的人才，缺乏合作精神是难以成功的。

现在的企业都很讲究团队协作，这不但包括借由团队力量寻求工作中需要的资源，也包含主动帮助别人，以团体的荣誉为荣。因为他们深知，缺乏沟通和合作的后果会非常严重。

在 20 世纪 30 年代，英国送奶公司送到订户家的牛奶都是没有封口的，因此，麻雀和红襟鸟可以很容易就吃到凝固在奶瓶上层的奶油皮。后来，为了防止鸟儿偷吃，牛奶公司把奶瓶口用锡箔纸封了起来。让人意想不到的事情发生了，20 年后，英国的麻雀竟然吃到了用锡箔纸封住瓶口的牛奶瓶中的奶油皮，因为它们用嘴戳破了锡箔纸。然而，同样是 20 年，红襟鸟却一直没学会这种方法，也就再也没有吃到美味的奶油皮。

生物学家对这种现象有了兴趣，于是他们开始对这两种鸟儿进行研究。先进行生理结构的研究，但是从解剖的结果来看，它们的生理结构没有大的区别，但为什么这两种鸟在进化上却有如此大的差别呢？后来才发现这两种鸟的生活习性截然不同。

麻雀属于群居的鸟类，一起觅食，一起嬉戏，行动具有集体性，当某只麻雀发现了啄破锡箔纸的方法，就会把这种方法告诉其他麻雀。而红襟鸟则喜独居，它们以圈地为生，沟通仅止于求偶和对于侵犯者的驱逐，因此，就算有某只红襟鸟发现锡箔纸可以啄破，其他红襟鸟也无法知晓。

我们试想一下，如果世上就只有奶油皮这一种食物可以让它们生存，那么后果可想而知，麻雀仍旧在唧唧喳喳，而红襟鸟可能早就从这个世界上消失了。

对于狼来说，种族的繁衍与生存往往是最重要的，它们通常都会通过各种途径来保障群体的利益，甚至牺牲自己的生命。一个优秀的、有着长远眼光的人深知集体的价值所在，他懂得：一滴水很快就会干枯，只有当它投入大海的怀抱后，才能永久地存在。个体也只有和集体融为一体，才能获得无穷的力量，才会事半功倍地实现成功的宏伟目标！

忠诚于团队就等于忠诚于成功

在动物界中，狼是很忠诚的动物，狼对它的家庭、团体或社会组织倾注更多的热情。狼群的成员们共同猎食以确保集体的存活，然而它们还玩耍、歌唱、睡觉、扭打并且互相保护。狼生存的目的就是要确保狼群的生存。

一个狼群由父母、姑姨、舅叔、兄弟和姐妹组成——它确实是个扩展了的家庭组织。总的来说只有占统治地位的那对狼才繁殖后代。但是狼群中每位成员都参与抚养和教育狼崽。每位成员都各司其职：为狼崽提供食物、栖息地、训练和保护，还陪它们玩耍，因为整个狼群都认识到年青一代是它们的未来。

狼与狼之间表现出的忠诚众所周知，有据可查。一个连续多年利用夏季在阿拉斯加观察研究狼的蒙大拿州人，从另外一个角度给我讲述了狼的忠诚。他说在极其偏远的地区，有一对夫妇和他们的两个儿子住在他们自己搭的小木屋里。这一家庭还包括他们养的两只狼。当初它们的母亲被人不分青红皂白地开枪打死，两只嗷嗷待哺的狼崽只有死路一条。这家人从狼窝中把它们抱回了家。这两只狼只和人在一起生活，以他们为伴，这个家是它们所知道的唯一的家。

一天，夫妇俩正在离家约一英里的地方伐木，这时一个孩子不小心打翻了家里一盏煤油灯（当时那里没通电），熊熊大火开始吞噬小木屋。由于烟熏火燎，连惊带吓，屋里的两个小男孩呆住了，被困在里面。两只狼立即向烈火肆虐的木屋冲去。孩子的父母还离得很远，于是两只狼挣扎着奋力冲进小屋，把两个孩子拖到屋外的安全地带。两只狼都被大火严重烧伤了，但是它们对"群体"的忠诚意味着"群体"中两个成员生与死的差别。

这就是狼对于家庭，对于狼群的忠诚，这种忠诚正是它们自律的结果。狼很明白，忠诚于纪律就等于忠诚于生命，忠诚于成功。

的确，忠诚不仅在狼的身上体现得淋漓尽致，而且在艰苦的革命斗争中，在共产党员的身上更是体现出了"士可杀，不可辱"的品质。在共产党员的心里忠诚高于一切。在这些革命者当中，无论军事方面、文艺方面还是社会科学方面，都不乏杰出人士。他们要谋个好工作、过一种体面安逸的生活并不是难事。尤其是面临生死选择时，一边是荣华富贵，一边是黄泉路，是什么力量让他们坚守自己的阵营，让他们宁愿赴死也不出卖党呢？是因为忠诚。忠诚是他们最关键的品质，正是这些共产党员的忠诚，才有了革命的胜利。

其实忠诚，本身就是一种纪律，而且是一种非常重要的纪律，它甚至是最基本的纪律，表现为可以做什么、不可以做什么的基本行为规范。例如，必须维护公司利益、坚决和破坏公司利益的行为作斗争等。

在一个集团里，集团老板要求每季度都评选忠诚标兵。当时，执行评选的人有一个错误的认识，认为所谓忠诚标兵就一定是为了公司利益不畏生命危险和坏人坏事作斗争的人，能够流血牺牲最好。按这样的认识去评标兵，显然有很大的难度，因为不可能每个季度都发生这样的事情。

有一个季度，执行评选的人实在选不出标兵，就对老板说公司没有标兵了。老板很纳闷，公司这么大，怎么会没有标兵呢？当他听说关于标兵的标准后，简直又气又笑——如果是那样的话还不如不评，因为流血牺牲对公司对个人都是巨大的损失。最后，还是老板定下了标准：谁在遵守纪律方面表现得最好，谁就是忠诚标兵。

现在，结合纪律第一来思考这位老板的标准，我发现他是真正认识了忠诚的本质，以及忠诚与纪律的内在关系。

目前，忠诚理念已经被众多企业所认同，不少企业在用人方面，都是忠诚第一，能力第二。然而在培育忠诚方面，却存在诸多误区。有人天天高喊着忠诚的口号，却对公司最基本的纪律视而不见。连基本纪律的权威都得不到保障，这样的企业，能够有忠诚的员工和团队吗？

忠诚对于狼群来说很重要，狼王带领这个狼群要想笑傲于天地间，就要互相忠诚，而对于一个企业来说，就相当于一个狼群，要想做出骄人的业绩就要需要员工和客户的忠诚，更需要企业带头人的忠诚。忠诚是一种纪律，只有忠诚于纪律，才能获得成功，像狼一样成为强者。

百分之百地执行，没有借口

在狼群进行捕猎的时候，狼王往往担任着突击、诱敌的任务，这支勇敢而精锐的特种部队，在狼群进攻和撤退的任务中起到至关重要的作用。狼王的指令是威严而又高效的，一声长长的嚎叫就是一支敢死队发起冲锋的号令，往往意味着属下在战场上整夜地搏杀。正是因为狼有着不找借口的习惯，所以当它在听到狼王下达的号令后，就有了百分之百的执行力。

在捕猎场上的狼告诉我们一个生存之路：狼在接到指令后，从来不会为自己找任何借口，总是默默地不断向前进，它始终坚信自己一定会到达成功的彼岸。因此才造就它为自然界中效率最高的狩猎机器。

狼从不怀疑指令的错与对，它唯一做的就是没有借口，百分之百地执行。与狼相比，人类是高级动物，但是有一些人却经常找借口，站在原来的位置停滞不前，让成功的机会与之擦肩而过。

其实，找个借口是世界上最容易办到的事。狐狸吃不着葡萄，它就找出一个完美的借口：葡萄是酸的。结果狐狸的可怜被我们所讥笑，但我们却又为自己不自觉地找借口。

"如果我年轻20年，我会创办自己的公司，也许早就可以横行天下。"这是找年龄的借口。"要是我运气好一点，哪里还会是一般员工，总经理的位置是我的。"这是找运气的借口。总而言之，找借口是件毫不费劲的事，而且可以为自己轻描淡写地找到合适的理由。于是,我们可以心安理得,可以安于现状,可以为自己解脱。

但是,只有初中学历的李嘉诚却成为香港的亿万富翁;身患小儿麻痹症、下肢瘫痪的富兰克林·罗斯福却成为美国总统,而且曾连任四届;66岁才开始摆小摊做生意的杨百万却成了"蚊帐大王";盛田昭夫从经营电器做起,经历过数不清的挫折和失败,最后终于把"索尼"推上世界名牌的宝座。他们之所以成了风云人物为世人所瞩目,是因为他们从不为自己找借口,有了目标就马上行动。由此,我们说借口是美丽的谎言,是一种"掩耳盗铃"的行为,只有制定目标马上执行才能成功。

在古代被称为"西楚霸王"的名将项羽,具有非比寻常的勇气,他在一场关键性战役中,以寡敌众,若硬打硬拼必败无疑,为求胜算,他用船把士兵载往敌岸,将武器卸下之后,便下令把船全部烧掉。

在正式攻击之前,他神情严肃地对士兵们说:"船已被烧毁,这你们都看到了,所以我们这一仗是非胜不可,因为我们已没有退路。目前我们只有两种选择:胜利或者死亡。我希望大家自己权衡生死,作出选择。"因为后路已被断绝了,战斗中士兵们都拼力向前。最终他们取得了胜利,这就是历史上有名的"破釜沉舟"。

"没有任何借口",就是要将一切退路都断绝掉,倾注全部的心血于你的事业中。倘若我们想在最危险、最不利的情况下依然保持不败,我们必须自动将船只烧掉,把后路切断,只有这样去追求我们的目标时,我们才能做到心无旁骛。

在美国西点军校,有一个广为传颂的悠久传统,学员遇到军官问话时,只能有四种回答:"报告长官,是"、"报告长官,不是"、"报告长官,不知道"、"报告长官,没有任何借口"。除了这四种回答以外,一个字也不能多说。

"没有任何借口"是指不能为没有完成任务去寻找任何借口,就算是借口仿佛很合理。它体现出的是一种完美的执行能力,一种服从、诚实的态度,一种负责、敬业的精神。

"没有任何借口"看起来仿佛很绝对,没有公平可言,然而人生就是这样,并不是永远公平的。成功的企业必须让员工知道:不管遭遇什么样的环境,都必须学会对自己的一切行为负责!要让员工养成毫不畏惧的决心、坚强的毅力、完美的执行力，以及在限定时间内把握每一分每一秒将每一项任务完成的信心和信念。

格兰特纳是美国的一位成功学家，他曾说过这样一段话："如果你有自己系鞋带的能力，你就有上天摘星的机会！一个人，他能否做好事情的关键，是由他对待生活、工作的态度所决定的。首先改变一下自己的心态，这是最重要的！在工作中，许多人寻找各种各样的借口来为遇到的问题开脱，并且养成了习惯，这是很危险的。"

海尔老板张瑞敏召开全体员工大会时，当场把74台不合格的冰箱给砸碎了。很多员工不理解，但正是这次砸，让海尔实现了再一次的飞跃。对公司的未来规划，策略最正确的是谁？老板。因为经过事实的检验，成功的素质他已经具备了，所以，他对的可能性远远大于员工。所以，当你还不理解的时候，对公司的决定也应该用积极的心态坚决地执行。

当然，老板也是人，是人就会有犯错的时候，但公司的决定你也必须用积极的心态坚决地执行，因为老板有能力承担决策风险和结果，而你却不能。但是，在讨论时你有义务充分论证你的看法，力争把老板错误的观念改变过来，避免老板作出错误的决策。如果你无法说服你的老板，那么你只有坚决地执行，并在执行过程中，及时地、不断地反馈真实的执行情况，为老板修正决策提供确切的依据。

一个部队、一个团队，或者是一名战士或员工，必须具有强有力的执行力才能完成上级交付的任务。接受了任务就意味着作出了承诺，而完成不了自己的承诺是没有任何借口可找的。可以说，执行力的表现就是没有任何借口，这是一种很重要的思想，它将一个人对自己的职责和使命的态度完全体现出来。

在捕猎场上，狼捕猎的高效率来源于命令下达后的立即执行，这个世界上没有一只总是找借口的狼，否则它们早就饿死了。狼为了生存，不找借口，百分之百地执行猎杀任务，那么职场中的我们也应该像狼一样，不找任何借口，积极地、坚决地去执行上级的决定，就算你的观点与上级不一致。企业需要来作决定的还是老板，一旦作出了决定，无论你是否认同，对公司的决定都必须用积极的心态坚决地执行。

狼|性|法|则

一个高效的企业必须有良好的服从观念，一个卓越的团队必须有彻底的服从精神，一个优秀的员工必须有坚定的服从意识。

企业核心竞争力的大小在于其执行力的强弱，一流的执行力成就一流的企业、一流的团队、一流的员工。

忠诚是人生的美德，是立足职场的基石，忠诚于公司，忠诚于工作，就是忠诚于自己。

只为成功找方法，不为失败找借口。一名合格的员工应当无条件服从公司的安排，服从上级的决定，全力以赴地完成工作。

第七篇 众志成城，无坚不摧

第二十六章　强强联手，合作共赢

我们狼群不仅彼此合作，也会与其他动物和谐地共同合作。我们对合作伙伴不会作出任何限制，只要是为了完成共同的目标，即使是对手也可以合作。没有利益的战斗我绝不参与，只要对生存有利，哪怕是敌人，也可以成为暂时的朋友。只有和比自己更成功的人在一起，和成功者合作，我们才会获得更大的成功。如果我们结交成就者，那我们终将会成为一个有成就的人。为了在残酷的竞争中生存下来，我们会求同存异，团结一切可以团结的对象，共同抗争自然界。

——狼的自述

求同存异，道不同也能一起共事

狼群的胸怀似乎超出了人类的想象，求同存异，团结一切可以团结的对象，共同抗争自然界。

狼群不仅彼此合作，它们也会与其他动物和谐地共同合作，与其他动物的合作，通常是为了达成各自所需。狼对合作伙伴不会作出任何限制，只要是为了完成共同的目标，即使是对手也可以合作。

极其优秀的高空搜索者大乌鸦，当它在高空发现受伤或死亡的猎物时，便会把消息传达给狼群，充当它们的信差，并带领两个不同的族群到达猎物所在地。此时，野狼强壮的爪子可以为大乌鸦撕开猎物的躯体，为它们提供充足的食物。

狼群为乌鸦扮演着剖开猎物的刺刀的角色，大乌鸦则为狼群扮演着传达信息的侦察兵的角色。它们不仅共同生存在自然界里，而且似乎合作愉快。这种合作关系，让它们双方在适者生存的竞争考验中，成为千百年来持续领先其他动物的最优秀群体。

当狼与大乌鸦一起进食时,狼会象征性地转向身旁的乌鸦,但永远不会真正去伤害乌鸦,把乌鸦当成自己的食物;乌鸦则会在狼进食的时候啄它的屁股,乌鸦似乎也懂得这一点——二者间的追赶只是一种游戏。两种动物不仅能和平相处,而且很显然它们之间存在着依据大自然的效率法则和数千年的经验逐渐形成的错综复杂的合作关系。

合作团结是所有成功的开始,最能有效运用合作法则的人,生存得最久,这项原则适用于一切竞争。

而取人之长补己之短则是团结合作的一个重要动机,尺有所短,寸有所长,取人之长补己之短是聪明人的合作目的。

取人之长补己之短的思想,自古有之。刘备大事必问孔明,曹操集众人之智为己之智等,"以人之长补己之短"使他们以有限的知识有效地对付了万千对手,适应了多变的环境。

万隆亚非会议是人类有史以来第一次由亚非国家发起和召开的会议,是第一次没有西方国家、没有当时主要世界大国参加的会议。会议的参加国除日本外,都是新兴的发展中国家,因此也可以说是第一次发展中国家的国际会议。二战结束后,世界上出现了民族独立解放运动的高潮,长期处于西方帝国主义、殖民主义、霸权主义控制下的广大亚非国家,先后通过革命、战争、起义和抗争等不同的方式,冲破了帝国主义的封锁、垄断和控制的世界体系,走上了建立新兴民族国家的道路。独立后,这些具有共同的命运、面临共同任务的国家,为了解决共同的问题,需要相互交流经验,相互探讨国家建设和发展的道路,彼此达成一种共识,这就是要加强亚非新兴的民族独立国家之间的团结和互助。万隆会议正是在这样一种背景下召开的。

1955年,周恩来在亚非万隆会议上提出"求同存异"的方针。求同存异是周恩来的创新,万隆会议的精神最终导致了1961年不结盟运动的兴起。

求同存异不是目的,而是为大家的共同目标服务的,求同存异之后要做什么是最重要的。周恩来在万隆会议上指出,亚非地区已经发生了巨大变化,但殖民主义在这个地区的统治并没有结束,经济上还很落后,因此这一地区的国家不仅要求政治上的独立,同时还要求经济上的独立,改变经济落后面貌,争

取完全独立。为此就要保障世界和平，促进亚非国家之间的友好合作。

而要实现这个目标，亚非国家之间就应该求同存异，不要因意识形态和国家制度的不同而造成分裂，这是新中国第一次参加国际的会议。

不仅国家与国家之间需要求同存异，而且在当代日益激烈的社会竞争中，我们在学习和工作上也要求同存异，不断地向他人学习，以他人之长补己之短。

有一位刚毕业的大学生，初到某文化出版公司做编辑，因写了一篇文章得到领导的表扬。从此，他对周围的同事置之不理，似乎谁也不如他。在日常的工作中和同事也不予配合，一意孤行，总认为自己什么都能做好。在后来的编辑工作中，领导发现了他太多的专业错误，加之他不能谦虚地向别人学习，因而将其辞退。

可见，做人要有自知之明。要正确对待自己，正确对待他人，多看自己的不足，多看他人长处。任何人都不是百事通，要以人之长补己之短，以人之厚补己之薄，不过高地估价自己，不过低地估价他人。一个人本事再大，也不可能包打天下。一个好汉三个帮，一个篱笆三个桩。不要片面地看待自己和他人，过分地夸大自己的作用。要知道，一个人本事再大，也是孤掌难鸣。成绩突出的人，除了个人的能力和努力之外，离不开组织的支持和他人的配合，难以击败的力量来自集体而非个人。

毛主席曾说："不仅要团结和自己意见相同的人，而且要善于团结那些和自己意见不同的人，还要善于团结那些反对自己并且已被实践证明是犯了错误的人。"我们要想创造自己的一片天地，就要做一个胸怀宽广的人，像狼那样，即使和乌鸦不是同种，但能同存，只有求同存异，才能创造未来。

三个臭皮匠赛过诸葛亮

在动物界，狼算是一种很有智慧的种族，当狼遇到敌人的时候，它们首先会想到用集体的力量来对付敌人。如果这个对手是非常强大的，一不小心就会成为敌人填胃的食物，那就太不划算了，所以狼王就会组织几只有经验的狼一起来商讨对敌大事，制订出一个完美的方案打败敌人。前面我们讲到过，狼具有团队精神，因此，它们知道遇到某些事情的时候，会用分工的形式合伙来做，这样事情会完成得更快而且更好。

狼的这种智慧，用人类的一句话来概括就是：三个臭皮匠赛过诸葛亮。其实在我们的生活与工作当中做事也是同样的道理，人多力量大，也只有这样才会成功，因为合作才是成功的开始。

想必大家都知道，三国演义中，诸葛亮应周瑜造十万支箭用于破曹，出了"草船借箭"之计。但不知，当日诸葛孔明算准时机，便命随从部下三人，在二十艘小船两边插上草靶子，再以布幔掩盖。其随从完成后，回报军师，并提出这样布置恐让曹军看出破绽。三人心有一计，但只不说，明日安排好领军师看。只见每艘小船的船头都立着两三个稻草人，套上皮衣、皮帽，看起来就像真人一样。曹军果然中计。真可谓，智者千虑必有一失。一人难敌三人之智。

在这个世界上，一个人的力量实在是很小的，哪怕聪明如诸葛亮也有疏忽的时候，如果不是他的随从完善他的计划，恐怕他留下的就不是智者之名，而是一个笑话了。俗话说，一人计短，二人计长。只有拥有合作，才能拥抱成功。合作是通往成功的指路灯。

从前，有两个饥饿的人得到了一位长者的恩赐：一根鱼竿和一篓鱼。其中，一个人要了一篓鱼，一个人要了鱼竿。于是他们分道扬镳了。得到鱼的人迫不及待地在原地用干柴煮起了鱼，他狼吞虎咽，来不及品尝香味，就吃光了。不久，他便饿死在空空的鱼篓旁。另一个人则提着鱼竿继续忍饥挨饿，一步一步艰难地向海边走去，可当他已经看到了不远处那片蓝色的大海时，他浑身的最后一点力气也用完了，他只能眼巴巴地抱着无尽的遗憾死去。他们两个人的死是因为不懂得合作。

又有两个饥饿的人，他们同样得到了长者恩赐的一根鱼竿和一篓鱼，只是他们没有各奔东西，而是共同商定去寻找大海。行程中，他们两人每次只煮一条鱼，经过长途跋涉，终于来到了海边。从此，两个人开始了以捕鱼为生的日子。几年后，他们各自盖起了房子，有了各自的家庭和子女，有了自己的渔船，过上了幸福安康的生活。他们两个人的活是因为懂得合作的重要性。

这个故事告诉我们，成功之路漫长遥远，单靠个人的努力是不够的，要想快速到达成功的彼岸，就要学会与人合作，学会借力做事。学会与人合作是事业成功的重要保证。

在这个世界上不论做什么事，合作才能够成功，合作才会有力量。例如人的手掌有五根手指头，如果只靠一根指头根本无法提物；如果五指"合作"并用，才能成为一个拳头，而更有力量、更灵活地去做事。

正如一位伟大的哲学家威廉·詹姆士曾经说的："如果你能够使别人乐意和你合作，不论做任何事情，你都可以无往不胜。"合作可以说是一种能力，但表现出来的更是一种艺术。也只有善于与人合作，他们才可以获得更大的力量，从而取得更大的成功。

在当今的知识经济时代，复杂困难的工作绝非一个人的头脑所能完成。无数事实证明，合作是走向成功的捷径。对于不懂得合作的人来说就永远也不可能会获得成功。合作就是成功的开始。一个人要想成就一番大事业，就必须有狼的胸襟，学会与人合作，群策群力，那样就能事半功倍，更容易抵达成功的彼岸。

"狼狈为奸"，合作共赢

在唐代段成式的《酉阳杂俎》有这样的记载，狼和狈是一类动物，狼的前腿长，后腿短；狈则相反，前腿短，后腿长。它们的相同之处是都是肉食动物。有一回，一只狼和一只狈共同来到一个羊圈外，看到羊圈中的羊又多又肥，就想偷吃。但是羊圈的墙和门都很高，狼和狈都不能爬上去。

于是，它们就想了一个办法。先由狼骑到狈的脖子上，然后狈站起来，把狼抬高，再由狼越过羊圈把羊偷出来。

商量过后，狈就蹲下身来，狼爬到狈的身上。然后，狈用前脚抓住羊圈的门，慢慢伸直身子。狈伸直身子后，狼将脚抓住羊圈的门，慢慢伸直身子，把两只长长的前脚伸进羊圈，把羊圈中的羊偷了出来。

这样偷羊的事，狼和狈经常合伙干。假如狼和狈不合作，就不能把羊偷走。养羊的农民也会少很多损失。然而，狼和狈却经常那样合作，而且走在一起的时候，显得非常亲密。

这就是"狼狈为奸"的来源，其实换种角度来说，"狼狈为奸"是狼和狈的合作，其实也是一种团队精神，这叫强强联合，合作共赢。

　　合作让狼群的团队力量很强大，归根结底就是狼有合作的精神。前面我们提到过在草原上就是最凶猛的狮子也不敢惹狼群，其实这就是合作的力量。一个人要想在社会上有所作为，他一定要认识到群体力量的重要性，而且要学会如何利用群体的力量，这样，就能像狼一样获得与山中之王——老虎进行抗衡的力量。

　　当狼群中的狼王老了，年轻的狼会把它从头狼的位置上拉下来，这样才能保持整体狼群的强大。人也是一样，要想做成大事，就要能团结别人一起做事，最后他还要能排除自己身上不足的地方，这样你就不会平庸。

　　我国的海尔集团，曾与日本的三洋公司合作，在日本合资成立了三洋海尔株式会社。通过这么一合作，海尔便轻易地获得了三洋公司在日本的销售渠道，而三洋更是看上了海尔在中国的 42 家直属销售公司。如果海尔不是自身首先具备强大优势，在国内已经成为优势品牌，这种合作是不可能的。

　　因此，合作意识具备了，自身优势强大了，还要努力寻找合作伙伴，只要把合作伙伴找到了，比什么都值钱。只要有了很好的想法和产品，就不怕没有发展的机会，不用担心实现自己的想法没有条件。

　　当年赵章光寻求合作伙伴的故事，就可谓"山重水复疑无路，柳暗花明又一村"。经过他艰苦的探索和研究，终于把"101"脱发再生精研究出来了。但当地卫生部门和医院不能接受，认为他的"101"与"江湖骗子"的膏药没有两样。但赵章光对自己的成果很有自信。

　　在他开办脱发诊所被取缔之后，便用了一种非常原始的办法，那就是开始四处投寄自荐信，寻求帮助和合作。

　　功夫不负有心人，他的自荐信被中西医结合医院院长无意间发现后，大喜过望，便向当地有关部门积极地举荐。不久，便邀请赵章光北上开诊所。从此，赵章光走上了更宽广的发展之路。

　　从赵章光的身上，我们看到了强强联合所创造的共赢。这就是合作产生的一加一大于二的倍增效果。据统计数字，诺贝尔获奖项目中，因协作获奖的占三分之二以上。在诺贝尔奖设立的前 25 年，合作奖占 41%，而现在已跃居80%。

韩国人尚学录是日本一家企业的业务员，他并没有什么学历和资金，但他有善于企划的能力。有一天，他接到从西德寄来的商品目录，其中有一种新开发上市的羊毛纺织机器。对于新机械他比别人内行，直觉告诉他这是一个良机。他立即详细调查了日本的羊毛纺织机器。他了解到应用这种新机器生产成本大约可降低三分之二，而且生产效益可成倍增长。但是，他并没有向日本人推销这种机器，而是带着这项新产品的目录和经营纺织工厂的新构想，去找住在日本的一位韩裔富翁林伯熊先生。林先生对纺织业一窍不通，但经尚学录的企划说明之后，也感到这是一个不错的主意。他立即同意开一家纺织工厂，从西德进口四部机器，并请尚学录当总经理。

尚学录从原来默默无闻的业务员，摇身一变成为大工厂的经营者。他的成功之道便是与成功者合作，借助成功者的力量来实现自己的梦想。这也是通向成功的一条捷径。

与人合作是一门艺术，处理得好大家发财，处理不好不但会产生烦恼而且还有可能反目成仇。要想与人合作共同创业，以下有几个问题需要处理好：

1. 选好合作伙伴。一定要选那些品德端正，操守高洁，又具有一定业务素质的人为合作伙伴。

2. 以诚相待，互相尊重。合作双方最忌讳的就是互相耍心眼。既然是合作伙伴，就是一条线上拴的两个蚂蚱，一损俱损，一荣俱荣。因此，要团结一致，以诚相待，互相尊重。

3. 要本着公平公正，利益均沾的原则，起草好合作协议条款，把双方的权利和义务写得清清楚楚、明明白白，然后大家共同信守。

4. 胸怀大度，求同存异。在经营管理上，在企业运作上，难免不出现一点分歧，在利益分配上不闹一点小矛盾，既然走到一起来了，就说明双方有缘分，要珍惜合作机会，互相谦让一步就过去了。如果不能做到这一点，矛盾就有可能越闹越大，最后把企业毁了，受损失的是双方。

"商场上没有永远的朋友，也没有永远的敌人。"这句蕴涵哲理的名言揭示了竞争与合作的辩证关系，竞争不排斥合作，美国商界有句名言："如果你不能战胜对手，就加入他们中间去。"台湾广告界有句名言："与其被国际化，不如去国际化。"

所以说，我们要在现代社会的竞争中占有一席之地，就需要我们有狼那种能和强者合作的精神，不要妄想一个人吃"独食"，因为现代竞争，不再是"你死我活"，而是更高层次的竞争与合作，现代企业追求的不再是单赢，而是双赢和多赢。

狼|性|法|则 ▶

借力与合作，是现代社会组织制胜的法宝，是个人生存和发展的关键。

借助外力，借助别人的资源和帮助，才能更好地发展事业，更多地创造财富，更顺利地实现人生价值。

永远不要依靠一个人的力量去打天下，个人的力量有限，借助别人的力量可以弥补自身的不足，可以壮大自己的声势，可以更快地走向成功。

与人分享，不但不会失去什么，还会为自己带来更多的回报。现代竞争，不再是"单赢"，而是双赢和多赢。

第八篇

居安思危，忧患长存

蔑视危机的狼族创新意识

狼是生物界中最有胆识和智慧的强者，但是它们在成功面前不骄傲，在失败面前不气馁，总是在最关键的时刻彰显超乎想象的冷静，宠辱不惊，迎接新的挑战。在狼的身上有许多值得我们学习和借鉴的优秀品质，正是这些优秀品质，使它们能够驰骋天下、繁衍不息。

狼族世界其实可以说是一片活生生的生存斗争天地，狼族的精神状态，就是现代人生存所需要的一种必不可少的生活元素。

第二十七章 停下就意味着死亡，奔跑才有猎物

> 我们喘息着，挣扎着，挥舞爪子，不停地战斗着，如果我们不行动，不能奔跑了，也就意味着死亡，奔跑是我们获得猎物的首要条件。这种法则适用于任何想要有所成就的生物，如果你想发展，你就要赶快拟订一个实现自己目标的可行计划，然后就是马上行动。你一定要习惯于"行动"，而不要只守着自己的"梦想"，否则的话，你到最后还是一事无成。只有像我们狼一样奔跑、行动，才能捕获自己的食物，让自己维持生存，不断壮大。
>
> ——狼的自述

平庸就意味着被淘汰

在狼族中，也是有等级观念的，分为高层狼和底层狼两种，底层狼一般都是个头比较小的狼，体力有限，经常受到狼族里其他成员的欺负与排挤，尤其是在吃食物的时候，总是最后一个上"餐桌"。

但是，有压力就有动力，这些看起来弱不禁风的小家伙却拥有"乾坤大挪移"般的神奇力量：只要它们在逆境中坚强地生存了下来，那么它们就会改头换面成为非常有韧性的动物。

在狼族里生活了一段时间之后，在经历过残酷环境的洗礼之后，证明自己拥有了独自生存的能力，它们就会选择离开狼群，成为一只"孤独之狼"。

这些"孤独之狼"在自然界中不停地积累生存经验，当它们变得强大了之后，要么加入其他狼群，要么开始经营属于它们自己的狼群。

只从这一点，我们就可以看出，狼是不甘于平庸的动物，每一只狼都有着自己的生存价值和目标——生当为人杰，死亦为鬼雄。

狼都如此，人更应该如此，俗话说"人各有志"，每一个人都应该按照自己的志向努力，实现自己的价值目标。

拿破仑很小的时候，他的叔叔问他："你将来长大了想做什么啊？"拿破仑听后，思考片刻便抬头看着叔叔开始滔滔不绝地讲述自己的远大理想，对于如何实现这一理想，拿破仑讲得井井有条、头头是道。

他的理想是从参军开始，然后带领着雄狮一般的法国军队征服整个欧洲，建立一个前所未有的大帝国，而他自己就是这个大帝国的皇帝。

拿破仑的叔叔听后，哈哈大笑，眼睛里充满了慈爱看着小小的拿破仑说道："你真是个空想家啊！想当皇帝？下辈子也不可能实现！依我看，你长大之后，还是去当一个小说家，把你所想到的统统都写出来！"

小拿破仑认真地聆听叔叔的言语，并没有像其他小孩子一样急着反驳，之后静静地走到窗前，指着远处蔚蓝的天空，对叔叔坚定地说："你看得到那颗闪烁的星星吗？"

拿破仑的叔叔十分诧异，一脸茫然地走到拿破仑身边说道："现在是中午，哪有什么星星啊？你该不会是疯了吧？"

小拿破仑稚嫩的脸上是满满的自信，他认真地说道："我真的看得到，就是那颗星星啊！它一直挂在我的天空，不分昼夜，一直为我而闪烁着，那是属于我的希望之星，它一直在我心里永不熄灭。"

希望之星一直在拿破仑的内心深处闪耀，在希望之星的指引下，拿破仑实现了自己的梦想，成为真正的法国皇帝。

梦想绝不是空想，是人心目中渴望和信念的投影。梦想是看得见的，一个人对实现梦想的信念越明确、越坚定，梦想的投影就会越清晰。就像拿破仑的那颗"希望之星"，即使是白天也一直在闪耀，为他照亮了前方的路。

纵观人类历史，凡是卓有成就之人，都有自己的志向。没有生当为人杰的豪气，没有舍我其谁的霸气，就只能做一只小小的燕雀，一生只能飞行在蓬蒿之间。

吴士宏原是一名护士，但后来做到IBM（中国）公司的总经理，她又是怎样进IBM公司的呢？

1985年，还是一名护士的吴士宏决定要到IBM去应聘。当时，IBM的招聘地点在长城饭店，这是一个五星级饭店。在长城饭店门口，她足足徘徊了五分钟，呆呆地看着那些各种肤色的人如何从容地迈上台阶，如何一点也不生疏地走进门去，就这样简简单单地进入另一个世界。最后，她鼓足了勇气走进了世界最大的信息产业公司IBM公司的北京办事处，她顺利地通过了两轮笔试和一轮口试，最后到了主考官面前，眼看就要大功告成了。

主考官也没有提什么难的问题，只是随口问："你会不会打字？"她本来不会打字，但是本能告诉她，到了这个地步，还有什么不会呢？她点点头，只说了一个字："会！"

"一分钟可以打多少个字？"

"您的要求是多少？"

"每分钟120字。"

她不经意地环视了一下四周，考场里没有发现一台打字机，马上就回答："没问题！"

主考官说："好，下次录取时再加试打字！"

她就这样过五关斩六将，顺利地通过了主考官的眼睛。

实际上，吴士宏从来没有摸过打字机。面试结束，她就飞快地跑去找一个朋友借170元钱买了一台打字机，就这样没日没夜地练习一个星期，居然达到专业打字员的水平。

她被录取了，IBM公司"忘记"考她的打字水平了，可是这170元钱，她好几个月才还清。她成了这家世界著名企业的一名普通员工，可是她扮演的不是白领，而是一位卑微的角色，主要工作是泡茶倒水，打扫卫生，用她自己的话说，"完全是脑袋以下的肢体劳动"。她为此感到很自卑，她把可以触摸传真机作为一种奢望，她所感到的安慰就是自己能够在一个可以解决温饱问题而又安全的地方做事。

可是作为一名服务人员，这种心理平衡很快就被打破了。

一天，吴士宏推着平板车买办公用品回来，门卫把她拦在大门口，故意要检查外企工作证。她没有外企工作证，于是在大门口僵持了起来，进进出出的人就像看大街上耍猴的那样，个个都投来一种异样的目光。作为一位女性，她的内心充满了屈辱，充满了无奈，可是她知道这份工作来之不易，没有发泄出来，于是她内心咬着牙齿在说："我不能这样下去！"

吴士宏想：有朝一日，我要去管公司里的任何一个人，不管他是外国人还是香港人！

甘愿自卑，就只能沉沦下去，不肯自卑，就会产生无穷的推动力。吴士宏每天除了工作时间就是学习，就是寻找着自己的最佳出路。

最终，与她一起进 IBM 的人里，她第一个做了业务代表；她第一批成为本土的经理；她成为第一批赴美国本部进行战略研究的人；她第一个成为 IBM 华南地区总经理——也就是人们常说的"南天王"……最后吴士宏还登上了 IBM（中国）公司总经理的宝座。

没有一个成功的人是轻轻松松取胜的，在通往成功的道路上我们可能会遇到各种各样的考验，但是只要我们始终坚持自己的志向，有着生当为人杰的气质，勇于追求更好的发展，那么眼前的考验就会变得虚弱无力，我们也就会向成功一步步迈进。

狼都知道甘于平庸就会被这个残酷的世界淘汰，那么人也应该明白这个道理：若想追求大的成功，就必须树立远大的志向，追求远大的理想。

优胜劣汰，警钟长鸣

狼是不冬眠的动物，它们几乎不会像其他动物那样贮藏食物。因此，在漫长而寒冷的冬季，它们就必须四处寻找食物。这对狼群来说，是最大的考验。它们的捕食对象，有很多都躲在温暖的洞穴中沉睡，即使是不冬眠的动物，也在洞穴里储存了足够的食物，因此也很少到野外寻找食物。草原上的狼群，一到冬季，就会由于恶劣的自然条件而被淘汰一部分，但这种淘汰在无形中优化了狼群。经历冬季的考验之后，生存下来的狼群有着比原来更顽强和坚韧的生命力。

优胜劣汰是达尔文进化论的一个基本论点，指生物在生存竞争中适应力强的保存下来，适应力差的被淘汰。

优胜劣汰就如同天空一样古老而真实，信奉这个原理的狼就能生存下来，违背这个原理的狼就会死亡。这一原理就好像是缠绕在树干上的蔓草一样环环相扣。我们不得不承认：这个世界是永远属于那些强者的，而弱者只能得到同情和怜悯，弱者是永远得不到成功的。这就是真实的世界。

在前面提到过，狼之所以活着，是因为并不被上帝所宠爱的狼在残酷的自然环境下，在与各种动物你死我活的争斗中、在最可怕的敌人——人类的屠杀后，明白了优胜劣汰的道理，只有自己变得强大，才能战胜一切困难，因此狼成为地球上生命力最为顽强的动物之一。

优胜劣汰是时代对我们每一个人敲的警钟，这一问题是我们现代人所应该关注并认真去思考的。面对这样优胜劣汰的社会，我们必须未雨绸缪，这样才能有备无患，轻松面对社会上的任何挑战。

有人说：杯弓蛇影是多疑，提心吊胆是多虑，提前准备是多此一举。然而世事多变，谁能预测到下一分、下一秒会发生什么事呢？如果是个意外的惊喜固然不错，可如果是不幸的祸事呢？所以，还是未雨绸缪多为未来打算一下才能防患于未然。

老子说："祸兮，福之所倚；福兮，祸之所伏。"意思是：福倚傍在祸里面，祸潜伏在福之中，祸福相倚相成，在一定条件下，可以互相转化。这句话就现在看来有些老生常谈，可就是这样一个老生常谈的话题里隐藏着很多人成功的秘密。

世事难料，有一些突发的偶然事件是人们始料不及的。不是每一个人都那么命好，付诸了行动就能顺利地收获成功，很多时候我们遇到的可能是祸不单行，可能是屋漏偏逢连夜雨，有什么办法，我们只能在未下雨之前把屋顶补好。

一天，一只山猪在大树旁勤奋地磨着獠牙。狐狸看到了，好奇地问道："既没有猎人来追赶，也没有任何危险，你为什么还这般用心地磨牙？"

山猪答道："你想想看，一旦危险来临，就没时间磨牙了。现在磨利，等到要用的时候就不会慌张了。"

的确，生活太过无常，无论我们是要做什么还是需要承受什么，我们都必须在平时做好一些应付突发性事件的准备，以免在发生突发性事件的时候手足无措，陷于被动。

就难拿上述故事中的山猪来讲吧，它生活在丛林中，那里随时都可能有猎人出现，当猎人出现时，它该怎么办？逃跑？可是它能逃得过猎人的枪吗？它能有猎人的子弹快吗？很显然没有，那么在中弹以后它该怎么办，把自己的牙齿磨利阻止猎人接近自己，把自己的牙磨利等它被绑起来的时候用牙咬断绳子逃生……

确实，在工作和生活中，我们不可能一帆风顺，更不可能会是上帝的宠儿，相反，我们可能时常要面对荆棘、不幸和危机，如果我们没有事先做好心理准备，那么我们的行为就是盲目的大胆，就是无知和不明智的表现。我们只有保持危机意识，才可能在危机出现之时轻松应对。

20世纪70年代初，本田摩托车在美国非常畅销，可是即使在形势一片大好的情况下，本田的总经理本田宗一郎却还时刻想着开发其他市场，为此他提出了开发东南亚市场的发展计划。大家都感到非常疑惑，不知道老板为什么不守着现有的市场，而要去别的市场发展。

本田拿出一份详尽的调查报告说："美国将进入新一轮的经济衰退，只开拓美国市场，一有变化我们就会损失惨重。而东南亚经济已经开始起飞，很快就会形成大规模的摩托车市场。只有未雨绸缪，才能处变不惊。"

不久，美国经济危机爆发，许多企业的产品滞销。此时东南亚市场上摩托车开始走俏。由于本田提前进行了市场开发和宣传，他们立即将产品改装后销往东南亚。这一年，本田非但没有损失，而且创造出了销售量的最高纪录。

从本田公司的一路发展我们不难看出，居安思危、未雨绸缪不仅必要而且必须，因为人生不能重来，事业不能重来，一个人一生中创业的机会也是少得可怜，不是什么时候你想做事，你就能去做的，为了保证你在一次创业的时候不会遇到太多的危机、障碍和不幸，你就只能未雨绸缪，将一切可能阻碍你成功的因素扼杀在萌芽之中。

三星电子可以说是誉满全球，可是三星电子的全球总裁尹钟龙先生依然时刻保持着危机意识，他曾在致股东的一封信中大力强调了保持危机意识的重要性。"有人把三星的成功称之为'奇迹'，然而，我们的员工要关注的是，接下来'能做什么和该做什么'，而不是昨日的辉煌。""全体员工必须保持原有的热情和意志力，以迎接未来的挑战，未来不是来自预言，而是我们创造出来的。"

无独有偶，海尔提出的是"永远战战兢兢，永远如履薄冰"的生存理念；

小天鹅公司经常向员工灌输"今日的成功并不意味着明日的成功,企业日子最好的时候,往往是最不好的开始"的观念。

莫特尔总裁安迪·格鲁夫曾经说过:"当今时代一切都在发生变化,不变的只有一条,那就是永不停歇且愈演愈烈的变化。"面对这样充满变化的环境,我们只有视变化为危机,才能积极地以变制变,化被动为主动,在危机没有发生之前,做好应对的准备。

事实上,不管是企业的发展,还是个人的发展,道理都是一样,想要成功,想要减少失败的次数,想要杜绝危机可能带来的损失,我们最好学会防微杜渐,学会未雨绸缪,因为只有这样我们才可能常常立于不败之地,才可能实现并巩固我们现有的成功。

生命的延续从狼能够独立行走的第一天就开始接受着挑战——学会自己觅食。狼妈妈居安思危考虑的是它后代的生存,所以,在它后代能够自己行走的时候,就把它们赶出"安乐窝",让它们自己觅食,这对它后代来说是一种锻炼。也只有经历苦境、险境、逆境的磨炼,狼的生命力才会更加旺盛,意志也就更加坚强。

狼都如此,人更应该在危险没有到来的时候居安思危,防患于未然。

主动改变自己才能适应环境

在狼的世界里存在着"物竞天择,适者生存"的危机意识。因此,狼在那个优胜劣汰的动物界中,从不被动适应社会,而是会主动改变自己,努力地适应环境,所以,它们才能在狼族中生存,在自然界中生存。

哲学家黑格尔曾说过:真正的发现之旅,不在于寻找新世界,而是用新视野看世界。的确世界是有限的,在有限的时间里,世界的改变也是有限的,而我们的新视野却是无限的,只要我们乐于改变,我们的生活就永远充满希望。

一天,一个乞丐遇到了一条恶狗,结果他被咬了;第二天这个乞丐就想如果再遇到了这条恶狗怎么办?于是,他捡了一块砖头,结果他碰到两条恶狗,于是他又被咬了;第三天为了不被恶狗咬,他捡了两块砖头,结果来了三条狗,所以他又被咬了。

第八篇　居安思危，忧患长存

第四天，他换了个工具，从此，他再也没被恶狗咬到过。

原来，他把砖头换成了棍子。

看完这个小故事，不知道大家心中作何感想？我们太过于安于现状，太喜欢一成不变，然而一成不变有时并不是最保险的生存之道，更不是值得我们推崇的成功之道，唯有改变，才能让人活得更好，唯有改变才能发挥出一个人的聪明智慧和对生活与成功的热情。

就像上述故事中的乞丐，如果不是他每天都在想着怎么改变，那么他的生活将是多么的痛苦？不仅天天要去讨饭，还可能天天被狗咬。

和这位乞丐相比，遇到生活中经常出现的"恶狗"，试问有多少人能像这名乞丐一样拿出一根棍子呢？

曾经有位伟人说过，人不怕无才，也不怕条件落魄，就怕安于现状，就怕自己选择守着平平淡淡的生活过一生。所以每一个向往成功的人都要勇于改变，只有改变才是永恒的主题。

对于个人的发展来说是如此，对于企业的发展来说又何尝不是如此呢？一般说来不甘平庸积极寻求改变的人才是企业最青睐的。因为这样的员工不仅会因为改变而时刻充满激情，还会因为改变而时刻对工作充满干劲，乐于在工作中寻求突破，这样的员工最容易在普通的岗位上做出不普通的成绩。

为此，宝马要求每名员工都要不甘平庸，都要时刻寻找改变。韦尔奇曾告诫宝马的员工："如果宝马公司不能让你改变窝囊的感觉，那你就该离开这里。"宝马把员工分成三类：前面业绩最好的占30%、中间业绩良好的占60%和最后面业绩较差的占10%。

在公司，这最好的30%的员工会在精神和物质上受到优待、培养和奖赏，因为他们是创造奇迹的人。而这其中最好的30%和中间的60%并不是一成不变的，很多员工总是在这两类人之间不断地流动，而那最后的10%的人往往不会有什么变化，因为他们安于现状，他们没有寻求改变的欲望。对于这一部分人，韦尔奇表示，一个把未来寄托在人才上的公司必须清除那最后的10%，而且每年都要清除这些人。

有一句话说得很好，那就是：这个世界上唯一不变的就是改变。的确，只要你身处社会之中，无论你是主动还是被动都无法避免地改变着，只是很多主动、积极寻求改变的人大多成了各个企业里做得最好的30%，而被动改变的人则成了业绩较差的10%。

反正都是要改变的，我们为什么非要被动地被改变呢？主动地改变相比之下更能给我们带来较大的收获，而且改变未必就代表着不可预知，未必就代表着没事自找麻烦。

在意大利境内阿尔卑斯山脚下，有个名叫"维加内拉"的村庄，每年冬天有将近三个月见不着太阳，留在村里的197名村民大多是老人，年轻人大多都离开山村到城市打工去了。

整个村庄都是老人，这里的冬天又异常的寒冷，再加上整个村子要三个月见不着太阳，老人们该怎么度过呢？但是村里的老人们已经习惯了这种生活，以为自己生来就生活在这种状态下，没有什么大不了，直到有一天一个人出了一个新点子，可以使这个村落在冬天里见到阳光。

这个点子就是在该村海拔1097米的山峰上，安装一面大镜子，镜子宽7.9米，高4.9米，由于是用钢板特制的，这面镜子有1吨多重，由电脑控制的马达，可指引它跟随太阳转动。这样通过反射原理，大镜子每天至少有6小时能把阳光反射到0.8千米以外的维加内拉村广场，照亮周围250平方米的区域。据生产镜子的厂家说，它经得住强风，至少可以使用30年。这也就等于说有了这面镜子，村子的老人在接下来的30年内都不必担心冬天见不着阳光了。

这本来是件好事，可是刚开始时，这些老人却极力阻止安装什么镜子，因为他们已经习惯黑暗了。当镜子安装完毕，当温暖再次照耀大地时，他们彻底改变了之前的想法。他们终于明白：原来，害怕改变的人，与井底之蛙没什么两样，没有改变永远认识不到新的世界，没有改变就永远没有进步，没有改变就永远感受不到人生的精彩。

达尔文曾经说过："能够生存下来的并不一定是那些最强壮的，也不是那些最聪明的，而是那些对变化作出快速反应的。"也有经济学家曾说：千规律，万规律，经济规律仅一条，那就是适者生存。决定一个人的生活境况，富贵贫贱的因素，始终脱离不了适者生存，不适者淘汰的原则。

因此，适者生存，适应社会、适应环境，就会成为一个人行为的导向。因为适者才能发展,不适者就将被淘汰。竞争生活的人都按适者生存的原则行事,于是一个社会衡量人成败的准则,就决定了人们的发展方向。

所以,每一个对人生充满了期待的人,都不要再苦苦地守着自己一成不变的生活状态,赶快行动起来,寻找一些改变现在的方法吧,因为只有敢于改变,我们才能跳出现在的生活,才能迎来新的人生。

狼|性|法|则 ▶

危机无时不在,无刻不在,无处不在,只有像狼一样始终保持饥饿感,保持旺盛的斗志,让危机时时刻刻追着自己跑,才能屹立于时代的风口浪尖,成为时代的强者。

面对优胜劣汰的社会,必须正视现实,未雨绸缪,做到有备无患,才能轻松面对社会的任何挑战。

唯一不变的就是改变。世界在改变,我们也要随之而改变,要想改变世界,就先改变自己。

第二十八章 空杯心态，每天都要迎接新的挑战

我们总是用冷峻的眼睛看着初升的太阳，因为我们知道，只要有太阳的地方，就有我们的家园。对我们来说，每天都是新的，当天边的第一道曙光照耀大地，我们就开始了自己的旅程。因为我们知道，一个装满水的杯子很难再接纳新的东西，只有将杯子倒空了，才能避免之前的水变臭，又有空间去填补新鲜的水，过去的成功，以往的经验，都只属于昨天。曾经的鲜花和掌声不能决定你的现在，更不能决定你的未来，所以，我们每天都以饱满的激情迎接新的太阳。

——狼的自述

放下旧包袱，迎接新挑战

在狼族中，无论面对成功与失败，它们总是宠辱不惊。正因为这种宠辱不惊的心态，它们从不绝望，敢于放下旧包袱，所以它们永远保持旺盛的精力，敢于迎接新的挑战。

纵观古今，大部分成功者都具有宠辱不惊的品质，面对失意他们从不绝望，总是为了自己的梦想敢于迎接新的挑战，也正是因为如此，他们才谱写了人生最美丽的乐章。

上帝从来都是公平的，从不会让一个人在绝望中死去，除非这个人自己绝望。要知道不是每条路都能通向成功，也不是每一次努力都一定会有好的结果，关键是我们在每一次走到路的尽头时学会拐弯，而不是绝望。

在这个世界上，并没有什么真正的"绝境"。自认为走投无路的人多半是努力不够，努力还没有达到质变的一个结果。很多时候"绝境"不过是在告诉世人，路已经走到头了，该拐弯了。

《圣经》里记载了这么一个很有趣的故事：

第八篇　居安思危，忧患长存

在一次船舶遇难中，仅剩下唯一一位幸存者。他被海浪冲到了一个荒岛上，所幸，他并没有受太大的伤。他每天都虔诚地祈祷，希望有船只经过，带给他生的希望。可是一天天过去了，并没有其他人光顾这个荒岛。他绝望了。

于是他就筋疲力尽地设法找一些木头搭起一个可以挡风遮雨的小茅屋，并储存了一点仅有的东西。这是他生的希望。可是有一天，当他找完食物回来时发现他的小茅屋起火了，烟尘滚滚冲向天空。一切都没有了。他悲愤得几乎晕倒。他也不再去找食物了，打算用自己的性命来回击这可恶的命运。

他本以为自己已经死了。谁料，第二天早上，一艘驶向小岛的轮船的声音唤醒了他。他不敢相信自己的眼睛，还以为自己在做梦呢。很显然，这艘船是来营救他的。"你们怎么知道有人被困在这里？"这个疲倦的人问营救者。"我们看到了你的求救信号，便一刻不停地向这边赶来了。"营救者们回答。

的确茅屋着火了，大火烧毁了那位幸存者安逸的住处，但如果不是这场大火，他最终又怎么才能获救呢？很多时候，上帝在给你关上一扇窗的同时，一定会为你打开一扇门。

麦士可以算作一位成功的商人，在短短的几年里，就从一个穷苦的农民，一跃而起，跻身富翁的行列。可是，他却很不幸。他患上了白内障，视力严重受损。正在他事业如日中天的时候，他陷入将要失去视力的痛苦之中。他甚至失去了驾车外出的能力，更不要说阅读写作了。这时他又听说，和他患同一种病的一位朋友受不了这种折磨，每天喝得酩酊大醉，脾气也开始变得暴躁起来，动不动就对别人大发雷霆。结果，仅仅过了半年，那朋友便离开了人世。这一切让他备感凄凉。因为疾病，他不得不放弃自己的生意，他的生活陷入了一片困境。

在那段时间里，他最想做的事就是读书。可是，视力的限制，让这个如此简单的想法变得那么遥远。商业的敏感让麦士下定决心：越是困难我就越该坚持，我一定要找出一个让视力不好的人读书的方法。

就这样，他研究了近一年。终于，在一次探索中，他发现在纸上印有粗线条的斜纹字体，不但有助于视力有缺陷者阅读，还能提高阅读速度。于是，麦士他取出了仅有的15000元。接下来，他把这组新研究出来的字体整理妥当，计划全面推广。为了更好地工作,麦士在加州自设印刷厂。这种特别印刷而成的书一经面世,就受到了广大读者的欢迎。一个月内,麦士接到了订购70万本的订单……

这不仅仅是一个故事,这是一个道理,它在告知人们无论在何时都不要被眼前的困境吓倒,都不要绝望,都不要觉得无路可走。也许,在困难的旁边,上帝早已为你准备了机遇,只看你有没有那双慧眼,只看你有没有努力去发现去寻找。

史玉柱高考时以全县总分第一的好成绩考入浙江大学数学系,毕业后被分配到安徽省统计局工作,当时他只有24岁。学业和事业上的成功让这个年轻有为的青年一而再、再而三地受到人们的关注,由于工作出类拔萃,他被送往深圳大学进修。

可是在进修完了之后,史玉柱更加激情澎湃,于是他就动了经商的念头,为此他怀揣着家里东挪西借的4000元现金,南下深圳去了。

经过九个月的努力,他开发出了M-6401桌面排版印刷系统,之后他又利用报纸《计算机世界》先打广告后收钱的时间差给他的"产品"做了一个8400元的广告。13天后,史玉柱收获15820元的回报,以后又用4000元广告费换来了一百多万元的回报。

有了资本,史玉柱打算甩开膀子大干一场,于是他创办了珠海巨人新技术公司,该公司在他的精心管理和策划下变成了集团公司,之后又有了八个分公司,公司赢利达3500万元。

1994年,随着新技术的发展,巨人的产品汉卡失去了存在的必要,如果继续从事软件,那么公司肯定要走下坡路,为此,史玉柱大伤脑筋,因为他知道前面已经无路可走了。

经过调查研究史玉柱发现了市场上新走俏的保健品,于是史玉柱开始把一部分注意力转向了保健品,脑黄金项目开始起步。

经过一年多的努力,巨人再次成为保健品业的领头羊,史玉柱也因此被《福布斯》列为大陆富豪第八位。但是由于史玉柱决定将保健品方面的全部资金调往巨人大厦,保健品业务"失血过多",再加上管理不善,巨人集团很快就轰然倒塌了,史玉柱也因此背负了2.5亿的债务,回想起那时的光景,史玉

第八篇　居安思危，忧患长存

柱曾说："那时候就是穷，债主逼债，官司缠身，账号全被查封了。""穷到什么地步？刚给高管配的手机全都收回变卖，整个公司里只有我一人有手机用，大家很长时间都没有领过一分钱工资。"

痛定思痛，史玉柱毫不隐瞒地从各个方面找问题，最终他坦然地开始了另一段"网络"征程，这一次他又成功了，巨人再次成了网游行业内的佼佼者。

要知道，没有任何一个人的成功是没有原因的。史玉柱的成功可以说是一种必然，因为无论他遇到什么困难，总是宠辱不惊，从不绝望，他总能够在一个终点处放下旧包袱，发现新的契机，实现完美转变，从而走向新的起点。

生命的价值不是依据我们现有的形式或状态来评判的，因为生命本身不会贬值，所以不要因为自己所处的境遇就自怨自艾，而是要像狼一样敢于放下旧包袱，重新调整心态，迎接新的挑战，只有这样你才会有足够的信心和力量去开创自己的成功。

辉煌或不幸都只属于过去

狼并非是世界上最强的动物，但是它们却总能百战百胜，就是因为它们有一颗恒心，失败了，它们会重新站起来；成功了，它们会再接再厉挑战未来。它们始终相信：辉煌或不幸只属于过去，未来只有挑战。

过去不管是好是坏都已经成为过往，只有未来才是等待我们用双去创造、去描绘的，所以埋怨或是沉迷什么都改变不了，没有任何意义，相反只有今天的努力才能帮助我们创造明天的成功。

很多人总是无法忘记过去，无法忽略昨天给自己留下的阴影，以至于他们总是郁郁寡欢，提不起精神。

记得昨天并不一定是坏处，记得过去可以让我们吸取很多经验和教训，可以让我们在未来的道路上越走越顺，但是如果将昨天的教训变成一种心理负担，变成一种阻碍我们走向明天的力量，那么这种记忆是会对我们的人生起副作用的。

昨天仅能代表过去，而将来则需要我们用现在创造，过去已成定局谁都不能拿它怎么样，但未来确是未知的，我们可以通过今天的努力创造一个完全不同的未来。

在美国新泽西州的一所小学里，有一个特殊的班级，这个班由26个孩子组成，他们被学校安排在教学楼里一间很不起眼的教室里。他们都是一些曾经失足的孩子，有的吸过毒，有的进过少管所，家长、老师及学校对他们都非常失望，甚至想放弃他们。可是学校里有一位叫菲拉的女教师除外，她主动要求接手了这个班。

第一节课菲拉并没像以前的老师那样整顿纪律，她只是在黑板上给大家出了一道选择题，让学生们根据自己的判断选出一位在后来能够造福于人类的人。

这道题的备选人有三个，他们分别是：a.笃信巫医，有两个情妇，有多年的吸烟史而且嗜酒如命；b.曾经两次被赶出办公室，每天中午才起床，每晚都要喝大约一公升的白兰地，而且有过吸食鸦片的记录；c.曾是国家的战斗英雄，一直保持素食的习惯，不吸烟，偶尔喝一点啤酒，年轻时从未做过违法的事。

大家都选择了c。之后菲拉开始公布答案：a是富兰克林·罗斯福，担任过四届美国总统；b是温斯顿·丘吉尔，英国历史上最著名的首相；c是阿道夫·希特勒，法西斯恶魔。得到这样的答案大家都惊呆了。

之后菲拉说："孩子们，你们的人生才刚刚开始，过去的荣誉和耻辱只能代表过去，真正能代表一个人一生的，是他现在和将来的作为。从现在开始，努力做自己一生中最想做的事情，你们都将成为了不起的人。"这一番话改变了这26个孩子一生的命运，其中就有今天华尔街最年轻的基金经理人——罗伯特·哈里森！

看过上述这个小故事或许很多人也都像那些孩子一样惊讶，为什么之前看上去那么失败或是有很多污点的人最后反而会成为对国家乃至世界有这么大影响力的人呢？这足以说明，过去不能定格人的一生，只有未来、明天、未发生的一切才是可以涂改，可以重写的，过去永远是过去，如果你对自己的出身不满，如果你对你的过去表示遗憾，那么好，从现在开始描绘你的未来吧。

美国宣传奇才哈利十五六岁时，在一家马戏团做童工，专门负责在马戏场内叫卖小食品。但每次看的人不多，买东西吃的人更少，尤其是饮料，更是无人问津。

有一天，哈利的脑瓜里迸发出一个想法：向每一个买票的人赠送一包花生，吸引观众。但老板不同意，认为这是个"荒唐的想法"。哈利用自己微薄的工资做担保，恳求老板让他试一试，并以自己的工资作保，如果赔钱就从工资里扣，如果赢利自己只拿一半。从那以后，马戏团演出场地外就多了一个义务宣传员的声音："来看马戏，买一张票送一包好吃的花生！"在哈利不停地叫喊声中，观众比以前多了几倍。

观众们进场后，小哈利就开始叫卖起柠檬冰等饮料。而绝大多数观众在吃完花生后觉得口干时都会买上一杯，一场马戏下来，营业额比以往增加了十几倍。

哈利凭借自己敏锐的眼光，改变了马戏团的生意，也改变了自己的命运。你不可能改变过去，但可从现在开始，尝试着改变自己的未来吧！未来永远掌握在自己手中。

和其他成千上万的普通大学生一样，"京城第一报童"胡忠1990年还是一个在《中国经营报》勤工俭学的学生，而短短的十年后，他摇身一变成了纸老虎文化交流有限公司的老总，身价上亿。

这对一名普通大学生来讲可以说是一个不小的成功，然而在最初开始踏入社会时，胡忠的起点可以说要比很多名牌学校的学生差很多。

由于家境一般，胡忠毕业后没有关系、没有门路，只好自己去找工作打工，他的第一份工作就是每天早上5点多去取报纸、捆报纸、送报纸。

就在这每天和报纸打交道的生活中，胡忠没有因为自己仅仅是一个报童而气馁，他改变不了自己的家境、出身，也无法改变自己只是一个报童的现实，但是他每天都在用心做事，以至到后来他逐渐弄清楚了很多发行业的事情，之后开始不安分起来。

1993年《精品购物指南》（简称《精品》）正式创刊时，胡忠承包了《精品》的发行部，可是由于在大家的意识里，购物指南是你让我买东西，所以《精品》最初并不好卖，但他并没有因此而灰心丧气。后来，随着报纸质量提高，服务的多样性，《精品》越来越受到读者的喜爱，销售也就顺畅了。当时他们发《精品》时还是靠自行车，最多的时候，他手下有100多号人，每天将30万份报纸在两小时内送达北京的各个报摊。

从《精品》淘到了人生的第一桶金之后，胡忠并没有因此而自满，1999年，胡忠离开了《精品》，下海创办了纸老虎，并因此打开了他人生最辉煌的时代，虽然之后纸老虎在发展过程中也遇到过不少风波，但胡忠还是很好地把好了舵，并在北京已经发展成为有30多家分公司的大公司了。

从胡忠的亲身经历中我们不难看出，过去并不能在我们身上打上烙印，我们能够发展成什么样，完全要靠我们现在的努力，只有忽略过去的暗淡，不懈地抓住今天的机会不断奋斗，我们就能改变明天。

狼的一生都在朝着高处攀登，不为虚幻的显赫和荣耀而活在当下，而是为了明天努力奋斗。无论出现什么困难，无论前途看起来是多么的渺茫，它们总是相信自己能够把心目中的目标图景变成现实。对于我们来说，无论是辉煌，还是不幸的过去都已经成了过去，你要走的是脚下的路，未来的路上充满了挑战。

永不知足，才能长盛不衰

在狼的生命中，永远没有满足二字，只有隽永的执著追求第一的不可一世的精神，这种精神是其他条件无法替代的，因为它使狼在充满危险的环境中艰苦地生存了下来。

执著追求第一的狼不一定能成为强者，但是要成为强者就必须要有执著追求第一的精神。狼对成功坚定不移的追求，注定了它要成为自然界的强者。它们敢于梦想成功，它们能够始终将自己的全部精力用在追求成功的行动上，即使只有百分之一的成功机会，它们也保持成功一定会来的态度，事实的结果证明，它们成功了。

狼天生就有"我应为王"的强者心态，永不知足的欲望促使它们去努力奋斗，并最终成为真正的强者。正如拿破仑曾经说的，不想当将军的士兵不是好士兵。因此，甘于平庸的人注定不能取得最大的成功。想在职场中谋求发展的人，千万不能有"我已经很满足"这样的念头，而应该时刻保持激昂的雄心和旺盛的斗志。

比尔·盖茨对员工说得最多的一句话就是"永不知足"。他之所以会取得如此大的成功，就是因为他不满足于所取得的成绩，不断进取，始终激励自己向前发展，最后终于实现了自己的理想，达到了他所向往的目标。

一位法国青年，白手起家，从推销装饰用的肖像画做起，在不到十年的时间里，迅速成为一名年轻的媒体大亨。但他不幸患上了前列腺癌，于1998年去世。

随即，法国的一份报纸，刊登了他的遗嘱。遗嘱的内容是这样的：

我曾经是一位穷人。在以一个富人的身份，跨入天堂的门槛之前，我把自己成为富人的秘诀留下。如果有人能够猜中我的秘诀，也就是答对"穷人最缺少的是什么"，他将得到我的祝贺。我留在银行私人保险箱内的100万法郎，将作为揭开贫穷之谜的人的奖金。这也是我在天堂，给予他的欢呼与掌声。

在此之后的时间里，共有48561个人寄来了自己的答案。这些答案五花八门，应有尽有。他们当中的绝大部分认为，穷人有了钱就成了富人，所以穷人最缺少钱。另有一部分认为，穷人之所以穷，是因为缺少抓钱的机会，所以穷人最缺少机会。还有一些人认为穷人最缺少的是技能，没有本事怎么能够挣钱呢，所以穷人最缺少技能……

在这位富翁逝世周年纪念日上，他的律师和代理人，在公正部门的监督下，打开了银行内的私人保险箱，公开了他致富的秘诀。出乎了所有人的意料，猜对秘诀的居然是一名年仅9岁的小女孩。她的答案与富翁的秘诀竟然一字不差：穷人最缺的是成为富人的野心。

在小女孩在接受100万法郎的颁奖之日，说出了猜对的原因："姐姐总让我不要对她11岁的男友动心思。特别是每次带他回家时，我姐姐总是警告我说不要有野心！不要有野心！于是我想，也许野心可以让人得到自己想得到的东西。"

谜底揭开之后，震动法国，并波及英美。一些新贵、富翁就此话题谈论时，均毫不掩饰地承认：追求是永恒的"治穷"特效药，是所有奇迹的萌发点。穷人之所以穷，大多是因为他们有一种无药可救的缺点，也就是缺少致富的追求和野心。

穷人之所以穷不仅仅是因为他们没有能力和力量，更重要的是他们没有成为富人的追求，没有为了追求而战胜自己内心怯弱的勇气。在这个世界上，只有人不敢想、不敢做的事，没有干不成的事。有时追求，不是一种无根据的狂妄，而是一种人生在世的伟大理想，是化不可能为可能的勇气和巨大决心。

被称为新闻界"拿破仑"的伦敦《泰晤士报》的大老板诺思克利夫爵士，他最初的工作中每月只有80英镑的工资，他对自己的处境非常不满。后来，《伦敦晚报》和《每日邮报》皆为他所有的时候，在我们看来已经获得成功的他应该满足了，但他还是不停在追求，最后他得到了伦敦《泰晤士报》，仍旧没有停止自己的追求，他要利用《泰晤士报》"揭露官僚政府的腐败，打倒几个内阁，推翻或拥护几个内阁总理（亚斯查尔斯和路易乔治），而且不顾一切地攻击昏迷不醒的政府"。

由于他的这种大胆追求，提高了不少国家机关的办事效率，在某种程度上还改革了整个英国的制度。这样的人不可否认是成功者，他的成功就是在不断地追求，再追求，最后成为令人瞩目的强者。

这样的强者肯定会对那些容易满足的人产生厌恶的态度。

有这么一家公司，新入职的员工过了试用期后，老板都会问他们一个问题，那就是：你对现在的工作满意吗？如果员工的回答是"满意"，那么他立即就会被辞退；如果他的回答是"不满意"，那么他就能够成功地留在公司。

很多人对老板的这一行为很不理解，于是就跑去问原因，这位老板的回答是这样的：一个人如果自以为已经有了一些成就而止步不前，那么他的失败就在眼前了。许多人一开始奋斗得十分起劲，但前途稍露光明后，便自鸣得意起来，于是失败很可能立刻接踵而来。

原来这位老板是希望自己的每名员工都有一颗不满足的心，他希望公司的每名员工对工作、对生活都有更高的追求和希望。

世界上有很多人一辈子都庸庸碌碌，是因为他们对自己的生活很容易满足，就停止了追求，然后平平凡凡地过了一辈子。很多人认为，一份稳定的工作，一份不错的薪水，每天重复着同样的工作，这样的生活就已经很美好了，但是当他们到老的时候，回忆一下过去，发现自己什么成就都没有，开始为自己碌碌无为的过去悔恨。

德国哲学家叔本华说："人因不满足而痛苦，于是拼命追逐，一旦满足后，又倦怠无聊——又不满足了，于是又开始了新一轮的追逐。人类发展正是在不知足、知足的矛盾中，波浪式前进，螺旋式上升的。"不满足是向上的车轮，因为不满人才能有所成就。

狼正是因为它们永不知足的强者之心，才令它们在这个充满危险和竞争的世界生存下来，同样，作为人，也要有一颗永不服输、不知足的心，不满足于现实中的自我，不断地追求，会让你永远跑在世界的前头。

狼|性|法|则 ▶

放下旧包袱，重新调整心态，迎接新的挑战，只有这样你才会有足够的信心和力量去开创自己的成功。

不满是向上的车轮，不满足于现状，不满足于成功，不满足于自我，才能攀登到成功的最高峰，才能创造更辉煌的明天。

不想当将军的士兵不是好士兵，容易满足的人只能成为平庸之辈。保持激昂的雄心和旺盛的斗志，才能成为最后的强者。

第二十九章　开拓创新，挑战危机

斗勇更斗智，请用脑子来游戏。两点间的曲线有时候比直线更短！如果你正为某件事而苦恼，如果你刚刚遭遇了不幸，不妨转换一下思维的角度，找出"问题"的"阳面"，然后放大它的亮点，或许能让你豁然开朗，不再迷茫、不知所措。这是我们狼族经常使用的招术，转变思路，才能走出新路。转换的目的，是让我们自己适应生存环境，面对现实。因为我们改变不了世界，也改变不了环境，能改变的只有我们自己，改变我们的思维方式，勇于创新，我们就可以直面任何危机和挑战。

——狼的自述

思路有多远，就能走多远

狼天生就喜欢探索，喜欢开拓新的领地，它们不喜欢在狭隘的空间中生存，因为它们不甘于平庸。狼族为了能够在新的环境中生存下去，总是亲身进行体验和研究，拓展自己的生存空间和思维空间，它们总是把目光放得很长远，争取最大的机遇，赢得最后的胜利。

正如我们每个人走路都需要先用眼睛看路一样，只有眼光首先看到的地方我们最终才能达到，如果是眼光看不到的地方，那么我们就很难到达。所以，一个人能够取得什么样的成功，首先决定于一个人的目光有多长远。

比尔·盖茨曾在总结自己的成功经验时表示：我的成功一言以蔽之就是我的眼光好。的确眼光是一个很独特的东西，有眼光也就是说一个人可以在别人看不到机会和成功的地方发现成功的契机。

曾经有A、B两个企业都想在某郊区投资房地产，并各派了专人前去调查那里的情况。结果A企业的人在考察之后，向公司报告说："那里人口稀少，房产业发展机会渺茫，房子修好了也没有人来住。"而B企业的人在考察之后，向公司报告说："该地虽然人口稀少，但那里环境优雅，人们厌倦了城市的喧嚣，一定会喜欢在那里安置生活。"

后来果然不出 B 企业所料，随着城市包围农村，城里人越来越向往农村的生活，尤其是一些农家乐，办得更是如火如荼。所以 B 企业的投资是明智的。

A 企业之所以没能在郊区取得利润，在于它的工作人员只看到眼前事物的表象，却看不到未来可能出现的状况；而 B 企业的成功就在于它的员工高瞻远瞩，能够从表象里预见到未来。所以，就两个企业发展的最后结果，与其说是 B 企业的员工幸运，不如说他们的目光更长远。

有人说光知道展望未来，却不脚踏实地地做眼前的事，那么眼光再好也只能过过眼瘾，事实上，脚踏实地和目光长远并不突冲，因为即使是目光长远也是需要建立在脚踏实地的基础上，而脚踏实地的人也只有目光长远才可能更有发展前途。

1995 年，联想香港公司出现了巨额亏损，作为上市公司，这对联想集团来讲可以说是一个很大的压力，可是联想集团的领导们没有因此而沉沦，因为他们看到了中国将要启动的大陆市场，之后他们便开始朝着这个方向发展，结果不到一年时间，联想集团重获新生。

试想如果联想的领导们没有看到中国大陆这片广阔且潜力巨大的市场，光在香港那样一个空间、资源、市场有限的地方继续打拼，那么他们能够这么快地转变吗？这很令人怀疑，所以说目光首先看到哪里，我们的脚步才能到达哪里，如果眼里什么都看不到，那么我们的前途就可能一片灰暗了。

举世闻名的沃尔玛公司可能很多人都知道，而且早在 2001 年，沃尔玛的年度收入就达到了 2189 亿，超过美国石油巨头埃克森公司，一跃成为"全球500 强"、"首富"。然而，就是这样一个成功的企业在十几年前还只是一家零售业公司。

沃尔玛的创始人萨姆·沃尔顿出身贫寒，是个地道的农村孩子。他出生在美国经济大萧条时期，小时候只能靠自己打工筹措学费和生活费，所以很小的时候，萨姆·沃尔顿就养成了节俭的习惯。

小时候艰辛的生活让萨姆学会了珍惜每一分钱，而且每当他需要生活或是学习用品时他都极力去买一些便宜点的，因此在他幼小的心里他就明白了，当人们拿着钱去购物时，每个人都想要买到相对便宜的东西，为此客户可以多走一些路，可以多费一些周折。

可以说正是因为萨姆很小的时候就发现了低价在人们心目中的作用，和低价所能给企业带来的顾客，所以沃尔玛在刚开始起步时就推出了平价策略。为此萨姆·沃尔顿在第一家沃尔玛店开业的时候，还打出了"天天低价，始终如一"的口号。而沃尔玛的这种平价包含两层意思：一是为顾客提供"价格最低，品质超群"的商品；二是为顾客提供"超值的服务"。

也正因为沃尔玛的这种"天天低价"的标语，很多顾客真如萨姆所认为的那样，不惜多费周折，避近就远地选择到沃尔玛购物。

不仅如此，在萨姆很小的时候他认识到了越是经济条件稍微差一点的人群越喜欢低价，越希望用有限的钱，购买到更多的物品，所以萨姆·沃尔顿总是选择在农村地区开设超级市场，并把发展的重点放在城市的外围，然后再向外扩展。萨姆的这一策略可以说取得了空前的成功。

正是因为沃尔玛低价和最先开设在农村的发展策略使得沃尔玛在零售行业的激烈竞争中击败了凯玛特、吉布森等大百货公司。

从沃尔玛的成功中我们不难看出，成功有时候更重要的因素在于眼光，试想如果萨姆·沃尔顿没有高瞻远瞩的意识，没有长远的目光，那么小时候的不幸可能会被他抛在脑后，在他长大后，即便他的生活有一点起色，他也不会再去想以前穷困潦倒的生活。

所以，真理从来都是最朴实的，成功的密码从来也都是尽人皆知的，只是很多时候很多人把这些再简单不过的东西给忽略了，他们把成功想得过于复杂，把事情想得太过复杂，所以即使他们正在占有着成功的资源，他们自己却可能不知道。

这就是眼光的问题，狼的眼光决定了它们总是能寻到更广阔的生存空间，不拘泥于某个狭隘的地方。这也是我们人类应该具备的前瞻性，每一个想要成功的人都应该留心、留意发生在自己身边的所有事情，这样能够帮助我们认识更多的问题，开拓更为广阔的空间，从而拥有长远的目光，取得更大的成功。

敢于打破旧的思维模式

在动物界中，狼是思维灵活的动物，它知道怎样用最小的代价，换取最大的回报。狼的目光敏锐，善于计谋，懂得以智取胜，敢于打破旧的思维模式，不会作无谓的牺牲。同一个陷阱绝对不会抓住两只狼，这样的错误狼不会犯，因为狼的灵活机智会打破固于形式的陷阱，这也是狼取得成功的重要原因。

对于我们个人来讲，生活中为人处世，需要随机应变的灵活，敢于打破旧的思维模式，就能使被动的局面迎来"柳暗花明又一村"。

旧的常规思维常常会把人们的思维固定、限制在一个特定的思维模式里无法拓展，而逆向思维则可以打破常规，另辟蹊径，引导人们的头脑风暴，从而使得人们收获一个完全不同的结果，而这种与众不同又何尝不是一种成功呢？

有一家人决定搬进城里，可是他们在城里没有房子，所以只好先租房。

全家三口，夫妻俩和一个五岁的孩子。有一天他们跑了一天，直到傍晚，才好不容易看到一张公寓出租的广告。

他们急忙赶过去看房子，结果房子出乎意料的好。于是，他们就前去敲门询问。

听到敲门声，温和的房东走了出来，他先是对这三位客人从上到下地打量了一番，但是并没有开口说话。

最后还是丈夫先鼓起勇气问道："这房屋出租吗？"

房东遗憾地说："的确出租，可是实在对不起，我们的公寓不招有孩子的住户。"

丈夫和妻子听了，一时不知如何是好，于是，他们默默地走开了。

他们五岁的孩子，把事情的经过从头至尾都看在眼里。见父母失望地离开，他抬起小手又敲开了房东家的大门。

这时，丈夫和妻子已走出五米来远，听到敲门声他们又走了回来。

门开了，房东又出来了。这孩子精神抖擞地说："老爷爷，这个房子我租了。我没有孩子，我只带来两个大人。"

房东听了之后，高声笑了起来，决定把房子租给他们住。

看吧,这就是逆向思维的魔力,它可以让人们想到别人所想不到的,可以巧妙地避开很多矛盾、问题和阻碍,可以使很多用常规思维无法解决的问题得到很巧妙的解决。比如有一本笑话书,它的书名是《猪是的念来过倒》,乍一看或许很多人都不知道书名是什么,但是倒过来一看,大家就明白了。虽然它的意思是"倒过来念的是猪",但是看到这本书后,能够倒过来念的不一定是猪,相反知道倒过来念的人更聪明。

然而一般情况下,人们更习惯于因循着事物发展的正方向去思考问题,去寻求解决问题的办法,顺势而谋,其实也没什么不好,只是对于某些问题,尤其是一些特殊问题,如果从正向发展的思维去寻找解决方法往往得不到什么理想的答案,相反,如果从结论往回推,倒过来思考,或许问题就会变得简单化,也就更容易解决了。很多时候很多人也正是像上述那个小男孩一样试着用逆向思维去解决问题,才得到了出人意料的结果。

某时装店的经理不小心将一条高档毛呢裙烧了一个洞,试想这样一件高档的裙子烧了一个洞还怎么卖呢?即使能卖出去肯定也是非常低价。如果用织补法补救,也只是蒙混过关,而且这还是欺骗顾客的行为。于是这位经理就突发奇想,干脆在小洞的周围又挖了许多小洞,并经过修饰,将其命名为"凤尾裙"。没想到这条裙子很快就卖了出去,而且还有顾客专门过来打听这种"凤尾裙",为此该时装商店也出了名。

麦克是一家大公司的高级主管,在公司效力了好多年但他的职位还是主管,还没能做到经理的位置,他非常喜欢这份工作,可是职位不升,薪水也就增加不了多少,为此麦克希望尽快做到经理的位置。

于是他就去找猎头公司重新谋一个别的公司高级主管的职位,以求在别的公司能够升职加薪。猎头公司告诉他,以他的条件,再找一个类似的职位并不费劲。

回到家中,麦克把这一切告诉了他的妻子。他的妻子是一名教师,那天她刚刚教学生的就是如何换一个角度考虑,把正在面对的问题完全颠倒过来看,于是她就把上课的内容讲给了麦克听,麦克也是高智商的人,他听了妻子的话后,立马改变了主意。

第二天,他又来到猎头公司,这次他是请猎头公司替他的上司找工作。不久,他的上司接到了猎头公司打来的电话,请他去别的公司高就,由于待遇、福利等都不错，他的上司欣然前往，而他也因此顶替了他上司的职位，做上公司经理。

看过上述两个事例，或许大家都开始思考逆向思维所能带给人们的意外惊喜了。的确，逆向思维是宝贵的财富，掌握了逆向思维的方法，就可以帮助我们巧妙地解决很多问题，并得到很不错的结果，所以我们应当自觉地运用逆向思维方法，创造更多的奇迹。

不过逆向思维从广义上讲，不仅仅是我们所理解的那种单纯的反过来思考问题，逆向思维包括反转型逆向思维、转换型逆向思维和缺点逆用思维等。

其中，反转型逆向思维法是指从已知事物的相反向进行思考，产生创新的途径。一般来讲事物的相反方向常常能使人们从事物的功能、结构、发生、发展等方面更清楚地认识事物的本质，从而产生更新奇的想法和更出人意料的结果。

转换型逆向思维是指人们在研究问题时，由于受阻，而放弃某种解决问题的方法转换成另一种方法，或转换思考角度来思考问题，以求有新的突破。比如司马光砸缸救落水儿童的故事，这就是一个用转换型逆向思维以求突破的例子。

缺点逆用型思维是指利用事物的缺点，将缺点变为可利用的优点，变坏为好，化不利为有利的思维方式。这种思维不以克服事物的缺点为目的，相反，是要化弊为利，找到更好的解决方法。比如，废物回收再利用。

逆向思维的广义含义远非如此，关键是人们如何从不同寻常的角度去发现更多的扭转现状的方法，从而达到更好的效果。所以在生活中，我们要懂得用逆向思维思考问题，也要懂得逆向思维并不拘泥于某一特定形式。

狼在大自然中，为了逃避人类的捕杀，懂得利用逆向思维躲开陷阱，同样我们人类也应该敢于打破旧的思维模式，迎来人生中新的风采。

扩展自己的思维空间

世界是变化多端的，到处都充满危险，狼在对面这个多变的世界，思想也随着变化，并且不断地扩展自己的思维空间，让自己更加适应这个世界，从而延续自己的子孙后代。

狼在捕猎的过程中，总能够利用一个线索，跟随一只猎物，找到一窝猎物,然后进行捕猎。狼的这种行动指令靠的是它们聪明的头脑,能够举一反三,无限地扩展自己的思维空间,让自己得到更多的猎物。

纵观人类社会,狼的这种扩展自己思维空间的做法同样在人的身上有所体现,特别是成功者的身上。

一个百货公司的老板去检查他的一名新售货员:"你今天服务了多少客户?"

小伙子回答:"一个。"

"只有一个?"老板说,"你的营业额是多少呢?"

小伙子回答:"58334美元!"

老板大吃一惊:"你是怎么做到的?"

小伙子答道:"首先我卖给他一个鱼钩,然后卖给他鱼竿和鱼线。接着我问他在哪儿钓鱼,他说在海滨,于是我建议他应该有只小汽艇,于是他买了一只20英尺长的快艇。当他说他的轿车可能无法带走快艇时,我又带他到机动车部卖给他一辆福特小卡车……"

老板惊讶地说:"你卖了这么多东西给一位只想买一个鱼钩的顾客?"

小伙子回答:"不,他来只是为治他妻子的头痛而买一瓶阿司匹林的。我告诉他,夫人的头痛,除了服药外,似乎更应该注意放松。周末快到了,你应该带她去钓鱼!"

可以说这个小伙子是成功的,从一瓶药到鱼钩,再到汽艇等,他充分联想到了这位客人治疗夫人的头痛时,可以使用药物加精神疗法,这样大胆地挑战了客人的心理承受能力,无疑他成功了,他打破了静态思维模式,大胆地扩展了自己的思维空间,获得了更多的利益。

可以说,思考问题的方法有很多,人们应该跳出静态思维的固定模式,用联系的、多元的思维方法来分析问题,或许我们就可以得到很多意料之外的收获。

善于扩展自己的思维空间的人,总是会有好的创意,从而有出人意料的效果。扩展自己思维空间的价值所在,其实也是智慧价值的体现。聪明的人未必善于扩展自己思维空间,但是思维空间活跃的人一定是聪明的。创意所拥有所能制造出的价值是无极限的,一个好的创意,往往能使我们在通往成功的路上开辟出一条捷径。

那么怎样才能扩展自己的思维空间呢？

1. 推陈出新训练法

当看到、听到或者接触到一件事情、一种事物时，应当尽可能赋予它们新的性质，摆脱旧有方法的束缚，运用新观点、新方法、新结论，反映出独创性，按照这个思路进行思维方法训练，往往能收到推陈出新的结果。

2. 聚合抽象训练法

把所有感知到的对象依据一定的标准"聚合"起来，显示出它们的共性和本质，这能增强自己的创造性思维活动。这个训练方法首先要对感知材料形成总体轮廓认识，从感觉上发现十分突出的特点；其次要从感觉到共性的问题中肢解分析，形成若干分析群，进而抽象出本质特征；再次要对抽象出来的事物本质进行概括性描述，最后形成具有指导意义的理性成果。

3. 循序渐进训练法

这个训练法对思维很有裨益，能增强领导者的分析思维能力和预见能力，能够保证领导者事先对某个设想进行严密的思考，在思维上借助于逻辑推理的形式，把结果推导出来。

4. 生疑提问训练法

此训练法是对事物或过去一直被人认为是正确的东西，或某种固定的思考模式敢于并且善于提出新观点和新建议，并能运用各种证据，证明新结论的正确性。这也标志着一个人创新能力的高低。训练方法是：首先，每当观察到一件事物或一种现象时，无论是初次还是多次接触，都要问"为什么"，并且养成习惯；其次，每当遇到工作中的问题时，尽可能地寻求自身运动的规律性，或从不同角度、不同方向变换观察同一问题，以免被知觉假象所迷惑。

5. 集思广益训练法

此训练法是一个组织起来的团体中，借助思维大家彼此交流，集中众人的集体智慧，广泛吸收有益意见，从而达到思维能力的提高。此法有利于研究成果的形成，还具有潜在的培养研究能力的作用。因为，当一些富有个性的人聚集在一起，由于各人的起点、观察问题角度不同，研究方式、分析问题的水平不同，会产生种种不同观点和解决问题的办法。通过比较、对照、切磋，这之间就会有意无意地学习到对方思考问题的方法，从而使自己的思维能力得到潜移默化的改进。

狼能扩展自己的思维，通过一个猎物搜到一窝猎物，其实，这种举一反三的思维方式我们人类应用起来更加得心应手，只要通过一定的训练，就可以扩展自己的思维空间，推陈出新。

危机之中暗藏突破机遇

在狼的生存中，在狼族的头脑中一直都存在着"物竞天择，适者生存"的危机意识。因此，狼在那个优胜劣汰的动物界中，努力地寻找着危机中暗藏的生存机遇，所以它们从不守株待兔，而会主动出击，让所有的困境、挫折成为它们生存的新的希望。狼，虽不是高级动物，却是很优秀的动物之一。它之所以能屹立在世界的大家庭中，正是这种敏锐的观察力和充满实践的向上精神在鞭策着它。

危机就是危中藏机，不仅在狼的世界中有着神奇的力量，而且在人类社会中也发挥着不可忽视的作用。比如能源危机下，是不是能让我们的汽车产业走出一条全新的路子呢？金融危机席卷之下，是不是能让汽车这种需要家庭咬咬牙才能拥有的产品，快速进入千家万户，成为一种便宜、实用而环保的交通工具呢？这个是有可能的。可以说一个危机，就是一个新的已知条件，只要愿意，任何一个危机都会成为一个超越自我的机遇。

其实在人生的路上，无论我们走得多么顺利，但只要稍微遇上一些危机，就会习惯性地抱怨老天亏待我们，进而祈求老天赐给我们更多的力量渡过危机，但实际上，老天是最公平的，每个危机的背后都隐藏着一个机遇，只是看你怎样去对待危机。

拿破仑·波拿巴原来只是一个小小的尉级炮兵军官。1793年，他被特汇报会派往前线，参加进攻土伦的战役。正当革命军前线指挥官面对土伦坚固的防守犯难的时候，拿破仑立刻抓住这个机会，直接向特派员萨利切蒂提出了新的作战方案。在特汇报会员苦无良策时，看拿破仑的方案很有新意，就立即任命拿破仑为攻城炮兵副指挥，并提升为少校。

拿破仑抓住这个机遇，在前线精心谋划，勇敢战斗，充分显示出他的胆识和才智，最后攻克了土伦。他因此荣立战功，并被破格提升为少将旅长。终于

第八篇 居安思危，忧患长存

一举成名，为他后来叱咤风云，登上权力顶峰奠定了基础。

在战争年代总是危机四伏，但是真正的英雄从未惧怕过战争，而是从危机中找到了新的机遇，凭借智慧和勇气登上了历史的舞台，成为我们瞻仰的英雄，同时也告诉我们，危机并不可怕，可怕的是你不敢正视危机，忽略危机背后隐藏的机遇，如果发现了机遇并且抓住了，那么你就会成功；反之，危机就会成为你的死期。

虽然现在再说"危机就是危中藏机"已经显得有些老土，但不得不承认，这个被诠释了多次的词组的确有这种神奇的力量。机遇常常伴随着风险。狼的危机意识强烈，时刻保持着竞争势态、战斗状态，时刻准备着应付危机。结果，它们也常常能在危机中找到机会，经常化险为夷，战胜对手。可以说，危险和机遇是相伴相生的，而当危机来临时，化解它的利刃其实就藏在每个人的心里，它的名字叫智慧。

狼|性|法|则 ▶

穷则变，变则通，通则久，这是万变世界中永恒不变的真理。

面临困境和危机，唯有变革图强，谋求创新，才能打破现状，渡过危机，获得生机。

创新是企业生存和发展的灵魂。技术创新带来生存的本领，体制创新保持生存的活力，思维创新勾勒生存的愿景，唯有创新才能生存。

思路决定出路，观念决定成败。面对各种变化，只有敢于打破旧的思维模式，不断寻求新方法、新思路，才能抓住变幻莫测的机遇，稳操胜券。